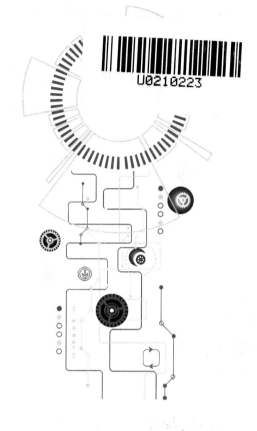

JIXIE CHUANGXIN SHEJI
JI ZHUANLI SHENQING

机械创新设计及专利申请

陈继文　　杨红娟　　陈清朋　　等编著

化学工业出版社

·北京·

本书详述了实用的机械创新设计的思维基础、技术基础和基本方法，以及基于 TRIZ 的创新设计理论，详述了专利检索、撰写和审查意见回复相关方面的内容，所选实例丰富、具有代表性，对实例内容的分析具体、透彻。本书内容的阐述深入浅出，便于自学和实践。内容主要包括：创新设计的类型、机械创新设计的思维基础、机械创新设计的技术基础、机械创新设计基本方法、基于 TRIZ 的创新设计、专利信息检索技术、专利撰写与实例分析、专利审查意见与回复等。

本书适合从事机械设计和发明方法、创新方法的实践人员、研究人员和爱好者以及理工类高等院校师生阅读；也适合创新方法、知识产权相关专业的师生选为参考书使用。

图书在版编目（CIP）数据

机械创新设计及专利申请/陈继文等编著．—北京：化学
工业出版社，2018.1
ISBN 978-7-122-30843-6

Ⅰ．①机… Ⅱ．①陈… Ⅲ．①机械设计-专利申请-中国
Ⅳ．①TH122 ②G306.3

中国版本图书馆 CIP 数据核字（2017）第 256894 号

责任编辑：张兴辉 　　　　　　文字编辑：陈　喆
责任校对：王　静 　　　　　　装帧设计：王晓宇

出版发行：化学工业出版社（北京市东城区青年湖南街 13 号　邮政编码 100011）
印　　装：北京虎彩文化传播有限公司
787mm×1092mm　1/16　印张 16　字数 371 千字　2018 年 1 月北京第 1 版第 1 次印刷

购书咨询：010-64518888 　　　　　售后服务：010-64518899
网　　址：http://www.cip.com.cn
凡购买本书，如有缺损质量问题，本社销售中心负责调换。

定　　价：89.00 元 　　　　　　　　　　　　　　　　　版权所有　违者必究

前言

随着科学技术的不断发展，知识对人类社会的经济和生活的影响日趋明显，知识经济社会是创新的社会，创新是知识经济的灵魂，而技术创新又在其中发挥着极其重要的作用，而机械创新设计是机械工程研究领域的重要内容之一。机械创新设计的目的是设计出能达到机械工作目的，结构新颖和具有科学原理的机械系统。机械创新设计的成果经常被研究仿制，对机械创新设计的成果进行专利保护是对知识产权进行保护的重要途径。对于专利的撰写，由于申请人或发明人的专利知识不足，会造成所提供的发明内容不清楚、不完整，以及缺乏发明的技术手段，造成发明审查时间过长，申请文件错误等问题，因此应提高专利申请撰写质量，以更好地对机械创新设计的成果进行专利保护。

本书主要阐述了机械创新设计及专利申请的相关知识，全书共分8章，主要内容包括：创新与产品创新，创新设计的类型，机械产品常规设计、现代设计与创新设计；思维的特性与类型、常用创新设计的基本原理与法则、常用的创新技法；机械创新设计的技术基础；机械创新设计基本方法；基于TRIZ的创新设计；常用专利文献检索资源简介、检索对象与检索范围、案例检索及陈述意见书或权利要求书查询；专利撰写基础知识、说明书的撰写、权利要求书的撰写、权利要求中语言的应用、权利要求书撰写的具体要求及常见缺陷、发明撰写时常见问题总结和专利撰写实例等内容；专利审查意见陈述书的撰写，对申请文件的修改，审查意见、陈述和补正实录等内容。本书在选材上，以机械创新设计及专利申请知识为主要内容，注重知识的基础性和系统性，又兼顾了知识面的拓展，内容比较新颖丰富。

本书适合从事机械设计和发明方法、创新方法的实践人员、研究人员和爱好者以及理工类高等院校师生阅读；也适合创新方法、知识产权相关专业的师生选为参考书。

本书由陈继文、杨红娟、陈清朋、崔嘉嘉、李鑫编著。山东建筑大学于复生教授为本书的编写提出了宝贵的意见。在本书编写过程中，参阅了大量相关书籍和文献资料成果，在此向相关作者一并致以深深的谢意。感谢山东建筑大学机电工程学院、山东建筑大学电梯技术研究所的大力支持。

由于笔者经验不足，水平有限，书中难免有不足之处，恳切希望读者批评、指正。

编著者

目录

第8章　专利审查意见与回复　/ 214

第1章

绪　论

1.1　创新与产品创新

1.1.1　创新的概念

　　创新的英文是"Innovation"，起源于拉丁语，它包含更新、创造新的东西及改变等三层意思。当前，现在世界经济正在从以原材料和能源消耗为基础的"工业经济"转向以信息和知识为基础的"知识经济"。在知识经济时代人们更多的引用国际上经济方面的创新理论。"创新"作为经济学的一个概念，最早是由美籍奥裔经济学家熊彼特于1912年在《经济发展理论》提出。他把"发明"看作是新产品、新工具、新工艺的开端，"创新"则是结尾，"发明"只停留在"发现"阶段，而"创新"则与"应用"相联系，将发明引入生产体系并为商业化生产服务的过程就是创新，创新是新产品开发的灵魂。按熊彼特的观点，"创新"是指新技术、新发明在生产中的首次应用，是指建立一种新的生产函数或供应函数，是在生产体系中引进一种生产要素和生产条件的新组合。他还从企业的角度提出了创新包括五个方面：引入新产品或提供产品的新质量，即产品创新；采用新的生产方法，即过程创新，或工艺创新；开辟新的市场，即市场创新；获得原料或半成品，或新的供给来源，即原材料创新；实现新的组织形式，即管理创新。此后，许多研究者对创新下过不同的定义，但普遍认为创新应具有商业价值和创造经济效益。被称为"管理学之父"的德鲁克认为"创新可以作为一门学科展示给大众，可以供人学习，也可以实地运作"；20世纪60～70年代，人们越来越认识到，创新是一个多主体、多机构参与的系统行为；到了80年代，人们又提出了国家创新系统的概念和理论。

　　自熊彼特提出创新理论以来，大体经历了三个阶段：20世纪50、60年代创新理论的分解研究及技术创新理论的创立；70年代技术创新理论的系统开发；80年代以来技术创新理论的综合化、专门化研究。经过半个多世纪的发展，当前的创新包括制度创新、知识创新、技术创新和应用创新。制度创新是指构筑创新活动的社会环境。知识创新是指通过科学研究获得基础科学和技术科学知识的过程。一般以理论、思想、规则、方法、定律的形式指导人们的行动。

知识创新的难度最大，如物理学中的"相对论"、机械原理中的"三心定理"等都是知识创新。技术创新是指针对具体的事物，提出并完成具有新颖性、独特性和实用性的新产品的过程。对应熊彼特的创新理论，技术创新包括产品创新、工艺装备创新和管理创新三大类。产品创新是企业技术创新的重中之重，有市场需求创新、功能原理创新、结构创新和制造工艺创新四个方面。如计算机、加工中心、机器人、宇宙飞船等高科技产品都是技术创新的具体体现。应用创新是指把已存在的事物应用到某个新领域，并发生很大的社会与经济效益的具体实现过程。如把曲柄滑块机构应用到内燃机的主体机构，把平行四边形机构应用到升降装置中，把军用激光技术应用到民用的舞台灯光、医疗手术刀等都是典型的应用创新。

创新在社会实践中有两种表现方式：一是由无到有的创新，二是由有到新的创新。从无到有的创新都需要一个较长的过渡期，是知识的积累和思维的爆发相结合的产物，这就是发明的过程。如先有牲畜驱动的车辆，内燃机被发明后，安装在车辆上，并经过大量的实验改进后才发明了汽车，实现了从无到有的创新。原始的汽车经过多年的不断改进，其可靠性、实用性、安全性、舒适性等性能不断提高，这是就是从有到新的创新。

自20世纪60年代至今，创新模式历经数代发展，形成了创新过程的线性和非线性两类模型。①线性模型：早期由研究开发或科学发现为源泉的第一代技术推动型创新过程模型；60年代以需求为导向的第二代需求拉动型创新过程模型。②非线性模型：20世纪70～80年代以技术推动和市场拉动相结合的第三代互动型链联系创新过程模型；90年代后期发展起来的第四代并行集成创新模型；信息化环境下提出的第五代基于网络的网络化协同创新过程模型。这些非线性模型都认识到，创新是一个发生在所有部门、带有持续的反馈、复杂的互动过程。

1.1.2 产品创新

不同的主体，对新产品的理解也不同。就制造商而言，其从未生产过的产品就是新产品；对消费者来说，产品的各种构成要素，包括产品的功能、效用、式样、特色、品牌等，任何一项发生了变化，都可以视为新产品。产品按其功能、质量以及服务等特性分为核心层、有形层和延伸层三个层次。与产品层次理论相对应，可将企业新产品划分为技术型新产品、市场型新产品两种，它们分别对应产品核心层或有形层和延伸层的变革。

产品创新至今还没有一个严格而统一的定义。胡树华教授认为现代企业的产品创新是建立在产品整体概念基础上以市场为导向的系统工程。从单个项目来看，产品创新表现为产品某项技术经济参数质和量的突破与提高，包括新产品开发和老产品改造；从整体考虑，它贯穿产品构思、设计、试制、营销的全过程，是功能创新、形式创新、服务创新多维交织的组合创新。产品创新模式的发展主要经历了5个阶段：19世纪中叶，产品创新是发明家的个人行为；19世纪末，产品创新的群体行为；20世纪上半叶，产品创新过程的组织化和系统化；20世纪80年代，产品创新过程的并行化；90年代，产品创新过程的协同化、一体化。

产品创新是一个系统工程，对这个系统工程的全方位战略部署以及为实现创新目标而做出的谋划和根本对策就是产品创新战略。产品创新战略包括：创新产品选择、创新模式和方式的确定以及与技术创新其他方面的协调等。

创新产品的选择就是根据选定的目标市场需求，结合对行业同类产品特性的比较分析和企业自身核心能力及创新实现方式的考虑，选择具体的创新产品。创新产品是市场需求与企业优势的"交集"，以能否取得最大的预期投资回报率为最终选择标准。

产品创新模式可以分为自主创新、模仿创新、合作创新三种基本模式。自主创新模式是企业通过自身的努力和探索产生技术突破，并在此基础上依靠自身的能力推动产品和工艺等一系列创新，完成技术的商品化，达到预期目标的商业活动。模仿创新模式是通过学习、模仿率先创新者的创新思想和行为，吸取率先者成功经验和失败的教训，引进、购买或破译率先者的核心技术和技术秘密，并在此基础上进一步改进和开发。在工艺设计、质量和成本控制、大批量生产管理、市场营销等创新链的中后期阶段投入主要力量，生产出在性能、质量、价格等方面富有竞争力的产品与率先创新的企业竞争，以此建立自己的竞争地位，获取经济利益的一种行为。合作创新模式是企业间或企业、科研机构、高等院校之间的联合创新行为。合作创新通常以合作伙伴的共同利益为基础，以资源共享或优势互补为前提，有明确的合作目标、合作期限和合作规则，合作各方在技术创新的全过程或某些环节共同投入，共同参与，共享成果，共担风险。

产品开发是产品形成过程中计划、结构设计、组织等部分的具体体现，分产品规划、产品设计、产品试验三个阶段。

① 产品规划　产品规划确定被生产产品的造型以及为进行产品开发所要求的组织等所有与市场有关的任务。如根据市场分析（包括对潜在竞争产品分析），按功能、材料、加工方法、质量和成本等要求对产品进行定义；通过产品定义，丰富或致力于占领市场开拓中挖掘的市场空缺，确定从开发到进入市场的时间等；产品规划阶段完成的是概念上的设想及所期望的产品特性的系统配置。

② 产品设计　产品设计是在知识和经验的基础上，创造性地寻求技术产品的优化方案，并求出它的功能和结构构成，制定出可用于加工的技术资料。

③ 产品测试　产品测试分为单个或多个样品的加工和测试。该阶段产品的知识得到扩充，并考虑对产品模型进行补充和修改。产品的质量、成本、进入市场时间、服务和环保是新产品开发的核心要素。产品创新、先进的设计技术和高层管理支持是新产品开发成功的关键。

1.2　创新设计

1.2.1　创新设计的概述

设计一词源于拉丁语"designare（动词）"和"designum（名词）"，其中"de"表示"记下"，"signare"表示"符号和图形"，组合在一起的意思是记下符号和图形。后来发展到英文单词"design"，其含义也更加完善。设计是根据一定的目的要求预先制订方案、图样等，设计是一个创造性的决策过程。具体说，设计就是指根据社会或市场的需要，利用已有的知识和经验，依靠人们思维和劳动，借助各种平台（数学方法、实验设备、计算机等）进行反复判断、决策、量化，最终实现把人、物、信息资源转化为产品的过程。这里的产品是广义概念，含装置、设备、设施、软件以及社会系统等。在世界经济高速发展的今天，设计水平更是成为国家核心竞争力的重要标志。

设计普遍存在于人类社会活动的各个领域，其中包括人类的生产活动、科学活动、艺术活动和社会活动。设计所包容的类型多种多样，其中工程设计（engineering design）应用范围十分广泛。工程可定义为"应用科学和数学，将自然界中的物质与能源制成有益于人类的结构、机器、产品、系统或工艺流程等"。工程设计定义为"一个创造性的决策过程，即应用科技知识将自然资源转化为人类可用的装置、产品、系统或工艺流程"。工程设计是工业生产过程的第一道工序，产品的功能是通过设计确定的，设计水平决定了产品的技术水平和产品开发的经济效益，产品成本的 75%～80% 是由设计决定的。原则上说，产品的性能、结构、质量、成本、维护性等诸方面都是在产品设计阶段确定的。

创新是设计的本质属性，一个不包含任何新的技术要素的技术方案称不上是设计。生产者只有通过设计创新才能赋予产品新的功能，也只有通过设计创新才能使产品具有超越其他同类产品的性能和低于其他同类产品的成本，从而使产品具有更强的市场竞争能力。正是在这一形势下，设计特别是创新设计的重要性变得日益明显，并成为决定机械产品竞争力的最关键环节。创新设计是指在设计领域中，提出的新的设计理念、新的设计理论或设计方法，从而得到具有独特性、新颖性、创造性和实用性的新产品，达到提高设计的质量、缩短设计时间的目的。创新设计的理论、方法和工具的研究与普及，是通过创建有利于设计人员进行创新的理论模型、思维方法和辅助工具，来引导、帮助设计人员有效地利用内外部资源激发创新灵感，在产品概念设计、方案设计阶段高效率、高质量地提出创新设计方案，有效地满足客户对产品求新和多样化的需求，是企业在更快、更好、更便宜的三维竞争空间中赢得最佳位置的关键技术。

1.2.2 创新设计的类型

一般来说，可把创新设计分为正向设计和反向设计，反向设计也称反求设计。正向设计的过程是首先明确设计目标，然后拟订设计方案，进行产品设计、样机制造和实验，最后投产的全过程。正向设计可分为开发设计和变异设计。反求设计的过程是首先引进待设计的产品，以此为基础，进行仿造设计、改进设计或创新设计的过程。

根据设计的要求、内容和特点，一般创新设计可分为开发设计、变异设计和反求设计。

(1) 开发设计

针对新的市场需求和新的设计要求，提出新的设计任务，完成产品规划、产品原理方案设计、概念设计、构形设计、施工设计等设计过程。开发设计具有开创性和探索性，其设计风险较大，但一旦成功获益也较大。

(2) 变异设计

在已有产品基础上，针对原有缺点或新的工作要求，从工作原理、功能结构、执行机构类型和尺度等方面进行一定的变异，设计出新产品以适应市场需要，增强产品竞争力。这种设计也包括以基本型产品为基础，保持工作原理不变，开发出不同参数、不同尺寸或不同功能和性能的变型系列产品。变异设计具有适应性和变异性，由于这种设计在原有产品上进行发展，因此风险也较小。

(3) 反求设计

针对已有的先进产品或设计，从工作原理、概念设计、构形特点等方面进行深入分析研究，必要时还需进行实验研究，从而探索其关键技术，在消化、吸收的基础上，开发同类型但又能避开其专利的具有自己特色的新产品。反求设计绝不是对现有先进产品的照搬照抄，而是在消化、吸收的基础上进行再创造。

一个企业、一个行业要谋求发展就应重视产品的开发设计，但大量的设计毕竟还是变异设计、反求设计，因此要重在这两种设计中创新。设计的本质是创新，设计的生命力也在创新。

1.3 机械产品常规设计、现代设计与创新设计

机械工程是工程的一个主要领域。机械工程设计（mechanical engineering design）或简称为机械设计（mechanical design），是指机械装置、产品、系统或生产线设计。机械设计主要包括机器设计（machine design）和机构设计（mechanism design）。机械设计方法对机

械产品的性能有决定作用。机械产品设计方法可分为常规设计方法（又称传统设计方法）、现代设计方法和创新设计方法。它们之间有区别，也有共同性。

1.3.1 机械系统设计的重要性

机械系统是将机器看作具有特定功能的、相互间具有有机联系的组成部分所构成的一个整体。机械系统设计是从系统的观点来进行机器的设计，这将大大有利于机器设计的创新性、多样化和综合最优化。机械系统设计的重要意义主要表现在如下几个方面：

(1) 设计的创新性

机械系统设计把实现机器功能和进行功能分解作为设计出发点。由于功能的抽象化和功能分解的多样化，将大大有利于机械设计的创新，而不拘泥于老套。

将机器所要实现的功能加以抽象化，可以开阔设计者的思路，采用多种工作原理实现机器的功能，有利于机器的创新。

功能分解和功能结构的多样性，可使机器总功能的实现方案多种多样，设计者可以从中寻求适合某些要求的综合最优方案。

(2) 设计的全面性

机械系统设计需要考虑产品生命周期全过程各个阶段的要求，包括市场的显需求或隐需求；寻求设计方案的综合最优化；实现产品制造的经济性和先进性；满足用户要求和有利于维护保养；考虑回收利用等问题。机械系统设计中考虑的问题比较全面，从而可以大大提高设计水平和质量。

系统设计的全面性使所设计的产品更具市场竞争力，能满足人类可持续发展的需要。

(3) 设计的系统性

任何一台机器要达到最有效能的运动均离不开人和环境所构成的外部条件。我们把机器本身称为内部系统，把人和环境称为外部系统。内部系统和外部系统组成了全系统，也可称为广义机械系统，如图 1-1 所示。

人与环境是机械系统存在的外部条件，人与环境对机械的效能起着一定的支配作用。机械系统的整体性是在内部系统与外部系统的相互联系中体现出来的。

例如，一台精密加工机床的效能与操作者的生理、心理和技术水平有关，也与环境对机床的影响有关。

机械系统设计强调了机器本身是由各部分组成的相互联系、相互作用的系统，各部分的要求离不开整体的需求，从而使机器的设计更具整体优良性能。一个系统中，部分的作用是通过总体来体现的，有了总体的概念，才能处理好各个部分的设计。

机械系统设计的系统性还表现在人、机、环境的广义系统的考虑方面，从而使机械系统更有利于发挥人-机的整

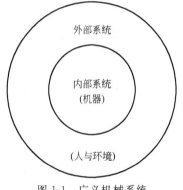

图 1-1 广义机械系统

体效率，使机器的效能得到充分的发挥。人-机系统把人看作系统的一个组成部分，同时按人的特性和能力来设计和改造系统。

环境可以作为人-机系统的干扰因素来理解，系统设计就是要排除环境的不利影响。

(4) 设计的综合最优化

机械系统是由相互作用和相互依赖的若干组成部分结合而成的具有特定功能的有机整体。各部分的设计必须符合整体的需要，离开整体需要的部分设计是没有意义的。因此系统

设计特别强调系统思想，追求目标系统综合最优化。

机械系统的各个组成部分不能离开整体来研究，各个组成部分的作用不能脱离整体的协调来考虑。在一个整体系统中，即使每个组成部分并不很完善，但通过一定方式加以协调、综合也可成为具有良好功能的系统；反之，即使各个组成部分都很好，若协调不好也可成为性能不佳的系统。

系统的综合最优化要求机械系统设计时追求整体最优、全局最优。为了达到这一目标，通常采用综合评价方法来寻求综合最优的机械系统方案。

1.3.2　常规设计

常规机械产品设计是依据力学和数学建立的理论公式或经验公式为先导，以实践经验为基础，运用图表和手册等技术资料，进行设计计算、绘图和编写设计说明书的设计过程。无论哪一类设计，为了提高机械产品设计质量和设计水平，必须遵循科学的设计程序。一个完整的常规机械设计主要由下面的各个阶段组成：

① 市场需求分析。进行需求分析、市场预测、可行性分析，本阶段的标志是完成市场调研报告。

② 明确产品的功能目标。确定设计参数及制约条件，最后给出详细的设计任务书（或要求明细表）作为设计、评价和决策的依据，本阶段的标志是明确设计任务书。

③ 方案设计（概念设计）。需求是以产品的功能来体现的，功能与产品设计的关系是因果关系。体现同一功能的产品可以有多种多样的工作原理。因此，这个阶段的最终目标就是在功能分析的基础上，通过构想设计理念、创新构思、搜索探求、优化筛选，最后决策确定出一个相对最优方案是本阶段的工作标志。

④ 技术设计（构形设计）。技术设计是机械设计过程中的主体工作，该阶段的工作任务主要是将方案（主要是机械运动方案）具体转化为机器及其零部件的合理构形，也就是要完成机械产品的总体设计、部件和零件设计，该阶段的工作标志是完成设计说明书和全部设计图的绘制工作。

构形设计时要求零件、部件设计满足机械的功能要求；零件结构形状便于制造加工；常用零件尽可能实现标准化、系列化和通用化；总体设计还应满足总功能、人机工程学、造型美学以及包装和运输等方面的要求。

构形设计时一般先由总装配图分拆成部件、零件草图，经审核无误后，再由零件工作图、部件工作图绘制出总装配图。

最后还要编制技术文件，如设计说明书，标准件、外购件明细表，备件、专用工具明细表等。

⑤ 制造样机。制造样机并对样机的各项力学性能进行测试与分析，完善和改进产品的设计，为产品的正式投产提供有力证据。

常规机械设计方法是应用最为广泛的设计方法，也是相关教科书中重点讲授的内容。如机械原理中的连杆机构综合方法、凸轮廓线设计方法、齿轮几何尺寸的计算方法、平衡设计方法、飞轮设计方法以及其他常用机构的设计方法等都是常规的设计方法。

常规设计是以成熟技术为基础，运用公式、图表、经验等常规方法进行的产品设计，其设计过程有章可循，目前的机械设计大都采用常规的设计方法。机械设计的主体是常规设计方法。常规机械设计方法是机械设计中不可替代的方法。

在常规机械设计过程中，也包含了设计人员的大量创造性成果，例如，在方案设计阶段和结构设计阶段中，都含有设计人员的许多创造性设计过程。

1.3.3　现代设计

现代设计是传统设计活动的延伸和发展，是随着设计经验的积累，经历 4 个基本发展阶段是：直觉设计阶段（17 世纪以前）、经验设计阶段（大约 17 世纪至 20 世纪）、半理论半经验设计阶段（20 世纪初至 20 世纪 60 年代末）和现代设计阶段（20 世纪 70 年代初至今）。传统设计是以经验总结为基础，运用长期设计实践和理论计算而形成的经验、公式、图表、手册等为设计依据，是一种以静态分析、近似计算、经验设计、手工劳动为特征的设计方法，不能更好地满足当今时代要求。

现代设计是以计算机为工具、以工程设计与分析软件为基础、运用现代设计理念的新型设计方法。它的特点是产品开发的高效性和高可靠性。计算机辅助设计、优化设计、可靠性设计、有限元设计、并行设计、虚拟设计等都是重要的现代设计方法。20 世纪 50 年代后期的工业发达国家开始在军事工业中使用计算机辅助设计（CAD）技术，主要是飞机与汽车制造业这些大型工业。CAD 技术由初期代替图板进行计算机辅助绘图，发展为整个产品的辅助设计，包括产品的构思、功能设计、结构分析、加工制造等。CAD 技术提高了设计效率、优化了设计方案、减轻了技术人员劳动强度、加强了设计的标准化、缩短了产品的更新换代的周期。现代的 CAD（计算机辅助设计）与 CAM（计算机辅助制造）、CAPP（计算机辅助工艺规程设计）、CNC（计算机数字化控制技术）、CIMS（计算机集成制造系统）、PDM（产品数据管理）等技术结合起来，已经大大改变了过去落后的设计制造和生产管理模式。集成的、智能化的 CAD 系统成为当今 CAD 工程的发展趋势。

现代设计方法具有很大的通用性。例如，优化设计的基本理论既可用于机构的优化设计、机械零件的优化设计，也可用于电子工程、建筑工程等诸多领域。因此，通用的现代设计方法和专门的现代设计方法发展都很快。比如，优化设计与机械优化设计、可靠性设计与机械可靠性设计、计算机辅助设计与机械的计算机辅助设计等并行发展，设计优势明显，应用范围日益扩大。ADINA、NASTRAN、I-DEAS、PRO-E、UG、Solid Edge，Solid Works，ADAMS 等都是常用的工程设计分析应用软件。

现代设计方法强调运用计算机、工程设计与分析软件和现代设计理念的同时，其基本的设计过程仍然是运用常规设计的基本内容。因此，强调现代设计方法时，切不可忽视常规设计方法的重要性。

1.3.4　机械创新设计

常规性设计是以运用公式、图表为先导，以成熟技术为基础，借助设计经验等常规方法进行的产品设计，其特点是设计方法的有序性和成熟性。

现代设计强调以计算机为工具，以工程软件为基础，运用现代设计理念的设计过程，其特点是产品开发的高效性和高可靠性。

创新设计是指设计人员在设计中发挥创造性，提出新方案，探索新的设计思路，提供具有社会价值的、新颖的而且成果独特的设计成果。其特点是运用创造性思维，强调产品的独特性和新颖性。

通俗地讲，机械创新设计是指充分发挥设计者的创造力，利用人类已有的相关科学技术成果（含理论、方法、技术原理等），进行创新构思，应用新技术、新理论、新方法进行产品的分析和设计，设计出具有新颖性、创造性及实用性的机构或机械产品（装置）的一种实践活动。创新设计包括全新设计和适应型创新设计两类。需要指出的是，创新设计和概念设计并不是同一个概念。概念设计的核心是进行设计创新，而创新设计并不仅限于概念设计阶段，在产品设计的各个阶段均有创新设计的问题，但是最主要的是在概念设计阶段进行创新。

设计的本质是创新。机械创新设计则是指机械工程领域内的创新设计，充分发挥设计者的创造力，利用人类已有的相关科学技术知识进行创新构思，设计出具有新颖性、创造性及实用性的机构或机械产品（装置）的一种实践活动。机械创新设计涉及机械设计理论与方法的创新、制造工艺的创新、材料及其处理的创新、机械结构的创新、机械产品维护及管理等许多领域的创新。

机械创新设计是相对常规设计而言的，它不仅是一项复杂而又耗时的脑力工作，而且是一项紧张而又繁重的体力劳动。机械创新设计特别强调人在设计过程中，特别是在总体方案、结构设计中的主导性及创造性作用。一般来说，机械创新设计时很难找出固定的创新方法。创新成果是知识、智慧、勤奋和灵感的结合，现有的创新设计方法大都是根据对大量机械装置的组成、工作原理以及设计过程进行分析后，在进一步归纳整理，找出形成新机械的方法，再用于指导新机械的设计中。为了提高设计效率，减轻设计者在设计过程中的脑力和体力劳动，寻求科学的设计方法和有效的设计工具成为人们努力的目标，而设计自动化是人类最终的理想。

机器创新设计本身也存在创新程度多少和创新水平高低之分。评价机器创新设计水平的关键是新颖性的高低。新颖性主要表现在机器工作原理要新、结构要新、组合方式要新。

一种新机器工作原理的构思往往可创造出一类新的机器，例如，激光技术的应用产生了激光加工机床、激光治疗仪、激光测量仪等。创造出一种新的执行机构类型也可造就一类新机器，例如，抓斗大王包起帆采用多自由度差动滑轮组和复式滑块机构创造、发明了性能独特的"异步抓斗"。采用新的组合方式亦可创造出一种新机器，例如，美国阿波罗飞船在没有重新设计和制作一件元件、零件的情况下，通过功能分解选用现有的元器件及零部件，用功能组合原理建造出世界第一艘阿波罗飞船，并取得了满意的结果。组合创新实质上是用现有的元器件去实现崭新的设计方案。由此可见，机器创新设计的内涵是十分广泛的。

归纳起来，机器创新设计的内容一般包括四个方面：

① 机器工作原理的创新。采用新的工作原理，就可设计出崭新的机器。例如，采用石英晶体振荡的定时性原理，创造出新一代的计时器——石英手表；又如采用静电感应和激光原理创造出激光打印机并取代了机械式打字机。

② 机器功能解的创新设计。这属于方案设计范畴，其中包括新功能的构思、功能分析和功能结构设计、功能的原理解创新、功能元的结构创新等，从机械方案设计角度看，核心部分还是机械运动方案的创新。把机械运动方案创新设计作为机器创新设计的重点是十分必要的。

③ 机械零部件的创新设计。机械方案确定以后，机械的构形设计阶段也有许多内容可以进行设计创新，例如，用新构形的零部件可以提高机器的工作性能、减小尺寸及重量；又如采用新材料可以提高零部件的强度、刚度和使用寿命等。

④ 工业艺术造型的创新设计。对机器的造型、色彩、面饰等进行创新设计可以增强机械产品的竞争力。产品的工业艺术造型设计得好，可令使用者爱不释手，同时也使机器的功能得到充分的体现。

机械创新设计的内容虽然主要包括四个方面，但是最关键的还是前两方面的创新设计，这属于机器方案创新设计范畴。

根据以上阐述内容，可以对机械创新设计定义如下：在机械设计过程中，对各个阶段的某些设计内容进行创造性设计，使之具有首创性、新颖性。

1.3.5　机械创新设计主要内容

机械是机器和机构的总称，因此机械创新设计主要包括机构创新设计和机器创新设计两大部分。

（1）机构创新设计

机构的功用是实现各种工艺动作。由于机械是机器和机构的总称，而机构又是机器中执行机械运动的主体，所以机械创新的实质内容是机构的创新。常见机构创新设计方法主要有：利用机构的组合、机构的演化与变异和运动链的再生原理进行创新设计。

（2）机器创新设计

机器创新设计的关键内容是进行机器运动方案的设计，也就是对机器中实现运动功能的机构系统方案进行创新设计。机器创新设计的基本内容包括机械产品需求分析、机器工作机理描述、机械产品设计过程模型和功能求解模型、工艺动作过程的构思与分解、机械运动方案的组成原理、机械运动方案设计的评价体系和评价方法以及机电一体化系统设计的基本原理。

第2章

机械创新设计的思维基础

2.1 思维的特性与类型

2.1.1 思维的特性

思维方法是创新设计的重要组成部分，与创新理论、创新技法结合互补，使机械创新设计的内容更加完善。所谓思维是指人脑对所接受和已储存的来自客观世界的信息进行有意识或无意识、直接或间接的加工，从而产生新信息的过程。这些新信息可能是客观实体的表象，也可能是客观事物的本质属性或内部联系，还可能是人脑产生出的新的客观实体，如工程技术领域的新成果、自然规律或科学理论的新发现等。思维主要特性有：

① 间接性和概括性。感觉与知觉具有直接性，感知的事物比较容易为人们所接受，但世界上的事物众多，客观事物的本质属性与内部联系错综复杂，人们不可能一一去感知它们，这就需要借助思维的间接性和概括性来实现。思维的间接性指的是凭借其他信息的触发，借助于已有的知识和信息，去认识那些没有直接感知过的或根本不能感知的事物，以及预见和推知事物的发展过程。思维的概括性指的是它能够去除不同类型事物的具体差异，而抽取其共同的本质或特征加以反映。

② 思维的多层性。思维具有层次性，它有高级和低级、简单和复杂之分。对同一事物，不同的人可能有截然不同的看法。有的人的认识还停留在事物的表象，而有的人则能深刻地理解事物的本质及内部规律。

③ 新颖性和独特性。它指思维结果的首创性，具备与前人、众人不同的独特见解，思维的结果是过去未曾有过的。也可以说，是主体对知识、经验和思维材料进行新颖的综合分析、抽象概括，以致达到人类思维的高级形态，其思维结果包含着新的因素。例如，20世纪50年代在研究晶体管材料时，人们都只考虑将锗提纯的方法，但未能成功；而日本科学家在对锗多次提纯失败后，他们采用求异探索法，不再提纯，而是一点一点加入少量杂质，结果发现当锗的纯度降低为原来一半时，会形成一种性能优越的电晶体，此项成果轰动世界，并获得诺贝尔奖。又如多灯的开关许多年来一直是机械式的，随着科学技术的发展，出

现了触摸式、感应式、声控式开关。光控式开关能在一定暗度下使路灯自动点亮，而在天明时又自动关闭。红外线开关在进入室内时自动亮灯，并准确做到"人走灯灭"。

④ 多样灵活性和开放性。它指对于客观事物或问题，表现出敢于突破思维定势，善于从不同的角度思考问题，善于提出多种解决方案；能根据条件的发展变化，及时改变先前的思维过程，寻找解决问题的新途径。灵活性、开放性也含有跨越性的因果关系。例如，美国某公司的一位董事长有一次在郊外看一群孩子玩一外形丑陋的昆虫，爱不释手，就安排自己的公司研制一套"丑陋玩具"，深受孩子们的喜爱，非常畅销。科学家们跳出了死板的框框，通过对苍蝇与蛆的研究发现，这些人人痛恨的东西却包含着丰富的蛋白质，可以用来造福人类。跨越性是创新思维极为宝贵的一个特点，主要有两种思维形式：一是从思维的进程来说，它集中表现为省略思维步骤，加大思维前进的跨度，以此获取创造奇迹；二是从思维条件的角度讲，它表现为能够跨越事物"可观度"的限制，迅速完成"虚体"与"实体"之间的转化，加大思维的"转换跨度"。

⑤ 自觉性与创造性。思维的自觉性与创造性，是人类思维的最可贵的特性。从人对事物的感知实践可知，经适度激发，人的大脑神经网络和生理机能会对外部环境和事物产生自觉的反映，因此许多苦思冥想不得要领的难题，可能在睡梦中或在漫步时豁然开朗。这是因为人在积极思维时，信息在神经元之间按思考的方向进行有规律的流动，这时候不同神经细胞中的不同信息难以发生广泛的联系，而当主体思维放松时，信息在神经网络中进行无意识流动、扩散，这时候思维范围扩大，思路活跃，多种思维、信息相互联系、相互影响，这就为问题的解决准备了更好地条件。人类思维的自觉性使人类在思维和解决问题时常常会出现顿悟现象。顿悟是思维自觉运行的结果，经过反复探索，思维运动发展到一定关节点，或由外界偶然机遇所引发，或由大脑内部积淀的潜意识所触动，就产生一种质的飞跃，如同一道划破天空的闪电，问题突然得到解决。也有人把思维的自觉性称为灵感思维，其最大的特征是爆发性与瞬间性，只有善于捕捉这一短暂的灵感思维，才会发生量变到质变的创造成果。因此，思维的结果可产生出从未有过的新信息，所以思维具有创造性。良好的思维方式是发明创造的前提。

2.1.2　思维的类型

人最强大的力量来自于人所特有的思维能力。思维是发生在人脑中的信息交流，是人脑对客观现实的反映。它不仅揭示客观事物的本质或内部联系，还可使人脑机能产生新的信息和新的客观实体，如科学和自然规律的新发现、技术新成果等。思维是创造的源泉，正是由于人类的创新思维才产生了各种各样的发明创造。因此，掌握了有关思维的一般方法，发挥创造性思维的作用，有利于问题的解决。在产品设计与开发中，运用不同的思维方式，可以开发出不同的新产品。思维具有流畅性、灵活性、独创性、精细性、敏感性和知觉性的特征，根据思维在运作过程中的作用地位，思维主要有以下几种类型：

① 形象思维与抽象思维。形象思维又称为具体思维或具体形象的思维，是人脑对客观事物或现象的外部特点和具体形象的反映活动。形象思维形式表现为表象、联想和想象。表象是指形体的形状、颜色等特征在大脑中的印记，是形象思维的具体结果。联想是将不同的表象联接起来的思维过程，是表象的思维延续，在一定的条件刺激下就会产生联想。想象是将一系列的有关表象融合起来，构成一副新表象的过程，是创造性思维的重要形式。形象思维是人们认识世界的基础思维，是每个人都具有的最一般思维方式，也是人们经常使用的思维方式。例如，设计一个零件或一台机器时，设计者在头脑中想象出零件或机器的形状、方位等外部特征，在头脑中对想象出的零件或机器进行分解、组装、设计等思维活动，就属于

形象思维。在工程技术创新活动中，形象思维是基本的思维活动，工程师在构思新产品时，无论是新产品的外形设计，还是内部结构设计以及工作原理设计，形象思维都起着重要的作用。

抽象思维又称为逻辑思维。抽象思维涉及语言、推理、定理、公式、数字、符号等不能感观的抽象事物，是一个建立概念、不断推理、反复判断的思维过程。概念、判断、推理构成了抽象思维的主体。概念是客观事物本质属性的反映，是一类具有共同特性的事物或现象的总称。从抽象到具体，再从具体到抽象，这种反复转换的思维方式是人们进行各类活动的常用思维方式。判断是两个以上概念的联系，推论则是两个以上判断的联系。如在齿轮传动中，能保证瞬时传动比的一对互相啮合的齿廓曲线必须为共轭曲线（概念），因为渐开线满足共轭曲线的条件，所以渐开线为齿廓的齿轮必能保证其瞬时传动比为恒定值（判断），这就是一种推理的过程。形象思维具有灵活新奇的特点，而抽象思维较为严密。按照现代脑科学的观点，形象思维和抽象思维是人脑不同部位对客观实体的反映活动，左半脑主要是抽象思维中枢，右半脑主要是形象思维中枢，两个半脑之间有数亿条神经纤维，每秒钟可交换传输数亿个神经冲动，共同完成思维活动。因此，形象思维和抽象思维是人类认识过程中不可分割的两个方面，在创新过程中，应该把两者很好地结合起来，以发挥各自的优势，创造出更多的成果。

② 发散思维与收敛思维。发散思维又称辐射思维、扩散思维、求异思维、开放思维等。它是根据提供的信息，多方位寻求问题解答的思维方式。其思维过程为：以要解决的问题为中心，运用横向、纵向、逆向、分合、颠倒、质疑、对称等思维方法，找出尽可能多的答案，并从中寻求最佳值，以便有效地解决问题。如把气象预测纳入企业经营的思考范围，观风察雨也能使企业获利。日本经营空调器的厂商都有研究和测算气象的专门机构。他们收集了大量的数据，得出了气温变化与产品销售额浮动之间的关系：在盛夏 30℃ 以上温度的天气，每延续一天，空调的销售量就能增加 4 万台。可见发散性思维在进行创新活动中具有极其重要的作用。

收敛思维又称集中思维、求同思维等，是一种在大量设想或多方案基础上寻求某种最佳解答的思维方式。它以某种研究对象为中心，将众多的思路和信息汇集于这一中心，通过比较、筛选、组合、论证，得出现存条件下解决问题的最佳方案。其着眼点是从现有信息产生直接的、独有的、为已有信息和习俗所接受的最好结果。

在创造活动中，提出的方案越多，选择最优方案的可用空间就越大，但光有发散思维并不能使问题直接获得有效的解决。因为问题的解决最终选择方案只能是唯一的或是少数的，这就需要集聚，采用收敛思维能使问题的解决方案趋向于正确目标。因此，既需要有充分的信息为基础，设想多种方案，又需要对各种信息进行综合、归纳，多方案优化。发散思维与收敛思维的有机结合组成了创新活动的一个循环过程。

③ 直达思维与旁通思维。直达思维始终围绕需要解决的问题进行思考，旁通思维则将问题转化为另一个问题，间接分析求解。旁通思维后要返回到直达思维，才能较好地解决所提出的问题。如美国的莫尔斯受到马车到驿站要换马的启示，采用设立放大站的方法，解决了信号远距离传输衰减的问题，就是旁通思维的一个例子。

④ 动态思维。动态思维是一种运动的、不断调整的、不断优化的思维活动。其特点是根据不断变化的环境、条件来不断改变自己的思维秩序、思维方向，对事物进行调整、控制，从而达到优化的思维目标。动态思维是美国心理学家德波诺提出的，他认为人在思考时要将事物放在一个动态的环境或开放的系统中来加以把握，分析事物在发展过程中存在的各种变化或可能性，以便从中选择出使自己解决问题有用的信息、材料和方案。它的特点是要

随机而变、灵活，与古板、教条的思维方式相对立。

⑤ 有序思维。有序思维是一种按一定规则和秩序进行的有目的的思维方式，它是许多创造方法的基础。如十二变通法、归纳法、逻辑演绎法、信息交合法、物-场分析法等都是有序思维的产物。有序思维经常运用到常规机械设计过程中。如齿轮设计过程，按载荷大小计算齿轮的模数后，再将其标准化，按传动比选择齿数，进行几何尺寸计算，强度校核等过程，这都是典型的有序思维过程。

⑥ 直觉思维。直觉思维是创造性思维的主要表现形式。直觉思维是一种非逻辑抽象思维，是人基于有限的信息，调动已有的知识积累，摆脱惯常的思维规律，对新事物、新现象、新问题进行的一种直接、迅速、敏锐的洞察和跳跃式的判断。它在确定研究方向、选择研究课题、识别线索、预见事物发展过程、提出假设、寻找解决问题的有效途径、决定行动方案等方面有着重要的作用。与直觉思维相关的思维方法有：想象思维法、笛卡儿连接法、模糊估量法等。在人类创造性活动中，直觉思维扮演了极为重要的角色。

⑦ 创造性思维。创造性思维是一种最高层次的思维活动，它是建立在前述各类思维基础上的人脑机能在外界信息激励下，自觉综合主观和客观信息产生的新客观实体，如工艺技术领域的新成果、自然规律与科学理论的新发现等思维活动和思维过程。它的特点是：综合性、跳跃性、新颖性、潜意识中的自觉性和顿悟性，这都是创造性思维比较明显的特点。

⑧ 逆向思维。逆向思维是从一种事物想到另一种相反事物，从一种条件想到另一种相反条件，从一种可能想到另一种相反的可能，从原因追溯结果的创新思维能力。逆向思维摆脱了单一思维的束缚，异想天开，引导人们从"山重水复疑无路"的困境走出来，寻找新的途径和高明的办法，得到意想不到的收获。

⑨ 理想思维。理想思维就是理想化思维，即思考问题时要简化，制订计划要突出，研究工作要精辟，结果要准确。这样就容易得到创造性的结果。

⑩ 质疑思维。质疑是人类思维的精髓，用怀疑和批判的眼光看待一切事物，即敢于否定。对每一种事物都提出疑问，是许多新事物新观念产生的开端，也是创新思维的最基本方式之一。创新思维是以发现问题为起点的，爱因斯坦说过，系统地提出一个问题，往往比解决问题重要得多，因为解决这个问题或许只需要数学计算或实验技巧。所有科学家、思想家可以说都是"提出问题和发现问题的天才"。一个人若没有一双发现问题的眼睛，就意味着思维的钝化。哥伦布发现了"地心说"的问题才有"日心说"的产生。爱因斯坦找出了牛顿力学的局限性才诱发了"相对论"的思考。因此，外国许多科研机构都非常重视培养研究人员提出问题、发现问题的能力，常常拿出三分之一以上的时间训练其提出问题的技巧。

⑪ 灵感思维。灵感思维是一种特殊的思维现象，是一个人长时间思考某个问题得不到答案，中断了对它的思考以后，却又会在某个场合突然产生对这个问题的解答的顿悟。灵感包含多种因素、多种功能，多侧面的本质属性和多样化的表现形态。灵感也是人脑对信息加工的产物，是认识的一种质变和飞跃，但是由于对信息加工的形式、途径和手段的特殊性，以及思维成果表现形态的特殊性，使灵感成为了一种令人难识真面目的极其复杂而又神奇的特殊思维现象。它具有如下一些特性：

a. 突发性。灵感的产生往往具有不期而至，突如其来的特点。

b. 兴奋性。灵感的出现是意识活动的爆发式的质变、飞跃，是令人豁然开朗，是思想火花的瞬间出现，是神经活动突然进入的一种高度兴奋状态。因此，灵感出现以后必然出现情绪高涨，身心舒畅，甚至如醉如痴的状态。

c. 不受控制性。灵感的出现时间和场合不可能预先准确地作出规定和安排。

d. 瞬时性。灵感是潜思维将其思维成果突然在瞬间输送给显思维，灵感的来去是无影无踪的，它出现在人脑中只有很短的时间，也许只有半秒钟或者几秒钟。它经常只是使你稍有所悟，当你没有清晰地反应过来的时候它便已经离开你了。

e. 粗糙性。灵感提供的思维成果，并不都是完整成熟的、精确清晰的。

f. 不可重现性。即使遇到了相同的情景，也难以再现各个细节都完全相同的同一个灵感，而不是说灵感的同一内容不可能在不同的情景下再次或多次出现。

通常情况下灵感有如下的种类：

a. 自发灵感。自发灵感是指对问题进行较长时间思考的执着探索过程中，需随时留心和警觉所思考问题的答案或者启示，有可能某一种时刻在头脑中突然闪现的成果。要做到善于抓住头脑中的自发灵感，不仅要对灵感出现有一种敏感的警觉，而且还要有意识地让潜思维尽量发挥作用。我们在对一个问题进行反复思考时，潜思维也在启动状态。如果我们对问题的解答不是急于求成，而是有紧有松，有张有弛，在休息的时候就停止思考，转做其他的事情或进行娱乐活动，这样就能为头脑中的潜思维加强活动创造有利条件，就能为它提供良好的环境。

b. 诱发灵感。它是指思考者根据自身的生理、爱好和习惯等诸方面的特点，采用某种方式或选择某种场合，有意识地促使所思考的问题的某种答案或启示在头脑中出现。

c. 触发灵感。触发灵感是指在对问题已经进行较长时间思考而未能得到解决的过程中，接触到某些相关或不相关的事物或感官刺激，从而引发了所思考问题的某种答案或启示在头脑中的突然出现。

d. 逼发灵感。逼发灵感是指在紧张的情况下，通过冷静的思考，或者在情急中产生解决面临问题的某种答案或解决问题的某种启示，此时有可能在头脑中突然闪现。

2.1.3　创造性思维的形成与发展

（1）创造性思维的形成

首先是发现和提出问题，这样才能使思维有方向性和动力源。一个好的问题才能使人的思维更有意义和价值。爱因斯坦说过："提出一个问题往往比解决一个问题更重要，因为解决一个问题也许仅是一个科学上的实验技能而已，而提出新问题、新的可能性以及从新的角度看旧的问题，却需要创新性的想象力，而且标志着科学的真正进步"。科学发现始于问题，而问题是由怀疑产生的，因此，生疑提问是创新思维的开端，是激发出创新思维的方法，其主要内容为：问原因，每看到一种现象，均可以问一问这些现象背后的原因；问结果，在思考问题时，要想一想："这样做，会导致什么后果呢？"；问规律，对事物的因果关系、事物之间的联系要勇于提出疑问；问发展变化，设想某一情况发生后，事物的发展前景或趋势会怎样？在问题已存在的前提下，基于脑细胞具有信息接收、存储、加工、输出四大功能，创造性思维的形成大致可分为四个阶段：

① 酝酿准备阶段。"酝酿准备"也称为储存准备阶段，是明确问题，围绕问题收集相关信息与资料，使问题与信息在头脑及神经网络中留下印记的过程。大脑的信息存储和积累是激发创造性思维的前提条件，存储信息量越大，激发出来的创造性思维活动也越多。

在此阶段，创新主体已明确了自己要解决的问题。在收集信息的过程中，力图使问题更概括化和系统化，形成自己的认识，弄清问题的本质，抓住问题疑难的关键所在，同时开始尝试和寻求解决问题的方案。任何一项创新和发明都需要一个准备过程，只是时间长短不一而已。收集的信息，包括教科书、研究论文、期刊、技术报告、专利和商业目录等，而查访一些相关问题的网站，或与不同领域的专家进行周密的讨论，有时也会有助于收集资料。

爱迪生为发明电灯，所收集的有关资料写了200多本，达4万页之多。爱因斯坦青年时期，就在冥思苦想这样一个悖论问题：如果我以 e 速（真空中的光速）追随一条光线，那我就应当看到这样一条光线，就好像一个在空间里振荡着而停滞不前的电磁场。他思考这个问题长达十年之久，当他考虑到"时间是可疑的"概念时，他忽然觉得萦绕脑际的问题得到解决了。这时他只经过 5 周的时间，就完成了闻名世界的"相对论"。相对论的研究专题报告虽在几周时间内完成，可是从开始想到这个问题，直至全部理论的完成，其中有数十载的准备工作，因此，创新思维是艰苦劳动、厚积薄发的奖赏，也正应了"长期积累，偶然得之"的名言。

② 潜心加工阶段。潜心加工阶段也称为悬想加工阶段。人脑的特殊神经网络结构使其思维能进行高级的抽象思维和创造性思维活动。在围绕问题进行积极思索时，人脑对神经网络中的受体不断地进行能量积累，为生产新的信息积极运作。在此阶段，神秘而又神奇的大脑不断地对神经网络中的递质、突触、受体进行能量积累，为产生新的信息而运作。这个阶段，人脑能总体上根据感觉、知觉、表象提供的信息，超越动物脑只停留在反映事物的表面现象及其外部联系的局限，认识事物的本质，使大脑神经网络的综合、创新能力有超前力量和自觉性，使它能以自己特殊的神经网络结构和能量等级把大脑皮层的各种感觉区、感觉联系区、运动区都作为低层次的构成要素，使大脑神经网络成为受控的有目的的自觉活动。潜意识的参与是这一阶段思维的主要特点。

一般来说，创造不可能一蹴而就，但每一次挫折都是成功创造的思维积累。有时候由于某一关键性问题久思不解，从而暂时地被搁置在一边，但这并不是创造活动的终止，事实上人的大脑神经细胞在潜意识指导下仍在继续朝着最佳目标进行思维，也就是说创造性思维仍在进行。因而该阶段也常叫做探索解决问题的潜伏期、孕育阶段。潜心加工阶段还是使创造目标进一步具体化和完善的过程，创造准备阶段确定下来的某些分目标可能被修正或被改换，有时可能会发现更有意义的创造目标，从而使创造性思维向更新颖和有意义的目标行进。

③ 顿悟阶段。这一阶段称为真正创造阶段。经过充分酝酿和长时间思考后，思维进入豁然开朗的境地，使一些长期悬而未决的问题一念之下得以解决的现象。创新主体突然间被特定情景下的某一特定启发唤醒，创造性的新意识猛然被发现，以前的困扰顿时一一被化解，问题顺利解决。在这一阶段中，理论解决的要点、解决问题的方法会在无意中忽然涌现出来，而使研究的理论核心或问题的关键明朗化，其原因在于当一个人的意识在休息时，他的潜意识会继续努力地深入思考。这种现象心理学上称为灵感，没有苦苦的长期思考，灵感决不会到来。

顿悟其实并不神秘，它是人类高级思维的特性之一。从脑生理机制来看，顿悟是大脑神经网络中的递质与受体、神经元素的突触之间的一种由于某种信息激发出的由量变到质变的状态及神经网络中新增加的一条通路。进入此阶段，创造主体突然间被特定的情景下的某一特定启发唤醒，创造性的新意识蓦然闪现，多日的困扰一朝排解，问题得以顺利解决，这种喜悦难以名状，只有身在其中的创造者才有幸体验。这一阶段是创新思维的重要阶段，多被称为"直觉的跃进""思想上的光芒"。这一阶段客观上是由于重要信息的启示、艰苦不懈的探索；主观上是由于在酝酿阶段内，研究者并不是将工作完全抛弃不理，只是未全身投入思考，从而使无意识思维处于积极活动状态，不像专注思索时思维按照特定方向运行，这时思维范围扩大，多神经元之间的联络范围扩散，多种信息相互联系并相互影响，从而为"新通道"的产生创造了条件。

④ 验证阶段。在已经产生许多构想后，必须通过评估缩小选择范围，以获得提供最大潜在利益的方案。把上述假设或方案，通过理论推导或者实际操作来检验它们的正确性、合

理性和可行性，从而付诸实践；也可能把假设方案全部否定，或部分修改补充，创新思维不可能一举成功。

(2) 创造性思维的培养与发展

创造性思维是逻辑思维和灵感思维的综合，这两种包括渐变和突变的复杂思维过程互相融合、补充和促进，使设计人员的创造性思维得到更加全面的开发。虽然每个人均具有创造性思维的生理机能，但一般人的这种思维能力经常处于休眠状态。学源于思，业精于勤，创造的欲望和冲动是创造的动因，创造性思维是创造中攻城略地的利器，两者都需要有意识地培养和训练，需要营造适当的外部环境刺激予以激发。

① 潜创造思维的培养。潜创造思维的基础是知识，人的知识来源于教育和社会实践，知识就是潜在的创造力。由于受教育的程度和社会实践经验的不同，人的文化知识、实践经验知识存在很大差异，即人的知识深度、广度不同，但人人都有知识，只是知识结构不同。也就是说，人人都有潜创造力。普通知识是创新的必要条件，可开拓思维的视野，扩展联想的范围。专门知识是创新的充分条件。专门知识与想象力相结合，是通向成功的桥梁。潜创造思维的培养就是知识的逐渐积累过程。知识越多，潜创造思维活动越活跃，所以学习的过程就是潜创造思维的培养过程。

② 创新涌动力的培养。存在于人类自身的潜创造力只有在一定的条件下才能释放出能量。这种条件可能来源于社会因素或自我因素。社会因素包括工作环境中的外部或内部压力；自我因素主要是强烈的事业心；二者的有机结合，构成了创新的涌动力。所以，塑造良好的工作环境和培养强烈的事业心是出现创新涌动力的最好保证。

创新的过程一般可归纳为：知识（潜在创造力）＋创新涌动力＋灵感思维＝创新成果

2.2 常用创新设计的基本原理与法则

2.2.1 创新的基本原理

要进行创造和创新，形成创造性思维，主要有以下三种原理：

① 发展原理。要创新必须树立发展的观点，要敢于打破旧框框，接受新事物，围绕原事物进行创新、进行完善，实现新功能。例如，飞机是打破了"比空气重的物体不能飞起来"的结论而发明的；自动包装机械是人工包装动作、半自动包装动作基础上发展起来的；锁式线迹缝纫机是打破了手工缝纫机工作方式（一枚针、一条线的缝纫），采用一枚针（针孔在针尖）、两条线（底线和面线）的锁式线迹方式创造出来的；为了实现机械动作而柔性化、智能化，采用机电一体化技术创造出了机电一体化产品。

② 发散原理。对于某一功能机械方案的实现，不能局限于已经存在的解决办法，要从多方面去思考问题，寻求各种可能的方法。例如，机械传动形式不能只局限于齿轮传动、链传动、带传动，还应考虑采用液动、气动、磁动、电动等传动形式。又如，以车代步，不要只看到目前常见的轮子滚动，还要借鉴各种行走类型，包括人的两脚步行、禽的双脚步行、兽的四脚行走、龟的四足爬行、昆虫的六足行走、蟹的八足横行、蛇的游动行走、蚯蚓的伸缩行走等。思路一开阔，步行机械形式就大量涌现，利用发散原理就可以使创新方案层出不穷。

③ 触发原理。触发也是创新的途径。多观察各种事物，扩大知识面，获取各种信息，以此得到思维触发，设计出各种崭新的机械产品。例如，美国工程师杜里埃发明的汽化器，是从妻子喷洒香水的雾化现象得到启示。又如，人们通过鸟的飞翔，触发创造出飞机。再

如，瓦特从沸腾水汽推动水壶盖得到触发而发明了蒸汽机。看起来两件互不相关的事物，可以通过触发而联系在一起，有点人们常说的"心有灵犀一点通"的意思，"灵犀"就是触发后的创新火花。

2.2.2　创新法则

创新法则是创造性方法的基础，灵活运用创造法则，可以在构思机械产品的功能原理方案时，开阔思路，获得创新的灵感。主要的创新法则有：

① 综合法则。综合是将研究对象的各个方面、各个部分和各种因素联系起来加以考虑，从整体上把握事物的本质和规律的一种思维方法。综合创新，就是运用综合法则的创新功能去寻求新的创造。先进技术成果的综合、多学科技术综合、新技术与传动技术的综合、自然科学与社会科学的综合，都可能产生崭新的成果。例如，将啮合传动与摩擦带传动技术综合而产生的同步带传动，具有传动功率较大、传动准确等优点，已得到广泛应用；数控机床是机床的传统技术与计算机新技术的综合；人机工程学是自然科学与社会科学的综合。从 20世纪 80 年代开始形成的机电一体化技术已成为现代机械产品发展的主流，机电一体化是机械技术与电子技术、液压、气压、声、光、热以及其他不断涌现的新技术的综合。这种综合创造的机电一体化技术比起单纯的机械技术或电子技术性能更优越，使传统的机械产品发生了质的飞跃。例如，普通的 X 光机和计算机都无法对人的脑内病变作出诊断，豪斯菲尔德和科马克将二者综合，设计出了 CT 扫描仪，并使之进入临床医学应用中。这一仪器在诊断脑内疾病和体内癌变方面具有特殊的效能，从而使医学界一向梦寐以求的理想成为现实，因而被誉为 20 世纪医学界最重大的发现之一。他们为此而获得了 1979 年诺贝尔生理学医学奖。综合创造具有的基本特征有：综合能发掘已有事物的潜力，并且在综合过程中产生新的价值；综合不是将研究对象的各个要素进行简单的叠加或组合，而是通过创造性的综合使综合体的性能产生质的飞跃；综合创新比起开发创新在技术上更具有可行性，是一种实用的创新思路。

② 分离法则。分离是与综合相对应的、思路相反的一种创新原理，它是把某个创造对象进行分解或离散，使主要问题从复杂现象中暴露出来，从而理清创造者的思路，便于人们抓住主要矛盾寻求解决的思维方法。例如，音箱是扬声器与收录机整体分离的结果；脱水机是从双缸洗衣机中分离出来的。在机械行业，组合夹具、组合机床、模块化机床也是分离创新原理的运用。机械设计过程中，往往把设计对象分解为许多分系统和分功能，对每一分系统和分功能进行分析，再找出实现每一分功能的原理解，然后把这些原理解综合得出很多设计方案，因此，分离与综合虽然思路相反，但往往相辅相成，要考虑局部与局部、局部与整体的关系，分中有合，合中有分。

③ 还原法则。还原法则又称抽象法则，它是指暂时放下所研究的问题，反过来追本溯源，回到事物的起点，分析问题的本质，从本质出发另辟蹊径进行创新思考的一种模式。因为从创造原点出发，才不会受已有事物具体形态结构的束缚，能够从最基本的原理方面去探索新的设计方案。如洗衣机的研制，就是抽出"清洁""安全"主要功能和条件，模拟人手洗衣的过程，使洗涤剂和水加速流动，从而达到洗净目的。无扇叶电风扇的设计是基于电风扇的创造原点是使空气快速流动，人们设计出用压电陶瓷夹持一金属板，通电后金属板振荡，导致空气加速流动的新型电扇。还原换元是还原创造的基本模式。所谓换元，是通过置换或代替有关技术元素进行创造。换元是数学中常用的方法，例如，直角坐标和极坐标的互相置换和还原、换元积分法等。探测高能粒子运动轨迹的"气泡室"原理，就是美国物理学家格拉塞尔运用还原换元原理发明的。一次，格拉塞尔在喝啤酒时，看到几粒碎鸡骨在掉人

啤酒杯里时，随着碎骨粒的沉落周围不断冒出气泡，而气泡显示出了碎骨粒下降过程的轨迹，他猛然想到自己一直在研究的课题——怎样探测高能粒子飞行轨迹。他想能不能利用气泡来分析高能粒子的飞行轨迹？于是他急忙赶回实验室，经过不断实验，发现当带电粒子穿过液态氢时，所经路线同样出现了一串串气泡，换元实验成功了，这种方法清晰地呈现出粒子飞行的轨迹，格拉塞尔因此获得诺贝尔物理学奖。

④ 价值优化法则。提高产品价值是产品设计的目标。价值工程就是揭示产品（或技术方案）的价值、成本、功能之间的内在联系，它以提高产品的价值为目的，实现技术经济效益的提高。它研究的不是产品（或技术方案）而是其功能，研究功能与成本的内在联系，价值工程是一套完整的、科学的系统分析方法。在设计研制产品或采用某种技术方案时，产品的价值为产品具有的功能与取得该功能所消耗的成本。显然产品的价值与其功能成正比，而与其成本成反比。创新活动应遵循价值优化或提高价值的理念。价值优化并不一定能使每项性能指标都达到最优，一般可寻求一个综合考虑功能、技术、经济、使用等因素后都满意的系统，有些从局部来看不是最优，但从整体来看是相对最优。价值优化的基本途径有：保持产品功能不变，通过降低成本，达到提高产品价值的目的；不增加成本的前提下，提高产品的功能质量，以实现产品价值的提高；虽然成本有所增加，但却使产品功能大幅度提高，使产品价值提高；虽然产品功能有所降低，成本却大幅度下降，使产品价值提高；不但使产品功能增加，同时也使成本下降，从而使其价值大幅度提高，这是最理想的途径，也是价值优化的最高目标。英国库特公司计划开发一种既能防止雨水进入屋内，又可使室内空气流通的新型百叶，设计人员通过价值分析，改变了传统的设计方案，采用允许雨水透过百叶窗，然后在窗的后面用凹槽收集雨水，再用细管将雨水排出室外的方案。新设计的百叶窗因方便操作、成本较低、使用寿命长，大大提高了市场竞争力。

⑤ 移植法则。移植法则是把一个研究对象的概念、原理、方法等运用于另外研究对象并取得成果的创作，是一种简便有效的创造法则。它促进学科间的渗透、交叉、综合。在自然界，植物在地理位置上的移植，不同物种的枝、芽的移植嫁接，医疗领域的人体器官移植，都运用了移植方法。在机械创新设计方面，应用移植创新原理获得成功的例子也比比皆是。例如，在设计汽车发动机的化油器时，人们移植了香水喷雾器的工作原理；组合机床、模块化机床的设计移植了积木玩具的结构方式。

⑥ 组合法则。将两种或两种以上技术、产品的一部分或全部进行适当的结合，形成新技术、新产品，这就是组合法则。例如，台灯上装钟表；压药片机上加压力测量和控制系统等。组合创新的特点有：创新寓于组合中，进行组合需要创造性劳动，才能使组合的产品第一次出现于市场，为用户所接受，成为成功的组合创新产品；组合是推陈出新，利用现有的技术和物质组合出新的产品；组合后的产品整体性能优于组合前，也就是系统论中的"整体大于各孤立部分的和"；组合具有连锁反应，例如，微电子技术和计算机技术的广泛应用渗透到各个领域，出现了各类产品，推动了组合发展。

⑦ 对应法则。相似原则、仿形移植、模拟比较、类比联想等都属于对应法则。例如，机械手是人手取物的模拟；木梳是人手梳头的仿形；用两栖动物类比，得到水陆两用坦克；根据蝙蝠探测目标的方式，联想发明雷达等，均是对应法则的应用。

⑧ 逆反法则。用打破习惯的思维方式，对已有的理论、科学技术持怀疑态度，往往可以获得惊奇的发明。例如，虹吸就是打破"水往低处流"的固定看法而产生的；多自由度差动抓斗是打破传统的单自由度抓斗思想而发明的。

⑨ 仿生法则。自然界各种生物的形状可以启示人类的创造。仿生法不是自然现象的简单再现，而是在研究其工作原理的基础上，用现代设计手段设计出具有新功能的仿生系统。

这种仿生方法贯穿于创造性思维的全过程中，是对自然的一种超越。例如，模仿鱼类的形体来造船；模仿贝壳建造餐厅、杂技场和商场，使其结构轻便坚固。再如鱼游机构、蛇行机构、爬行机构等都是生物仿形的仿生机械。

⑩ 群体法则。科学的发展使创造发明越来越需要发挥群体智慧，集思广益，取长补短。群体法则就是发挥"群体大脑"的作用。

2.3　常用的创新技法

创新技法就是建立在创造性心理、创造性思维方法和认识规律基础上的，并在创新过程中得到成功应用的技法。通过对创造创新技法的学习和运用，可以提高创造创新的效率。从 20 世纪 30 年代，奥斯本创立第一种创新技法——智力激励法以来，已涌现的创新技法有 360 余种。

2.3.1　群体集智法

群体集智法是针对某一特定的问题，运用群体智慧进行的创新活动。群体智慧法主要有三种具体的途径：会议集智法、书面集智法和函询集智法。

会议集智法又称智慧激励法，是 1939 年由美国创造学家 A·F·奥斯本创立的，通常也称作奥斯本法。奥本在提出此法时，借用了一个精神病学的术语"brain storming（即头脑风暴）"为该技法的名称，意即创造性思维自由奔放、打破常规、无拘无束，使创造设想如狂风暴雨般倾盆而下。技术开发部门在工程设计中，经常运用智慧激励法解决工程技术问题。

书面集智法是由德国创造学家鲁尔巴赫对奥斯本智力激励法加以改进而成。该方法的主要特点是采用书面的方式激发人的智力，避免了会议中部分人表达能力差的弊病，也避免了会议中相争发言，彼此干扰而影响智力激励的效果。

函询集智法又称德尔菲法，其基本原理是借助信息反馈，反复征求专家书面意见来获得创意。视情况需要，这种函询可进行数轮，以期得到更多有价值的设想。

2.3.2　类比创新法

类比创新法，是指两类事物加以比较并进行逻辑推理，即比较对象之间的某种相同或相似之处，采用同中求异或异中求同的方法实现创新的一种技法。机械创新设计中主要采用下列类比法：

（1）拟人类比法

拟人类比是以人为比较对象，将人作为创造对象的一个因素，从人与人的关系中，设身处地地考虑问题，在创造物的时候，充分考虑人的情感，将创造对象拟人，把非生命对象生命化，体验问题，来领悟两者相通的道理，促进创新思维的深化和创新活动的发展。例如，为了创新设计医用卷棉机，可以对人手卷棉花的动作过程进行分析和分解，构思如何用机械动作来完成机械卷棉过程。拟人类比创新思想被广泛应用于自动控制系统开发中，如适应现代建筑物业管理的楼宇智能控制系统、机器人、计算机软件系统的开发等都利用了拟人类比进行创新设计。

（2）直接类比法

直接类比法是在创新设计时，将创造对象与相类似的事物或现象作比较，将创新对象与相类似的事物或现象做比较。直接类比法简单、快速，可避免盲目思考。类比对象的本质特性越接近，则成功创新的可能性就越高。例如，为了创新设计香皂包装机，可以与已有的图书包装机做比较，将二者的相同点、相异点做深入分析，就可进行香皂包装机的创新。

（3）幻想类比法

幻想类比法亦称空想类比法或狂想类比法，通过幻想思维或形象思维对创新对象进行比较而寻求解决问题的答案。例如，"嫦娥奔月"的美丽幻想很大程度上推动了人们登月、探月计划的实现。又如，虚构的科幻电影中的运载工具和对抗武器，将来也许会由幻想变为现实。幻想类比的能动性可使"幻想变为现实"，从而推动创新对象的实现。

2.3.3　系统分析法

系统分析法又称为列举创新法，任何产品不可能一开始就是完美的，人们对产品的未来期望也不可能在原创产品问世时就一并实现，而大量的创新设计是在做完善产品的工作，因此对原有产品从系统论的角度进行分析是最为实用的创造技法。系统分析法是把与待解决问题相关的众多要素逐一罗列，将复杂的事物分解后分别研究，帮助人们深入感知待解决问题的各个方面，从而寻求合理的解决方案。系统分析法主要有三种：设问探求法、缺点列举法、希望点列举法。

（1）设问探求法

设问能促使人们思考，但大多数人往往不善于提出问题，有了设问探求法，人们就可以克服不愿提问或不善于提问的心理障碍，从而为进一步分析问题和解决问题奠定基础。设问探求法又称为特性列举法，它是通过创新对象的特性进行详细分析和一一列举，激发创造性思维，从而产生创新设想，使产品具体性能加以改进、完善和扩展。该方法也可称为分析创新技法。因为提问题本身就是创造。设问探求法在创造学中被誉为"创造技法之母"。其主要原因在于：它是一种强制性思考，有利于突破不愿提问的心理障碍；也是一种多角度发散性的思考过程，是广思、深思与精思的过程，有利于创造实践。特性列举法的应用时，必须列举这一事物的所有属性，尽可能避免遗漏；特性列举法最好用于解决单一的问题，对于较大的系统，可以将其划分为若干小系统。例如，为了改进风力发电装置，可按系统组成划分为定向装置系统、动力生产系统和支撑系统，对动力生产系统再分别研究叶片、传动轴、锥齿轮系统和发动机的改进方案。一般，可先做产品调查研究，将同类产品的特性列举出来，相互取长补短，从而获得最佳方案。

（2）缺点列举法

缺点列举法是有意识地列举、分析现有事物的缺点，然后，找到这些缺点及设法克服这些缺点的方向和改进设想的一种创新技法。由于它的针对性强，因此常常可以取得突出的效果，找到问题的最佳方案。通过缺点列举法，可以形成创新者的革新动力，使事物更加完美；通过缺点列举法，可以发现问题，确定创新目标。采用科学方法来列举事物的缺点。例如，用户意见法，即应事先设计好用户意见调查表，引导用户列举意见；对比分析法，即通过对比分析，更清楚地看到事物存在的差距；会议列举法，即充分汇集群体意见，系统、深刻地揭示现有事物的缺点。

（3）希望点列举法

希望是人们对某种目的的心理期待，是人类需求心理的反映。设计者从人们的愿望和需要出发，通过列举希望点来形成创新目标和构思，进而产生具有价值的创新产品，在创新技法中称为希望点列举法。希望点列举法是从正面、积极的因素出发来考虑问题，采用发散思维使人们全面感知事物，大胆地提出希望点。许多产品正是根据人们美好的希望而研制出来的。它与缺点列举法在形式上是相似的，都是将思维收敛于某"点"而后又发散思考，最后又聚集于某种创意。

2.3.4 仿生法

仿生法就是师法自然，特别是自然界，以此获得创造灵感，甚至直接仿照生物原型进行创造发明。仿生法是相似创造原理的具体应用。仿生法具有启发、诱导、拓展创造思路的显著功效。仿生法不是简单地再现自然现象，而是将模仿与现代科技有机结合起来，设计出具有新功能的仿生系统，这种仿生创造性思维的产物是对自然的超越。仿生法主要有原理仿生、结构仿生、外形仿生与信息仿生等。

① 原理仿生。原理仿生法是模仿生物的生理原理而创造新事物。比如，各式飞行器是模仿鸟类飞翔原理。人们模拟蝙蝠利用超声波的探测本领，测量海底容貌、探测鱼群、寻找潜艇、探测物体内部缺陷等。南极企鹅可以将其腹部紧贴在雪地上，双脚快速蹬动，在雪地上飞速前进，由此受到启发，仿效企鹅动作原理，人们设计了一种极地汽车，使其宽阔的底部贴在雪地上，用轮勺推动，结果汽车也能在雪地上飞速前进，时速可达 50 多千米，克服了常规汽车在冰天雪中难于通行的困难。

② 结构仿生。结构仿生法是模仿生物结构进行创造性设计。比如，锯子是模仿锯齿状草叶。人们仿照苍蝇和蜻蜓的复眼结构，把许多光学小透镜排到组合起来，制成复眼透镜照相机，一次就可拍出许多相同的影像。法国园艺家莫里哀看到盘根错节的植物根系结构使植物根下泥土坚实牢固、雨水都冲不走的自然现象，用铁丝做成类似植物根系的网状结构，用水泥、碎石浇制成了钢筋混凝土。18 世纪初，人们的注意到蜂房独特、精确的结构形状。经数学计算证明，蜂房这一特殊的结构具有同样容积下最省料的特点。经研究，人们还发现蜂房单薄的结构还具有很高的强度。据此人们发明了各种重量轻、强度高、隔声和隔热等性能良好的蜂窝结构材料，广泛应用于飞机、火箭及建筑上。

③ 外形仿生。外形仿生法是模仿生物外部形状而进行创造。比如，在奔跑中急停的钉子鞋是从猫、虎的爪子仿生而来。苏联科学家经研究，仿照鲸鱼身上的鳍的外形结构，在船的水下部位两侧各安装十个"船鳍"，这些鳍和船体保持一定的角度，并可绕轴转动，当波浪致使船身左右摇摆时，水的冲击力就会在"船鳍"上分解为两个分力，其一可防摇扶正，其二可推动船舶前行，因此，"船鳍"不仅减少了船舶倾覆的危险，而且还具有降低驱动功率、提高航速的作用。前苏联科学家仿袋鼠行走方式，发明了跳跃运行的汽车，克服了传统交通工具的滚动式结构难以穿越沙漠的问题。对爬越 45°以上的陡坡来说，坦克也只能望洋兴叹，美国科学家仿照蝗虫行走方式，研制出六腿行走机器，它以六条腿代替传统的履带，可以轻松地行进在崎岖山路之中。

④ 信息仿生。信息仿生法通过研究、模拟生物的感觉、语言、智能等信息和存储、提取、传输等方面的机理，构思和研制出新的信息系统。电鼻子就是模仿了嗅觉异常灵敏的狗鼻子，它是集智能传感技术、人工智能专家系统技术及并行处理技术等高科技成果于一体的高自动化仿生系统，它由 20 种型号不同的味觉传感器、一个超薄型微处理芯片和用来分析气味信号并进行处理的智能软件包组成。电鼻子广泛应用于军事领域，比如利用电鼻子可寻找藏于地下的地雷、光缆、电缆及易燃易爆品等。根据响尾蛇的鼻和眼之间的凹部（称为热眼）对温度极其敏感的原理，美国研制出对热辐射非常敏感的视觉系统，并将其应用于"响尾蛇"导弹引导系统，它不仅可以根据发动机发出的少量热量来追踪飞机与舰艇，而且还能根据目标在空中或水中留下的"热痕"顺藤摸瓜，直到击中目标。

2.3.5　组合创新法

组合法是把现有的科学技术原理、现象、产品或方法进行组合，从而获得新产品的创新方法。组合创新法实际上是加法创造原理的应用。发明创新按照所采用的技术来源可分为两类：一类属突破型发明，采用全新技术原理取得的成果；另一类属组合再生型发明，采用已有的技术并进行重新组合的成果。人类发明的初期以突破为主，随后这类发明的数量呈减少趋势。特别在19世纪50年代以后，在发明总量中，突破型发明的比重在大大下降，而组合型发明的比重急剧增加，这已经成为现代科技创新活动的一种趋势。人类在发展历程中积累了大量的各种成熟技术，有些已达到相当完善的程度，这是人类极其珍贵的巨大财富。由于组合的技术要素比较成熟，因此组合创新一开始就站在一个比较高的起点上，不需要花费较多的时间、人力与物力去开发专门技术，不要求创造者对所应用的技术要素都有较深的造诣，所以进行创造发明的难度明显较低，成功的可能性要大得多。组合创新运用的是已有成熟的技术，但这不意味其创造的是落后或低级的产品，实际上适当的组合，不但可以产生全新的功能，甚至可以是重大发明，如航天飞船、火星探测器。组合创新法的要点：由多个特征组合在一起；所有的特征都为一个共同的目的而起作用，它们相互支持、相互促进和相互补充；可以达到一个新的、总的技术效果。我国学者董玉祥利用数学集合论的思想，将组合形式按六种基本集合运算，即"并""交""差""补""对称差""叉"对应进行分类，较为合理且有特色。组合方式从组合的内容分有：功能组合、原理组合、结构组合、材料组合等；从组合的方法分有：同类组合、异类组合等；从组合的手段分有：辐射组合、聚焦组合等。

① 功能组合。将若干相关的产品进行组合可得到综合性强的多功能创新产品，以满足人类不断增长的消费需求。例如，将洗衣机和脱水机组合在一起成为洗衣脱水一体的洗衣机。又如，将取暖的热空调器与制冷的冷空调器的两种功能组合在一起成为冷暖两用空调。再如，将数码相机与手机融为一体成为具有照相功能的手机等。

② 类别组合。类别组合分为同类组合和异类组合。同类组合是将同一种功能或结构在一种产品上重复组合，以满足人们对此功能的更高要求，这是一种常用的创新方法。使用多个气缸的汽车、使用多个发动机的飞机、多节火箭，这些采用同类组合的运载工具，目的都是为了获得更大的动力。异类组合是将本属于不同产品的相异功能组合在一起，使新产品实际上就具有了能满足人们需求的新功能。有些产品有某些相同的成分，将这些不同的产品加以组合，使其共用这些相同的成分，可以使总体结构简单，价格更便宜，使用也更方便。将车床、钻床、铣床组合而成的多功能机床，可以分别完成几类机床的机械加工工作。

③ 分解组合。分解组合是在事物不同层次上分解原来的组合，然后再以新的思想重新组合起来，其特点是改变事物各组成部分之间的相互关系，它是在同一事物上进行的，一般不增加新的内容。例如，自螺旋桨飞机发明以来，螺旋桨都是设在机首，两翼从机体伸出，尾部安装有稳定翼。美国飞机设计家卡里格·卡图按照空气的浮力和气推动力原理进行重组，将螺旋桨改放在机尾推动飞机前进，稳定翼则放在机头处，制造了头尾倒换的飞机。重组后的飞机，具有尖端悬浮系统及更加合理的流线型机身，因而增加了速度，排除了失速和旋冲的可能性，也提高了安全性。

④ 材料组合。很多场合要求材料具有多种功能特性，而实际上单一材料很难同时兼备需求的所有性能。通过特殊的制造工艺将多种材料加以适当组合，可以制造出满足特殊需要的材料，如塑钢门窗就是铝材和塑料的组合。又如，电缆需要导电性强的材料（例如铜）来制造，但在架设电缆时，人们又希望它有较高的抗拉强度，而铜的抗拉强度

却不高。利用材料组合方式，发明了中心是钢线，外层用铜线包裹的钢芯铜线。由于交流电主要是沿着导体的外表面流动，所以这种电缆的导电性没有降低；同时又具有了较高的抗拉强度。

⑤ 辐射组合。辐射组合是以某种新技术为中心，与多种传统的技术手段相结合而形成的技术创新方法，例如，以超声波技术为辐射中心，可得到一系列的应用新技术。超声波熔解技术在金属冶炼中已有应用，也可以应用超声波将速冻的食品速溶，也可以把超声波引入到其他的食品加工技术中，英国姆拉托公司研制成功将超声波用于铝钎焊技术。另外，超声波技术还可以用于探伤、粉碎、洗涤、理疗、遥控、切削、滚轧等技术。

⑥ 科学原理组合。将不同的科学技术原理组合而创新新产品，主要分为技术组合和信息组合。技术组合是将现有的不同技术、工艺，设备等加以组合而形成的发明方法。该方法特别适用于大型项目创新设计和关键技术的应用推广。例如，将机械技术与电子技术、传感技术、控制技术、计算机技术组合起来创新设计各种机电一体化产品。又如，将 X 射线照相装置与计算机组合在一起发明了 CT 扫描仪。再如，将金属切削技术与数控技术结合在一起创造了各种数控机床。信息组合则是将有待组合的信息元素制成表格，表格有交叉点即为可供选择的组合方案。该方法操作简便，是信息社会中能有效提高效率的创新技法。

2.3.6　移植创新法

根据统计发现，任何一项创新成果中，90% 的内容均可通过各种途径从前人或他人已有的科技成果中获取，而独创性发明只占 10%。由此可见，创新既可以纵向继承前人的智慧结晶，也可以横向借鉴他人的思维成果，从而缩短自己的创新周期，提高成功率。从思维类别来看，移植法是一种侧向思维的方法。通过相似联想、相似类比和灵感触发，寻找两种事物间的联系，最终产生新的构想。美国科学家 W·I·贝伟里奇曾指出："移植是科学发展的一种主要方法。大多数的发现都可应用于所在领域以外的领域。而应用于新领域时，往往有助于促成进一步的发现，重大的科学成果有时来自移植。"移植法可以分为原理移植、结构移植、方法移植、材料移植四大类。

移植方法应用的主要方式有：①把某一学科领域中的某一项新发现移植到另一学科领域，使其他学科领域的研究取得新的突破。②把某一学科领域中的某一基本原理或概念移植到另一学科领域之中，促使其他学科的发展。③把某一学科领域的新技术移植到其他学科领域之中，为另一学科的研究提供有力的技术手段，推动其他学科的发展。例如，激光技术移植到医学领域，为诊断、治疗各种疾病提供了有力的武器；激光技术移植到生物学领域，可以改变植物遗传因子，加速植物的光合作用，促进植物的生长发育；在机械加工领域中移植激光技术，使原来用机床很难进行的小孔、深孔及复杂形状的加工都能容易实现；电气技术移植到机械行业，实现了机电一体化；计算机技术移植到机械领域，使机械技术产生巨大的突破。④将一门或几门学科的理论和研究方法综合、系统地移植到其他学科，导致新的边缘学科的创立，推动科学技术的发展。例如，在 19 世纪末，人们把物理的理论和研究方法系统地移植到化学领域中，在化学现象和化学过程的研究中，运用物理学的原理和方法创立了物理化学。又如，人们把物理学和化学的理论和研究方法综合地移植到生物学领域，创立了生物物理化学这一新的学科。人们运用移植方法，形成了大量的边缘学科，使现代科技既高度分化又高度综合地向前发展，并导致现代科技发展的整体化和融合。总之，移植法对发展科学技术，促进发明创造具有很大的作用。因此，拓展知识面、重视学科交叉和渗透，有利于采用移植方法创造出形形色色的新产品、新工艺。

2.3.7 联想法

联想是由于现实生活中的某些人或事物的触发而想到与之相关的人或事物的心理活动或思维方式。联想思维由此及彼、由表及里、形象生动、奥妙无穷，是科技创造活动中最常见的一种思维活动。联想是对输入人头脑中的各种信息进行加工、转换、联接后输出的思维活动。联想并不是不着边际的胡思乱想，足够的知识与经验积累是联想思维纵横驰骋的保证。

① 相似联想。相似联想是从某一思维对象想到与它具有某种相似特征的另一对象的思维方式。这种相似可以是形态上的，也可以是功能、时间与空间意义上的。把表面差别很大，但意义相似的事物联想起来，更有助于建设性创造思维的形成。

② 接近联想。接近联想是某一思维对象想到与之相接近的思维对象上去的联想思维。这种接近可以是时间与空间上的，也可以是功能、用途或者是结构和形态上的。

③ 对比联想。客观事物间广泛存在着对比关系，远近、上下、宽窄、冷热、软硬……由对比引起联想，对于发散思维，启动创意，具有特别的意义。

④ 强制联想。强制联想是将完全无关或关系相当偏远的多个事物或想法牵强附会地联系起来，进行逻辑型的联想，以此达到创造目的的创新技法。强制联想实际上是使思维强制发散的思维方式，它有利于克服思维定势，因此往往能产生许多非常奇妙的，出人意料的创意。

2.3.8 功能设计法

功能设计法是传统的常规设计方法，又称为正向设计法。这种设计方法步骤明确、思路清晰，有详细的公式、图表作为设计依据，是设计人员经常采用的方法。设计过程一般为根据给定产品的功能要求，制定多个原理方案，从中进行优化设计，选择最佳方案。对原理方案进行工程要求的结构设计，并考虑材料、强度、刚度、制造工艺、使用、维修、成本、社会经济效益等多种因素，设计出满足人类要求的新产品。

正向设计过程符合人们学习过程的思维方式，其创新程度主要表现在原理方案的新颖程度，所以正向设计也是创新的重要设计方法。

2.3.9 反求设计法

反求设计是典型的逆向思维运用。反求工程是针对消化吸收先进技术的一系列工作方法和技术的综合工程。通过反求设计，在掌握先进技术中创新，也是创新设计的重要途径。在现代化社会中，科技成果的应用已成为推动生产力发展的重要手段。引进科技成果，加以消化吸收，引进提高，再进行创新设计，进而发展自己的新技术，称这一过程为反求工程。反求设计借助已有的产品、图样、音像等已存在的可感观的事物，创新出更先进、更完美的产品。人的思维方式是习惯从形象思维开始，用抽象思维去思考。这种思维方式符合大部分人所习惯的形象→抽象→形象的思维方式。由于对实物有了进一步的了解，并以此为参考，发扬其优点，克服其缺点，再凭借基础知识、思维、洞察力、灵感与丰富的经验，为创新设计提供了良好的环境。因此，反求设计是创新的重要方法之一。

机械零件的反求设计是部件反求的组成部分，而部件反求设计的内容又是整机反求设计中的内容。因此，机械设备的反求设计过程具有一般性。其反求设计的一般过程流程如图 2-1 所示。

在反求设计中应用计算机辅助技术可以大大缩短新产品开发周期，称之为逆向工程。目

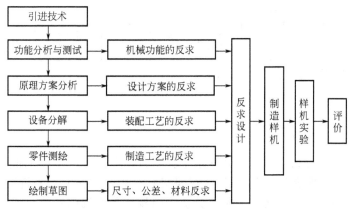

图 2-1　机械设备反求设计过程的流程图

前，市场上已有多种商品化的逆向工程软件，如美国 Imageware 公司的 Surfacer、英国 Delcam 公司的 CopyCAD、英国 Renishaw 公司的 Trace 等。此外，一些主流数字化开发软件中也集成了逆向工程模块，例如，Siemens PLM Software 公司的 PointCloud、Cimatron 软件的 Reverse Engineering 等。机械零件计算机辅助反求设计的一般过程：

① 数据采集。反求设计过程中，数据的测量与采集非常重要。一般利用三坐标测量仪、3D 数字测量仪、激光扫描仪、高速坐标扫描仪或其他测量仪器测量工件的形体尺寸和位置尺寸，将工件的几何模型转化为测点数据组成的数字模型。

② 数据处理。利用计算机中的数字化数据处理系统将大量的测点数据进行编辑处理，删掉奇异数据点、增加补偿点，进行数据点的密化和精化。

③ 建立 CAD 模型。通过三维建模、曲线拟合、曲面拟合、曲面重构等方法及理论建立相应的 CAD 几何模型。

④ 数控加工或快速成型技术（Rapid Prototyping，RP）。根据测量数据形成的 CAD 模型，在分析的基础上形成数控加工代码，通过数控机床加工出立体实物，或输入激光分层实体制造设备，利用堆积成行的原理，快速形成三维实体零件。产生 NC 代码后，对有关数据进行刀具轨迹编程，产生刀具轨迹，进行数控加工。为了保证 NC 加工质量，实现加工过程中的质量控制，CAM 系统可生成测头文件及程序，用于联机 NC 检验，如图 2-2 所示。

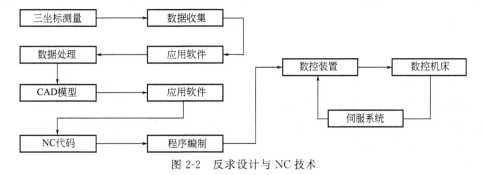

图 2-2　反求设计与 NC 技术

反求设计与快速成型技术相结合的过程如图 2-3 所示，将一个物理实体的复杂的三维加工离散成一系列层片的加工，大大降低了加工难度，且成型过程的难度与待成型的物理实体形状和结构的复杂程度无关。快速成型技术不受模型几何形状的限制，可以快速地将测量数据复原成实体模型，所以反求工程与 RP 技术的结合，实现了零件的快速三维拷贝。若经过 CAD 重新建模或快速成型工艺参数的调整，还可以实现零件或模型的变异复原。

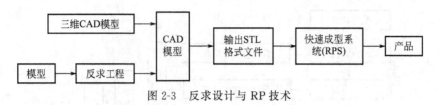

图 2-3　反求设计与 RP 技术

2.3.10　形态分析法

形态分析法是一种系统搜索和程式化求解的创新技法，它是由美国加利福尼亚大学工学院教授 F. 兹维基和美籍瑞士矿物学家 P. 里哥尼联合提出的。形态分析法属于"穷尽法"，用来探求一切可能存在的组合方案。形态分析法的核心是将机械系统分解成若干组成部分，然后用网络图解的方式或形态学矩阵的方式进行排列组合，以产生解决问题的系统方案或创新设想。如果机械系统被分成的部分数量较多，而且每个部分又有很多的解法，那么它的组合方案数量将十分巨大，会产生"方案爆炸"现象。一般应用方案评价方法来选定若干个方案加以决策。因素和形态是形态分析法的两个非常重要的基本概念。因素是构成机械系统中或技术系统中各种子功能的特性因子；形态是实现系统各功能的技术手段。

形态分析法的基本原理是将研究对象视为一个系统，通过系统分析方法将其分解为相对独立的子系统，各子系统所实现的功能称为基本因素，实现各子系统功能的技术手段称为基本形态，通过排列与组合方法可以得到多种可行解，经过筛选可从中确定系统的最佳方案。形态分析法主要特点有：所得方案只要能将全部因素及各因素的所有可能形态都排列出来，则是无所不包的；具有程式化性质，主要依靠人们认真、细致、严密的工作，而不是依靠人们的直觉、美感或想象，易于操作；其创新点在于如何进行系统的分解，使之不同于已有的，还在于对基本形态的创新构思。

若系统分解后的基本因素为 A、B、C、D、$\cdots$，而对应的基本形态分别为 A_1、A_2、A_3、$\cdots$，B_1、B_2、B_3、$\cdots$，C_1、C_2、C_3、$\cdots$，D_1、D_2、D_3、$\cdots$，则可写成表 2-1 所示矩阵。由此，从每个基本因素中选出一个基本形态就可以组合成为不同的系统方案。

表 2-1　系统的形态学矩阵

基本因素	基本形态				
A	A_1	A_2	A_3	A_4	A_5
B	B_1	B_2	B_3	B_4	
C	C_1	C_2	C_3		
D	D_1	D_2	D_3	D_4	

形态分析法只要运用得当，就可以产生大量的设想，能够使发明创造过程中的各种构思方案比较直观地显示出来。例如，火箭研制工作中，其各主要组成要素及其可能具有的形态，可用表 2-2 表示为形态学矩阵。从该形态学矩阵可以看出，其可能的方案数为 $4 \times 4 \times 3 \times 3 \times 2 \times 2 = 576$ 种，包括了几乎所有可能的方案。

表 2-2　火箭研制的形态学矩阵

火箭的组成要素	各组成要素可能具有的形态			
发动机工作的媒介物	真空	大气	水	油
推进燃料的工作方式	静止	移动	振动	回转
燃料的物理状态	气体	液体	固体	

火箭的组成要素	各组成要素可能具有的形态			
推进动力装置的类型	内藏	外置	免设	
点火的类型	自点火	外点火		
做功的连续性	断续	连续		

　　形态分析法的基本要求是寻求所有可能的解决方案，尽可能具有创新性。形态分析法的基本步骤如下：

　　① 确定创造对象的主要设计因素。所选设计因素（特征或功能）的属性应为同级，且相互之间具有合理的独立性。组成因素的分析过程也包含着创新思维的过程，不同的人对组成因素及划分的理解可以是不同的。设计因素的组合应满足产品的性能要求，但因素的数目不能太多，一般以 4～7 个为宜。

　　② 列出每一因素的可能形态。这些形态既应包括特定设计的已有子解，也应包括或许可行的新解。将每一个设计因素的形态组合起来，即得到问题的全解。

　　③ 构建形态学矩阵。以设计因素为纵轴，可能形态为横轴，构建形态学矩阵。

　　④ 找出可行解。从矩阵的每行中一次选择一个可能形态，即可得到一种可能答案，理论上由此可得到所有的可能解答。

　　⑤ 评选出综合性能最优的组合方案。按照研究对象的评价指标体系，采用合适的评价方法，评选出综合性能最优的组合方案。需指出，任何组合方案都不可能是面面俱到的最优，而只能是综合性能的最优。

第3章

机械创新设计的技术基础

3.1 机器的组成分析

3.1.1 机械及其分类

(1) 机构、机器及机械的概念

随着科学技术的发展，机构、机器和机械的概念在发展，但它们的机械功能是不变的。目前，机器种类繁多，遍及整个制造业，例如内燃机、起重机、挖土机、加工中心、3D打印机等。随着各个行业发展的需要，各种新颖形式的机器层出不穷，但无论是现有机器还是创新机器都具有机器的共同特征。现代机器应定义为：机器是执行机械运动的装置，用来变换或传递能量、物料与信息。现代化机器的组成比较复杂，通常由控制系统、信息测量和处理系统、动力系统及传动和执行机构系统等组成。现代化机器中的控制和信息处理是由计算机完成的。不管现代化机器如何先进，机械装置皆用于产生确定的机械运动，并通过机械运动来完成有用的工作过程。因此，实现机械运动的传递和执行的机构系统是机器设计的核心，机器中各个机构通过有序的运动和动力传递最终实现其设计功能。

机构是执行机械运动的装置。因此，机构是把一个或几个构件的运动变换成其他构件所需的具有确定运动的构件系统。从现代机器发展趋势来看，机构中的各构件可以都是刚性构件，也可以令某些构件是柔性构件、弹性构件、液体、气体或电磁体等。现代机器的产生和发展提出了广义机构的新概念，它将各种驱动元件与构件融合在一起。

机械系统是一个广义的概念，它的内涵要按分析研究的对象加以具体化。广义的机械系统定义是：由各个机械基本要素组成的，能够完成所需的动作（或动作过程），实现机械能变化以及代替人类劳动的系统。机械系统的特点是必须完成动作传递和变化、机械能的利用，这是机械系统区别于其他系统的关键所在。机器的种类繁多，结构也愈来愈复杂，但从实现机器功能的角度来看，一般应该包括下列一些子系统：动力系统、传动-执行系统、操作系统及控制系统等。从完成机器的工作过程需要来考虑，传动-执行系统是机器功能的核心。从系统设计的角度来看，把机械系统界定为机器是比较合理的，有利于开展机器的创新设计。从机械运动学观点看，机构和机器没有差别，所以可以把二者统称为机械。在实际生产过程中，还将多种机器组合起来，共同完成比较复杂的工作过程，这种机器系统称为生产线。

（2）机器的基本特征

任何机器从总体上看是实现某种能量流、物质流和信息流传递和交换的，如图 3-1 所示。任何一种机器都是实现输入的能量、物料、信息和输出的能量、物料、信息的函数关系的机械装置。新机器的设计就是为了建立实现这种函数关系的机械系统。

能量流是机械系统完成特定工作过程所需的能量形态变化和实现动作过程所需的动力，没有能量流也就不存在机械系统的工作过程。能量的类型也是多种多样的，例如机械能、热能、电能、光能、化学能、太阳能、核能、生物能等。机械系统的动能和位能均属于机械能。电动机将电能变换成机械能；内燃机将燃

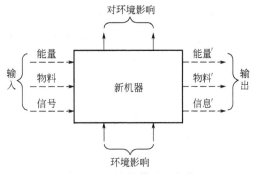

图 3-1　三流的传递和变换

油的化学能通过燃烧变成热能，再由热能变换成机械能；发电机将机械能变成电能；压气机将机械能变换成气体的位能等。

物质流在机械系统中存在的主要形式是物料流，它是机械系统完成特定功能过程中的工作对象和载体，没有物料流也就体现不出机械系统的工作过程和工作特点。物料流是物料的运动形式变化、物料的构型变化以及两种以上物料的包容和混合等的物料变化过程。机械系统的物料只有形态、构型、包容、混合的变化，即物料只产生物理的、机械的变化。金属切削机床是将金属毛坯通过上料、切削、下料得到所需形态的零件；织布机械是将纱线织成布匹；包装机械是将物件包入包装容器；汽车是将人或货物运送到指定场所；挖土机是将土壤挖开并运送土块。物质流细化后可以较全面地反映机械系统的工作特点和工作过程，有利于区别机械系统的工作类别。物质流的变化过程和变化规律代表了机械系统的工作机理，这是机械系统设计的重要依据。

信息流是反映信号、数据的监测、传输、变换和显示的过程。信息的种类是多种多样的，例如某些物理量信号、机械运动状态参数、图形显示、数据传输等。信息流主要反映了机械系统信号和数据的传递、工作过程的基本特点以及如何实现机械系统操作和控制等，对了解一个机械系统具有重要的意义。在工作机器中，信息流对实现机械系统的操作和控制是必不可少的，例如加工中心的工作过程是根据给定的信息和数据来控制的。在信息机器中，信息流的作用更加突出，例如照相机根据所拍摄景象的远近、外界光线的强弱确定距离、光圈大小以及曝光时间，最终通过成像原理获得清晰的景象。

由上述分析可见，任何一台机器的主要特征都是从能量流、物质流和信息流中体现出来的。动力机器的基本特征是机械能与其他形式能量的互变，工作机器的基本特征是搬移物料或改变物料构形，信息机器的主要特征是传递和变换信息。要设计一台新机器首先应剖析其能量流、物质流和信息流；即从能量流、物质流和信息流着手，构思各种供选择的能量流、物质流和信息流就可得到多种新机器方案。

（3）机械的分类

不管现代机器如何先进，机器与其他装置的主要不同点是产生确定的机械运动，完

成有用的工作过程，随之也发生能量的交换。无论是动力机、工作机还是信息机，它们的工作原理虽然各不相同，但都必须产生有序的运动和动力传递，并最终实现功和能的交换，完成特有的工作过程。有序运动和动力的传递主要是依靠机器的运动系统，也就是传动-执行机构系统。因此，机械运动方案设计就成为机器设计的关键。按机器的工作类型来划分机器，可以将众多的机器分成动力机、工作机和信息机三种类型，这将有利于寻找机器设计的一般规律，根据机器的工作特点来进行机械运动系统的创新设计。

① 动力机。它一般也叫原动机，是一种以能量转换为主的机械。动力机的设计要涉及其他形式能量与机械能互换的基本原理。动力机所涉及的执行机构一般并不复杂，而能量变换原理则往往成为这种机器设计的关键。

按转换能量的方式可分为四大类。第一类有三相交流异步电动机、单相交流异步电动机、直流电动机、步进电动机等，它们都是把电能转化力机械能的机器。这类动力机器的设计主要应用电磁理论和电工学。第二类有柴油机、汽油机、蒸汽机、燃气轮机、原子能发动机等，它们将燃油或煤燃烧后使其由化学能变成热能，形成高压燃气或高压蒸汽，由此产生机械能。对于这种动力机器，关键是如何有效地将化学能变成热能，而由热能转换成机械能的机械装置其结构一般不太复杂。这类动力机器的设计较多地涉及热能学科。第三类有水轮机、风力机、潮汐发动机、地热发动机、太阳能发动机等，它们都是把自然力转化为机械能的机器。第四类有压气机、水泵、发电机等，它们都是机械能变换成其他形式的能的机器。这类动力机器的设计需按相关的转换原理，涉及各种专业知识。

根据原动机输出的运动函数的数学性质，还可把原动机划分为线性原动机和非线性原动机。当原动机输出的位移（或转角）函数为时间的线性函数时，称为线性原动机。如交、直流电动机是线性原动机。当原动机输出的位移（或转角）函数为时间的非线性函数时，称为非线性原动机。如步进电动机、伺服电动机是非线性原动机。非线性原动机包括控制系统，也可作为线性原动机使用，其最大特点是具有可控性。弹簧力、重力、电磁力、记忆合金的热变形力都可以提供驱动力，但已不属于原动机的范畴。

在有电力供应的地方，优先考虑使用各类电动机。三相交流异步电动机因其体积小、力矩大，常作为工、矿、企业等单位动力设备的原动机。单相交流异步电动机因其使用方便，在电冰箱、洗衣机、空调、吸尘器等家用电器中得到广泛应用。直流电动机因其可以进行调速，易于实行自动控制，在机电一体化设备中得到广泛应用。在要求分度或步进运动的场合，可考虑使用步进电动机。在远离电源或要求大面积移动的地方，内燃机得到广泛应用。柴油机提供的功率比汽油机大，重载车辆大都使用柴油机作动力机。

动力机与环境相互作用又相互依存，随着工业建设的发展，环境污染日益严重，环境保护的呼声渐高。研制、使用无污染的动力机已是当务之急。核动力机及利用自然能源的动力机正在逐步普及；太阳能汽车已经问世；水轮机已作为水力发电设备中的原动机；汽轮机已作为火力发电设备中的原动机；风力机也已作为风力发电设备中的原动机等。这些利用自然能源的动力机为发展国民经济和净化环境起了很大作用。

② 工作机。工作机是指以机械能来搬移物料或改变物料的构形为主的机械。由于工作机是完成各种复杂动作的机械，它不仅有运动精度的要求，也有强度、刚度、安全性、可靠性的要求。工作机器种类繁多，是三类机器中类别最多的一类。过去这类机器往往按行业来分，作业机械、交通运输机械、起重机械、印刷机械、纺织机械、水力机械、矿山机械、冶金机械、化工机械等；也可按轻工机械和重工机械划分。

③ 信息机。信息机是指以传递和变换信息为主的机器，例如，复印机、打印机、绘图

机、传真机、照相机等都属于信息机。信息机由于其工作原理的不同，具体的结构形式也多种多样。信息机是精密仪器技术、传感技术、计算机控制技术、微电机技术等多种技术的融合体，是典型的机电一体化产品。例如，打印机由打印机构、字车机构、走纸机构三部分组成；静电复印机由曝光、控制、成像以及搓纸、输纸、图像转印四部分组成；绘图机通过接口接收计算机输出的信息，经过控制电路由 X 轴步进电动机和 Y 轴步进电动机发出绘图指令，由电动机驱动滑臂和笔爪滑架移动，同时逻辑电路控制绘图笔运动，在绘图纸上绘制所需图形。信息机器的设计要求对文字、图像、数据等的传递、变换、显示和记录等工作原理和实现技术要有全面的掌握。信息机器虽然种类不多，但是设计难度较大，而且这类机器更新速度较快，机电一体化水平较高。

3.1.2　机器的组成及基本形式

一般情况下，机器由原动机、传动机构、执行机构、控制系统组成，如图 3-2 所示。原动机为系统提供能量和运动的驱动力。它接受控制系统发出的控制指令和信号，驱动传动机构和执行机构工作。传动机构的功能反映驱动与执行机构间运动和动力的传递，包括运动形式、方向、大小、性质的变化。传动机构有机械式、液气压式、电气式及它们的组合式。执行机构是指机器进行工作的机构。有些机械没有传动机

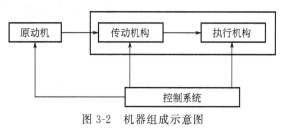

图 3-2　机器组成示意图

构，而是由原动机直接驱动执行机构。如水力发电机组、电风扇、鼓风机等都没有传动机构。随着电机及其调速技术的发展，无传动机构的机械有增加的趋势。从机构学的角度看问题，传动机构和工作执行机构是相同的，二者又称机械运动系统。控制系统可以是手柄、按钮式的简单装置或电路，也可以是集微机、传感器、各类电子元件为一体的强、弱电相结合的自动化控制系统。控制系统可以对原动机直接进行控制，也可通过控制元件对传动机构或工作机构进行控制。

例如，电梯作为典型的机电一体化大型复杂产品，其中机械部分相当于人的躯体，电气部分相当于人的神经，两者高度合一，使其成为现代科技的综合产品。图 3-3 所示的电梯的机械部分由曳引系统、轿厢和门系统、平衡系统、导向系统以及机械安全保护装置等部分组成；电气控制部分由电力拖动系统、运行逻辑功能控制系统和电气安全保护等系统组成。从图 3-3 中可见，曳引机悬挂在曳引轮上，一端与轿厢连接，而另一端与对重连接。随着曳引机上的曳引轮的转动，靠钢丝绳与曳引轮槽之间的摩擦力，使轿厢与对重沿着各自的导轨，在井道中做一升一降的相反运动。

曳引机和驱动主机是电梯、自动扶梯、自动人行道的核心驱动部件，称为电梯的"心脏"。它一般由曳引电动机、制动器、曳引轮、盘车手轮等组成。根据电动机与曳引轮之间是否有减速箱，又可分为有齿曳引机和无齿曳引机。有齿曳引机的电动机通过减速箱驱动曳引轮，降低了电动机的输出转速，提高了输出转矩，其发展依次出现了蜗轮蜗杆减速器曳引机、斜齿轮减速器曳引机、行星齿轮减速器曳引机（包括谐波齿轮和摆线针轮）。无齿曳引机的电动机直接驱动曳引轮，没有机械减速装置，永磁同步无齿轮曳引机为第四代曳引机。皮带传动曳引机为第五代曳引机（见图 3-4），目前几乎所有的指标均全面超越前面四代。

根据原动机、传动机构、执行机构的不同组合以及机械系统运动输出特性的不同，机械系

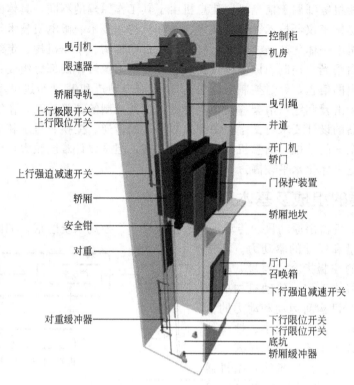

图 3-3　电梯的基本结构

标注：
曳引机、限速器、轿厢导轨、上行极限开关、上行限位开关、上行强迫减速开关、轿厢、安全钳、对重、对重缓冲器

控制柜、机房、曳引绳、井道、开门机、轿门、门保护装置、轿厢地坎、厅门、召唤箱、下行强迫减速开关、下行限位开关、下行限位开关、底坑、轿厢缓冲器

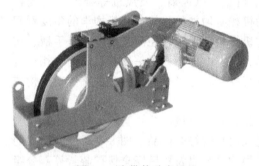

图 3-4　皮带传动曳引机

统的基本组成形式如表 3-1 所示。表 3-1 中的线性机构是指机构传动函数为线性函数的机构，如齿轮机构、螺旋传动机构、带传动机构及链传动机构等。机构传动函数为非线性函数的机构，则称为非线性机构，如凸轮机构、连杆机构、间歇运动机构等。其中，类型 1 和 2 是最基本、最常见的机械系统。如电动卷扬机属类型 1，颚式破碎机属类型 2。类型 5 在数控机床、机器人等自动机械中得到了较广泛的应用。其他类型则少见其应用。

表 3-1　机械系统的基本组成形式

类型编号	原动机		传动机构		执行机构		机械系统的输出运动	
	线性原动机	非线性原动机	线性机构	非线性机构	线性机构	非线性机构	简单运动	复杂运动
1	√		√		√		√	
2	√		√			√		√
3	√			√	√			√
4	√			√		√		√
5		√	√		√			√
6		√	√			√		√
7		√		√	√			√
8		√		√		√		√

3.1.3 机械系统的发展

根据机械系统的运动是否具有可控制性，可把机械系统分为刚性机械系统和柔性机械系统。

① 刚性机械系统。刚性机械系统一般泛指机械装置与电气装置独立组合的机械系统，只有简单的开、关、正反转、停止等独立的控制要求，其运动不具有可控性。许多传统的机械，如车床、铣床、刨床、钻床、起重机等都属于刚性机械系统。

② 柔性机械系统。柔性机械系统可借助传感器或控制电路，通过微机按位置、位移、速度、压力、温度等参数实施智能化控制，其运动具有可控性。数控机床和机器人都属于柔性机械系统。

③ 机械系统的发展。传统机构学与多种学科交叉、融合，现代机电一体化技术、现代控制理论、传感器技术、人工智能技术的发展为机构学的发展提供了新的研究领域；工业机器人、医疗器械等技术的开发，对机械的功能提出了诸如对输出特性的系统化、智能化和柔性化的要求，由此促进了机械产品创新设计、微型机构、可控机构、机器人机构、仿生机械、变胞机构以及广义机构学等新分支的出现。传统的机械技术与液、气、声、光、电、磁等技术相结合，扩大了机构的概念，构件不再是传统的刚性构件，而是更广泛意义的广义机构。

由于微电子技术和计算机技术的迅速发展及其向机械工业的渗透所形成的机电一体化，使机械工业的技术结构、产品机构、功能与构成、生产方式及管理体系发生了巨大变化，使工业生产由"机械电气化"迈入了"机电一体化"为特征的发展阶段。机电一体化的核心技术包括精密机械技术、伺服传动技术、检测传感技术、接口技术、自动控制及信息处理技术等。机电一体化以系统理念作为视角，综合运用精密机械技术、伺服传动技术、检测传感技术、接口技术、自动控制及信息处理技术等先进技术，依据系统的功能优化目标，对各个系统单元的功能进行科学、合理的分配与布局，从而使系统实现最优化的最终目标。机械系统机电一体化的出现和发展，提高了机械系统的性能，完成传统机械功能无法完成的任务。在一般情况下，机械技术只能形成产品的一个有限的纯机械的功能，但结合了信息技术、微电子技术，可以形成机电一体化产品。但不是任何机械产品都可以转化为机电一体化产品，必须做出相应的选择及其部件或更换，并结合相关技术，形成机电一体化产品。

① 机械装置（结构功能）。机械装置是由机械零件组成的、能够传递运动并完成某些有效工作的装置，由输入部分、转换部分、传动部分、输出部分及安装固定部分等组成。通用的传递运动的机械零件有齿轮、齿条、链轮、涡轮、传动带、带轮、曲柄及凸轮等。两个零件互相接触并相对运动就形成了运动副。由若干运动副组成的具有确定运动的装置称为机构。就传动而言，机构就是传动链。

为了实现机电传动控制系统整体最佳的目标，从系统动力学方面来考虑，传动链越短越好。因为在传动副中存在"间隙非线性"，根据控制理论的分析，这种间隙非线性会影响系统的动态性能和稳定性。另外，传动件本身的转动惯量也会影响系统的响应速度及系统的稳定性。在数控机床中之所以存在"半闭环控制"，其原因就在于此。据此，提出了"轴对轴传动"，如电动机直接传动机床的主轴，轴就是电动机的转子，从而出现了各种电主轴。这对执行装置提出了更高的要求，如机械装置、执行装置及驱动装置之间的协调与匹配问题。必须保留一定的传动件时，应在满足强度和刚度的前提下，力求传动装置细、小、巧，这就要求采用特种材料和特种加工工艺。

② 执行装置（驱动功能和能量转换功能）。执行装置包括以电、气压和液压等作为动力源的各种元器件及装置。例如，以电作为动力源的直流电动机、直流伺服电动机、三相交流异步电动机、变频三相交流电动机、三相交流永磁伺服电动机、步进电动机、比例电磁铁、电磁粉末离合器和制动器、电动调节阀及电磁泵等；以气压作为动力源的气动马达和气缸；以油压作为动力源的液压马达和液压缸等。

选择执行装置时，要考虑执行装置与机械装置之间的协调与匹配，如在需要低速、大推力或大扭矩的场合下，可考虑选用液压缸或液压马达。

为了实现机电控制系统整体最佳的目标，实现各个要素之间的最佳匹配，已经研制出将电动机与专用控制芯片、传感器或减速器等合为一体的装置，如德国西门子公司的变频器与电动机一体化的高频电机，日本东芝公司的电动机和传感器一体化的永磁电动机等。

执行机构由传动机构和执行元件组成。传动机构由蜗轮蜗杆、齿轮、链轮、带轮、凸轮、传动带等组成；执行元件分为液压式、气压式、电磁式等几种类型。

③ 传感器与检测装置（检测功能）。传感器是从被测对象中提取信息的器件，用于检测机电制系统工作时所要监视和控制的物理量、化学量和生物量。大多数传感器是将被测的非电量转换为电信号，用于显示和构成闭环控制系统。传感器的发展趋势是数字化、集成化和智能化。为了实现机电传动控制系统的整体优化，在选用或研制传感器时，要考虑传感器与其他要素之间的协调与匹配。例如，集传感检测、变送、信息处理及通信等功能为一体的智能化传感器，已被广泛用于现场总线控制系统中。

20 世纪 60 年代是力平衡式传感器；70 年代开始使用参量型传感器（R、C、L 参量，无源）和发电型传感器（磁电式、压电式、热电式，有源），大多采用分立型；80 年代开始随着半导体集成技术的发展，将敏感元件与信号处理电路集成在一起，实现了检测及信号处理一体化；90 年代后，传感器向集成化、微型化、智能化方向发展；2000 年后，出现了基于现场总线的网络化智能传感器。

④ 动力源（运转功能）。动力源或能源是指驱动电动机的电源、驱动液压系统的液压源和驱动气压系统的气压源。驱动电动机常用的电源包括直流调速器、变频器、交流伺服驱动器及步进电动机驱动器等。液压源通常称为液压站，气压源通常称为空压站。使用时应注意动力源与执行器、机械部分的匹配。

⑤ 信息处理与控制装置（控制功能）。机电传动控制系统的核心是信息处理与控制。机电传动控制系统的各个部分必须以控制论为指导，由控制器（继电器、可编程控制器、微处理器、单片机、计算机等）实现协调与匹配，使整体处于最优工况，实现相应的功能。在现代机电一体化产品中，机电传动系统中控制部分的成本已占总成本的 50%。特别是近年来随着微电子技术、计算机技术的迅速发展，越来越多的控制器使用具有微处理器、计算机的控制系统，输入/输出及通信功能也越来越强。

传统的机械系统和机电一体化机械系统的主要功能都是完成一系列的机械运动，但由于它们的组成不同，导致它们实现运动的方式也不同。传统机械系统一般是由动力件、传动件、执行件三部分加上电器、液压和机械控制等部分组成，而机电一体化中的机械系统应该是"由计算机信息网络协调与控制的，用于完成包括机械力、运动和能量流等动力学任务的机械和（或）机电部件相互联系的系统"。其核心是由计算机控制的，包括机、电、液、光、磁等技术的伺服系统。由此可见，机电一体化中的机械系统，已经成为机电一体化伺服系统中的一个重要组成部分，它不再仅仅是转速和转矩的变换器，还需使驱动元件（通常为伺服电机）和负载之间的转速与转矩、机械特性、工作精度、负载能量相匹配，也就是在满足伺服系统高精度、高响应速度、良好稳定性的前提下，还应该具有较大的刚度、较高的可靠性和重量轻、体积小、寿命长等特点，整个系统向着智能化、微型化、模块化、集成化、网络化、自动化、绿色化、系统化等方向发展。

与一般的机械系统相比，机电一体化系统的机械系统具有准确度高、动态响应好、稳定性好等特点。

① 准确度。机械系统的准确度将直接影响产品制造精度、电气和机械的品质，机械系统高精密集成是其最重要的技术要求。技术和功能的提高很大程度上提高了机械系统的性能，如果机械系统的精度不能满足要求，无论机电如何整合都无法完成其预定的机械操作。

② 快速响应。快速响应的机电一体化系统，需要一个指令来启动机械系统执行所指定的任务，接到命令的时间间隔之间应尽量短。只有这样，控制系统才能够及时获取相关信息，按照指定的机械系统命令，然后发出相关指示进行操作机械构件，准确地完成要求的任务。

③ 良好的稳定性。机电一体化系统要求系统能够承受外部环境的影响，以及要求抗干扰能力强，机械装置在外界干扰的环境下依然能够进行任务，确保工作稳定。因此，在机械系统的机电系统设计中，一般来讲，应满足降低机械系统之间的误差、减少系统间的摩擦、高响应频率的要求。此外，机械系统也需要可靠性高、寿命长、体积小、重量轻等特点。

机电一体化机械设计系统与传统的机械传动设计系统相比，其结构设计部分具有相同点，但由于机电一体化有其自身的特点，决定了机械系统设计过程的特点，从驱动器和结构设计两个方面加以说明，具体如下：

① 机械驱动设计的特点。机械驱动的主要任务是通过机械传动系统产生驱动力传输到达执行机构，机电一体化设计的机械传动系统主要为机电伺服系统。根据机电一体化的转速要求，控制电动机的转速，从而节省了大量的用于转速的换向齿轮、轴承和轴等部件，减少了生产环节的加工误差，提高了变速时间，由于机电一体化系统对于伺服电动机的使用，使机械传动设计大大简化，其机械传动方式也发生了从串联到串并联并行驱动模式的传统方式的变化。

② 机械结构的设计特点。机电一体化机械结构仍在传统的机械技术的范围内，在满足伺服系统稳定的前提下，为达到准确、快速的要求，使得机械结构逐渐向精密化、高速化、小型化和轻量化的方向发展。因此，在结构设计上应考虑各种部件的制造、安装精度、结构刚度、稳定性和运动的综合控制灵敏度和易用性。对于所要求的更高、更严格的条件，例如特定部位的设计：采用合理的横截面形状和尺寸，使用新材料和焊接钢管结构提高了支承件的静刚度；采用高传输效率、无间隙传动部件，如轧制丝杆、齿轮对消除间隙，齿条和小齿轮、蜗轮，以增加移动定位的灵敏度和准确度；采用低摩擦系数，以改善导引运动平稳。近年来，已经有平行结构的形式，如平行机械手、并联机床，从而大大简化机械结构，提高了产品的刚度和精度。

图 3-5 为机械系统的演变过程框图。图 3-5(a) 为典型的刚性机械系统；图 3-5(b) 为改进的刚性机械系统，以电子控制的调速电动机取代了机械变速装置；图 3-5(c) 所示框图已演化为柔性机械系统；图 3-5(d) 所示框图为直接驱动式的柔性机械系统，由于该系统中省去了传动机构，有更高的运动精度，其应用日益广泛，如磁悬浮列车等。从机械系统的演变过程可以看出，随着机械电子学的诞生与发展，刚性机械系统正在向柔性机械系统发展，改善了机构的运动特性和动力特性，使机电一体化的机械系统发展很快。

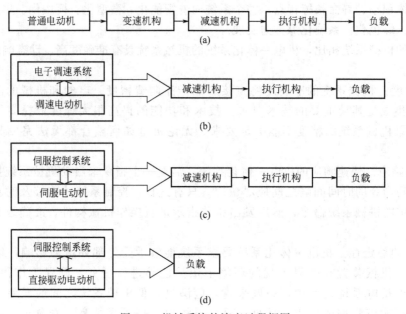

图 3-5　机械系统的演变过程框图

3.2　机械系统运动方案设计

3.2.1　机械运动系统

运动方案设计阶段需要解决运动的产生、传递和变换方法以及执行动作的设计。机械运动系统最主要的作用是为了实现速度或力的变化，或实现特定运动规律，或实现特定的运动轨迹，或实现某种特殊信息的传递的要求，如图 3-6 所示。工程中，各类原动机几乎都是输出一定的转速和力矩，因此以转动为原动件的功能变换需求最多。

① 转动到转动的功能变换。一般情况下，主动件作等速转动，从动件大多数也要求作等速转动，但要求有特定的转动速度。最理想的机构是各类齿轮机构，其从动轮的转速可按选定的传动比计算。从动轮转速的变化会伴随着输出力矩的变化。传动力很小时，摩擦轮机构也是实现转动到转动功能变换的简单方式；当中心距较大时，一般采用各类带传动机构或链传动机构更好些。万向轴传动机构则用于两交叉轴之间的连接传动，双转块机构则用于连接相近的平行轴之间的转动，钢丝软轴用于两可动件之间的转动连接，转动导杆机构可实现从动件的变速转动，利用其急回特性可设计特定的机械系统。近期，随着制造水平的提高，瞬心线机构也得到了较好的应用。

② 转动到移动的功能变换。工程中的移动大都是往复直线移动。齿轮齿条机构、曲柄滑块机构、正弦机构、直动从动件凸轮机构、螺旋传动机构都能实现转动到移动，这也是一种常见的运动方式。其中大部分机构的运动是可逆的，可以实现移动到转动的运动变换。但应注意具有自锁特性的螺旋传动机构不能实现移动到转动的运动变换。如曲柄滑块机构中的曲柄为主动件时，利用滑块的往复直线移动，可设计成空气压缩机；当滑块为主动件时，可设计成各类内燃机。许多机床工作台的往复移动是靠螺旋传动机构实现的。

③ 转动到摆动的功能变换。曲柄摇杆机构、摆动导杆机构、摆动从动件凸轮机构是最

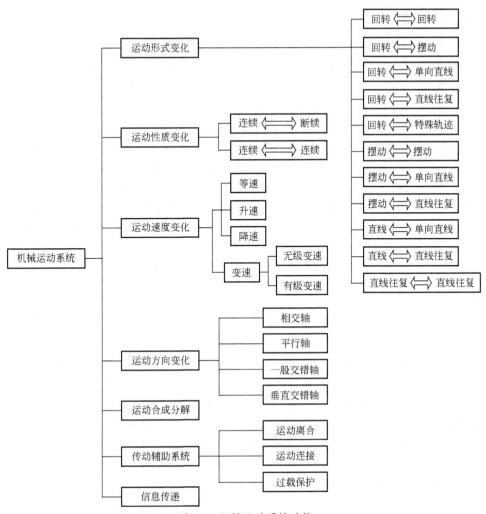

图 3-6　机械运动系统功能

常用的转动到摆动的功能变换机构。这类机构也具有运动的可逆性，即能实现摆动到转动的功能变换。但应注意曲柄摇杆机构和摆动导杆机构在极限位置的死点问题，注意摆动从动件凸轮机构的压力角问题。

④ 摆动到移动的功能变换。正切机构、摆动液压缸机构和无曲柄的滑块机构是实现这类运动变换的常用机构。

⑤ 间歇运动的变换。间歇性的转动或移动是自动化生产领域中的常见运动形式，棘轮机构、槽轮机构、不完全齿轮机构和分度凸轮机构均能满足该类运动变换。

⑥ 实现的特殊功能。位移缩放机构、微位移机构、自锁机构、力的放大机构等都是具有特殊功能的机械装置。一般情况下，可采用平行四边形机构作位移缩放机构。

⑦ 实现特定的运动轨迹。在生产实际中，往往需要机构实现某种特定的运动轨迹，如直线、圆弧等。当运动轨迹要求比较复杂时，一般通过连杆机构或组合机构来完成。

⑧ 实现某种特殊的信息传递。机构不仅能完成机械运动和动力的传递，还能完成诸如检测、计数、定时、显示或控制等功能。这一类应用很多，例如，杠杆千分尺、家用水表、电表等使用的机械式计数器，家用洗衣机、电风扇等使用的机械式定时器。另外，还可以用机构来实现速度、加速度等的测量和数据记忆等功能。

3.2.2　机械运动机构

机械运动系统可有齿轮机构、连杆机构、凸轮机构、螺旋机构、斜面机构、棘轮机构、槽轮机、摩擦轮机构、挠性件机构、弹性件机构、液气传动机构、电气机构，以及利用一些常用机构进行组合而产生的组合机构。研究实现这种运动形态的机构种类，为机械创新设计提供了技术基础。随着科学技术的迅速发展，利用液、气、声、光、电、磁等工作原理的机构日益增多，这类机构统称为广义机构，如液动机构、气动机构、声电机构、光电机构和电磁机构等。在广义机构中，由于利用了一些新的工作介质和工作原理，较传统机构能更方便地实现运动和动力的转换，并能实现某些传统机构难以完成的复杂运动。

① 齿轮传动机构。齿轮传动机构的种类很多。外啮合的圆柱齿轮机构传递反向运动、内啮合的圆柱齿轮机构传递同向运动、圆锥齿轮机构传递相交轴之间的运动、蜗杆蜗轮机构传递垂直交错轴之间的运动。齿轮传动机构的基本型为外啮合直齿圆柱齿轮传动机构，可演化为内啮合直齿圆柱齿轮传动机构、斜齿圆柱齿轮传动机构、人字齿圆柱齿轮传动机构，可用渐开线齿形，也可用摆线齿形和圆弧齿形，还可以演化为行星齿轮传动。圆锥齿轮传动机构的基本型为外啮合直齿圆锥齿轮传动机构，可演化为斜齿圆锥齿轮传动机构和曲齿圆锥齿轮传动机构。蜗杆传动机构的基本型为阿基米德圆柱蜗杆传动机构，可演化为延伸渐开线圆柱蜗杆传动机构、渐开线圆柱蜗杆传动机构。

② 连杆机构。连杆机构能实现转动到转动的运动变换，其基本型为四杆机构。根据连接运动副的种类，四杆机构可分以下几种：a. 全转动副四杆机构。其基本型为曲柄摇杆机构，可演化为双曲柄机构、双摇杆机构。b. 含有一个移动副四杆机构。其基本型为曲柄滑块机构，可演化为转动导杆机构、移动导杆机构、曲柄摇块机构、摆动导杆机构。c. 含有二个移动副的四杆机构。其基本型为正弦机构，可演化为正切机构、双转块机构、双滑块机构。双曲柄机构、转动导杆机构都有运动急回特征，广泛应用于要求周期性快、慢动作的机械装置。

③ 凸轮机构。凸轮机构可实现从动件的各种形式运动规律，可以实现转动和移动的相互转换，以及转动向摆动的转化。根据从动件的运动形式和凸轮形状可分为以下几种：a. 直动从动件平面凸轮机构。其基本型是指直动对心尖底从动件平面凸轮机构，可演化为直动对心滚子从动件平面凸轮机构、直动对心平底从动件平面凸轮机构、直动偏置从动件平面凸轮机构。b. 摆动从动件平面凸轮机构。其基本型是指摆动尖底从动件平面凸轮机构，可演化为摆动滚子从动件平面凸轮机构、摆动平底从动件平面凸轮机构。c. 直动从动件圆柱凸轮机构。其基本型主要指直动滚子从动件圆柱凸轮机构。d. 摆动从动件圆柱凸轮机构。其基本型主要指摆动滚子从动件圆柱凸轮机构。

④ 螺旋传动机构。螺旋传动机构可以实现连续转动到往复直线移动的运动变换。其基本型是指三角形螺旋传动机构，它可演化为梯形螺旋传动机构、矩形螺旋传动机构、滚珠丝杠传动机构。

⑤ 间歇运动机构。间歇运动机构是指主动件连续转动，从动件间歇转动或间歇移动的机构。基本型有棘轮机构、槽轮机构、不完全齿轮机构、分度凸轮机构等。每种机构都有不同的形式，可根据具体的要求进行设计。

⑥ 摩擦轮传动机构。摩擦轮传动难以传递过大的动力，主要应用在仪器中传递运动。如收录机中磁带的前进与倒退运动就是靠摩擦轮传动实现的。

⑦ 瞬心线机构。瞬心线机构是把主动轮的转动转换为不等速的从动轮的转动，其机构种类很多，但其设计原理基本相同。瞬心线机构可以靠摩擦传递运动或动力，也可在瞬心线

上制成轮齿，形成啮合传动。瞬心线机构可以实现连续的、周期性的、变速转动输出。

⑧ 带传动机构。带传动机构是把主动轮的转动减速或增速为从动轮的转动，基本型是指平带传动机构，它可演化为 V 带传动机构、圆带传动机构、活络 V 带传动机构、同步带传动机构。其中平带传动和圆带传动可交叉安装、实现反向传动。带传动机构适用于较大中心距的传动场合，过载打滑可起到一定的保护作用。同步带齿形传动比准确，在低速情况下也能保持良好的运转效果。

⑨ 链传动机构。链传动机构是把主动轮的转动减速或增速为从动轮的转动，其基本型是指套筒滚子链条传动机构，它可演化为多排套筒滚子链条传动机构、齿形链条传动机构。链传动机构也是一种适合较大中心距的传动机构，其传动比为二链轮齿数之反比，输出同向的减速或增速连续转动。

⑩ 绳索传动机构。绳索传动机构也是把主动轮的转动变换到从动轮的转动，除具有带传动的功能外，绳索传动机构还具有独特的作用。由于一轮缠绕，另一轮退绕，二轮中间可有多个中间轮。绳索传动机构不能传递较大的载荷。

⑪ 液、气传动机构。液、气传动是利用液体或气体的压力能或动能把主动件的运动传递到从动件。液、气传动机构的基本型是指缸体不动的液压油缸和气动缸，它们可转化为摆动缸。在以内燃机为原动机的车辆中常使用液力传动装置。

⑫ 钢丝软轴传动机构。钢丝软轴的内部由钢丝分多层缠绕而成。由于用软轴相连接，主、从动件的位置具有随意性。

⑬ 万向联轴器。万向联轴器是一种空间连杆机构，用于传递不共线的二轴之间的运动和动力。可分为单万向联轴器和双万向联轴器。万向联轴器广泛应用在不同轴线的传动机构中。

⑭ 电磁机构。利用电与磁相互作用的物理效应来完成所需动作的机构称为电磁机构。电磁机构可用于开关、电磁振动等电动机械中，如电动按摩器、电动理发器、电动剃须刀都广泛应用了电磁机构。电磁机构的种类很多，但都是利用电磁转换产生机械运动的原理。图 3-7（a）所示的电动锤机构中，利用两个线圈 1、2 的交变磁化，使锤头 3 产生往复直线运动。图 3-7（b）所示机构为电磁开关。电磁铁 1 通电后吸合杆 2，接通电路 3。断电后，杆 2 在返位弹簧 4 作用下，脱离电磁铁，电路断开。图 3-7（c）所示的钢板运送机构中，滚轮为磁性滚轮。工作人员操纵提升机构使滚轮下移将一块钢板吸住，然后将机构上移，使钢板对准两输送辊之间的位置，驱动磁性滚轮转动将钢板水平送入输送辊之间，完成钢板的运送作业。该机构由于采用了磁性滚轮作为钢板的抓取机构，使整个机构的结构和工艺动作大大简化，同时也节约了能耗，使维护变得简单而易于操作。

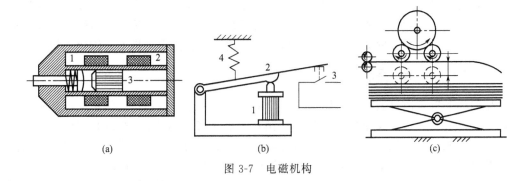

(a)　　　　　　　　(b)　　　　　　　　(c)

图 3-7　电磁机构

反电磁机构是利用机械运动的切割磁力线作用产生电信号，对电信号进行处理后可判断机械振动位移大小和频率。反电磁机构多用于磁电式位移或速度传感器中。

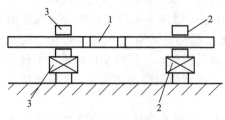

图 3-8　压电式间歇移动机构

⑮ 压电机构。图 3-8 所示为一种以压电元件为动力的间歇移动机构，机构由压电元件 1 和两个电磁体 2、3 组成。当压电元件 1 被电磁体 2 夹紧时对其施加电压，压电元件伸长，驱动执行机构向左运动，然后左电磁体 3 将压电元件夹紧，右电磁体去磁后对压电元件断电，使压电元件收缩恢复原状。以后按这一过程频繁地给压电元件通电、断电，并使两电磁体交替励磁、去磁，执行机构便能产生向左的间歇直线运动。该机构结构简单，动力较大，高频通电可使执行机构有较高的运动速度。

⑯ 机构的组合。单一的机构经常不能满足不同的工作需要。把一些基本机构通过适当的方式连接起来，从而组成一个机构系统，称之为机构的组合。在机构的组合系统中，各基本机构都保持原来的结构和运动特性，都有自己的独立性。在机械运动系统中，机构的组合系统应用很多。

⑰ 机、液机构组合。机、液机构组合主要是液压缸系统与连杆机构系统的组合，可满足执行机构的位置、行程、摆角、速度及复杂运动规律等多方面的工作要求。机、液机构组合中，液压缸一般是主动件，并驱动各种连杆机构完成预定的动作要求。其基本型有图 3-9(a) 所示的单出杆固定缸、图 3-9(b) 所示双出杆固定缸以及图 3-9(c) 所示的摆动缸三种。其液压油路的设计可根据执行机构的动作要求设计。图 3-9(a) 所示的单出杆固定缸提供绝对移动，常用于夹紧、定位与送料装置中；图 3-9(b) 所示的双出杆固定缸常用于机床工作台的往复移动装置中；图 3-9(c) 所示的摆动缸在工程机械、交通运输机械等许多领域中都有广泛的应用。

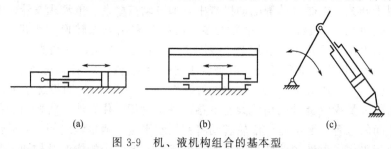

(a)　　　　　　　　(b)　　　　　　　　(c)

图 3-9　机、液机构组合的基本型

⑱ 机电一体化机构。机电一体化机构是指在信息指令下实现机械运动的机构。随着科学技术的发展，机电一体化发展迅速。机电一体化是指电子学技术与机械学技术互相渗透、结合，集自动控制、智能、机械运动为一体的新系统。如打印机、传真机、绘图机等，离开信息传递与处理，将难以发挥机械运动的作用。因此，把它们列入机电一体化机构。

3.2.3　机械运动控制

机械的运动形态由机械的组成形式及其控制方式所决定，特别是现代机械，其机械运动形态的改变与控制方法的关系更为密切。控制系统随着控制器件的发展而发展，20 世纪初出现了最早的机电传动控制系统，它借助简单的接触器与继电器等电器，控制对象的启动、停车以及有级调速等；20 世纪 30 年代以后依次出现的电机放大机控制，它使控制系统从断续控制发展到连续控制；20 世纪 40～50 年代出现了磁放大器控制和大功率可控水银整流器控制，随后出现了晶闸管-直流电动无级调速系统、新型电力电子元件-交流电动机无级调速系统，它们使控制系统从断续控制发展到连续控制，可以随时监控和自动调整对象的工作状态；随着数控技术的发展，计算机的应用特别是微型计算机的出现和应用，控制系统发展到一个新阶段——采样控制，它也是一种断续控制，但在客观上完全等效于连续控制。例如，电梯的电力拖动控制系统是保证电梯在运行效率和乘坐舒适感等方面具有良好性能的速度调节系统，它的发展主要经历了直流调速电梯拖动控制系统、交流双速电梯拖动控制系统、交流调压调速拖动控制系统、交流变频变压调速拖动控制系统。变频调速电梯正在取代其他类型电梯，为电梯的主流产品。

（1）运动的换向控制

要求不断改变机械运动方向的机械很多，各种车辆的前进与后退，旋转机械的正转与反转等许多机械都有换向的要求。

旋转运动的换向与控制：旋转运动的换向问题是工程中常见的运动变换，很多机械设备都有正转、反转或正向转过某一角度再反向转过某一角度的运动要求。主要有以下几种旋转运动的换向方式：

a. 改变电动机转向。通过改变电动机的转向实现机械换向是一种最常用的换向方法。

b. 限位开关换向。限位开关换向是最常用的控制换向方法。限位开关的种类很多，有机械式开关、光电式开关、磁开关等。对于液压传动，通过限位开关控制电磁换向阀线圈的通电与断电，以改变液流的方向而达到油缸换向的目的。利用机动换向阀也可达到换向的目的。

c. 介轮换向。在齿轮传动中常采用介轮换向，汽车的前进与倒退运动就是利用变速箱中的介轮来实现的。图 3-10 是采用介轮换向的示意图。图 3-10（a）中，齿轮啮合路线是齿轮 1、2、3、4，有两个介轮参与啮合，轮 1、轮 4 反向运转。图 3-10（b）中，啮合路线是齿轮 1、3、4，有一个介轮参与啮合，轮 1、轮 4 同向运转。

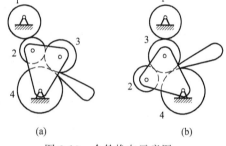

图 3-10　介轮换向示意图

d. 棘轮换向。利用改变棘爪的方向带动棘轮换向在牛头刨床上的进给系统有广泛的应用。图 3-11 为棘轮换向示意图。改变棘爪的棘齿方向，可改变棘轮的转向。图 3-11（a）中，棘爪带动棘轮逆时针方向旋转。图 3-11（b）中，棘爪带动棘轮顺时针方向旋转。

e. 摩擦轮换向。图 3-12 中，控制摩擦轮 A、B 在轴上的滑动位置，利用摩擦轮 A 与 C、B 与 C 的交替接触，实现 C 轮的正反转，完成螺旋 D 的往复移动。该机构广泛应用于摩擦压力机。

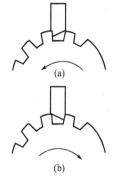

图 3-11　棘轮换向示意图

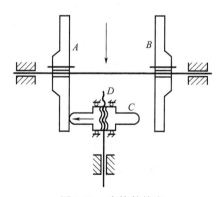

图 3-12　摩擦轮换向

f. 自身换向机构。利用机构本身的结构特点，使得从动件的运动自动换向，称之为自身换向机构。曲柄摇杆机构、摆动凸轮机构以及一些组合机构都能完成自动换向任务。

（2）直线移动的换向与控制

要求往复直线移动的机械种类很多，如内燃机、压缩机的活塞运动，刨床、插床的刀具运动，推拉电动大门的启闭运动，机床工作台的运动等均需要往复的直线移动。直线移动的换向方法主要有以下几种：

① 改变电动机转向来实现往复的直线移动。利用直线电动机可直接完成直线运动，其换向控制方法同转动电动机。图 3-13（a）为推拉式电动大门的启闭示意图。电动机正反转，经齿轮驱动固定在大门上的齿条，使大门往复移动。图 3-13（b）为电动感应推拉门示意图，两扇门固定在带的上下两侧，利用电动机的正反转和上下带的反向运动完成门的开启与关闭动作。

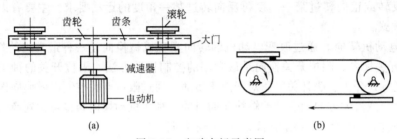

图 3-13　电动大门示意图

② 液压换向。在液压传动中，改变液流方向可实现液压缸的往复直线运动。其移动的距离、移动速度、移动过程中所克服的阻力都可以进行调节。

③ 自身换向机构。自动进行往复直线移动的换向机构种类主要有曲柄滑块机构、正弦机构、双滑块机构、直动凸轮机构以及一些特殊设计的机构等，这些机构的特点是主动件连续转动，从动件作往复的直线移动。

（3）运动的调速控制

机械中的工作机转速一般不等于原动机转速，这就需要协调原动机和工作机之间速度的装置。减速器是用于降低速度增大转矩的装置。增速器是用来增速的装置。变速器是用于不断变换速度的装置。针对传动比和工作条件的不同，有多种常用的减速方式，以下介绍几种基本的减、变速方式。

① 电动机调速。改变电动机的工作速度，使电动机能在低速大转矩的条件下工作，是最理想的调速方式。直流电动机具有良好的运行和控制特性，长期以来，直流调速系统一直占据垄断地位。在许多工业部门，如轧钢、矿山采掘、纺织、造纸等需要高性能调速的场合得到广泛的应用。近年来随着变频调速技术的发展，使得交流异步电动机的调速和控制完全可以与直流电动机相比，大有取代直流电动机的趋势。

② 齿轮减速器。齿轮减速器的特点是传动效率高、使用寿命长、工作可靠性好、维护简便、制造成本低，因而得到广泛应用。其产品已标准化、系列化，设计时可直接用。平行轴减速器可选用直齿圆柱齿轮减速器或斜齿圆柱齿轮减速器，也可选用人字齿圆柱齿轮减速器。一般按传动比、传递功率及安装条件选择减速器。输入输出同轴的减速器主要有行星齿轮减速器、摆线针轮减速器、谐波减速器。交错轴减速器可选用蜗杆蜗轮减速器。垂直轴减速器可选用锥齿轮减速器，传动比大时可选用与圆柱齿轮组合应用的减速器。

③ 其他减速装置。各类带传动、链传动、摩擦传动都可起到减速作用。带传动、链传

动多用在传动比不大、中心距较大的场合。

④ 变速器。变速器可分为有级变速器和无级变速器。有级变速器主要是通过控制不同齿轮的啮合来实现的。图 3-14(a) 为二挡滑移齿轮变速器，控制方式为手动控制。图 3-14(b) 为行星齿轮变速器。该减速器由五个行星排组成，有五个前进挡和一个倒退挡，控制方式为电动控制。

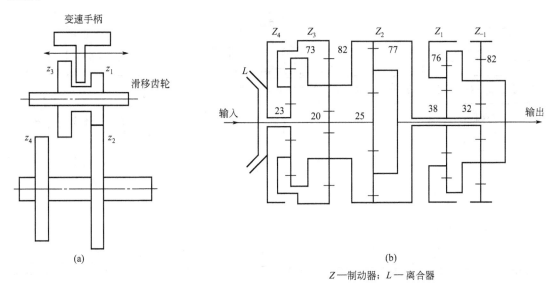

Z — 制动器；L — 离合器

图 3-14　齿轮变速器简图

目前的无级变速器大都通过摩擦传动来实现，因此不能传递过大的功率（≤20kW）。摩擦无级变速器的种类很多。图 3-15 为几种常见的无级变速器示意图。图 3-15(a) 中，圆柱轮 A 沿轴向移动，通过改变与圆锥轮 B 的接触半径而实现变速的目的。图 3-15(b) 中，利用 A、B 轮的分开与靠近来调节 V 带轮的半径，同时调整中心距，从而实现变速的目的。图 3-15(c) 中通过改变 B 轮轴线的角度来改变摩擦半径，从而实现变速的目的。此外，还有链式无级变速器、连杆式脉动无级变速器等多种其他形式的变速器。

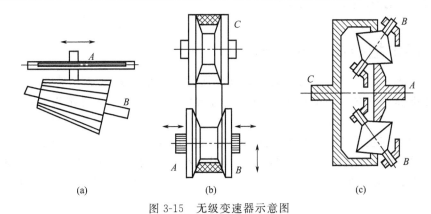

图 3-15　无级变速器示意图

(4) 运动的离合控制

有时在不停止原动机运转的状态下，需暂时中止执行机构的工作，因此，离合器在机械中得到广泛的应用。离合器的种类很多，但常用的离合器主要有手动离合器和电磁离合器。常用离合器的工作原理图如图 3-16 所示。图 3-16(a) 为两端面有牙的牙嵌式离合器。移动右半离合器,可实现运动的分离或接合。半滑环,可使摩擦片压紧或脱开,从而实现运动的分离或接合。图 3-16(b) 为多片式摩擦离合器。移动右半离合器的滑环,可使摩擦片压紧或脱开,从而实现运动的分离或接合。图 3-16(c) 为电磁离合器。空套在轴上的左半离合器的线圈通电后,可吸住右半离合器上的衔铁,实现运动的接合,反之则脱开。

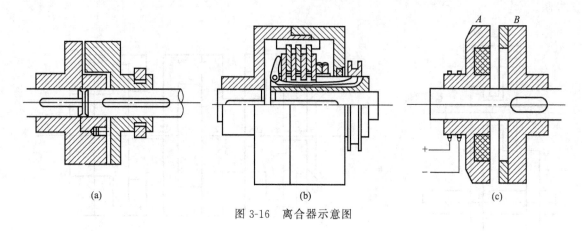

(a)   (b)   (c)

图 3-16　离合器示意图

(5) 运动的制动控制

许多机械中都有制动器,以缩短机械的停车时间。制动器的种类有机械式制动器、电磁式制动器、液压制动器、液力制动器、气动制动器等多种类型。机械式制动器中,还可分为摩擦式、楔块式、杠杆式、棘轮式等多种。

工程中,经常使用电磁式或气动控制的制动器。制动器可用于刹车、防止逆转。其控制方式根据在机械中的作用不同有很大差别,为防止控制系统失灵造成的破坏作用,一般机械中都有采取手动或脚动的紧急刹车装置。

机械的运动形式与其控制方式有关。在对满足机械运动要求的机构进行机械创新设计时,要将其运动形式与控制方法共同考虑,可使设计的机械运动方案更加完善。

3.3　机械系统方案的评价

3.3.1　评价指标体系的确定

通过科学的评价和决策方法来确定综合最优的机械系统方案是方案设计的重要步骤。它的评价准则和评价方法必须符合机械系统方案的特点和要求。方案设计的评价有如下特点:

① 评价准则应包括技术、经济、安全可靠三个方面的内容。这一阶段的设计工作只是解决原理方案和机构系统的设计问题,不具体涉及机械结构设计的细节。因此,对经济性评价往往只能从定性角度加以考虑。对于机械运动系统方案的评价准则所包括的评价指标总数不宜过多。

② 在机械运动系统方案设计阶段,各方面的信息一般来说都还不够充分,因此一般不考虑重要程度的加权系数。但是,为了使评价指标有广泛的适用范围,对某些评价指标可以按不同应用场合列出加权系数。例如,承载能力,对于重载的机器应加上较大的权系数。

③ 考虑到实际的可能性,一般可以采用 0～4 的五级评分方法来进行评价,即将各评价指标的评价值等级分为五级。

④ 对于相对评价值低于 0.6 的方案，一般认为较差，应该予以剔除。若方案的相对评价值高于 0.8，那么只要它的各项评价指标都较均衡，则可以采用。对于相对评价值介于 0.6～0.8 之间的方案，则要进行具体分析，有的方案在找出薄弱环节后加以改进，可成为较好的方案而被采纳。例如，当传递相对较远的两平行轴之间的运动时，采用 V 带传动是比较理想的方案；但是，当整个系统要求传动比十分精确，而其他部分都已考虑到这一点而采取相应措施时（如高精度齿轮传动、无侧隙双导程蜗杆传动等），V 带传动就是一个薄弱环节，如果改成同步带传动，就能达到扬长避短的目的，又能成为优先选用的好方案。至于有的方案，确实缺点较多，又难以改进，则应予以淘汰。

⑤ 在评价机械系统方案时，应充分集中机械设计专家的知识和经验，特别是所要设计的这一类机器的设计专家的知识和经验；要尽可能多地掌握各种技术信息和技术情报；尽量采用功能成本（包括生产成本和使用成本）指标值进行机械方案的比较。通过这些措施才能使机械方案评价更加有效。

因此，为了使机械系统方案的评价结果尽量准确、有效，必须建立一个评价指标体系，是一个机械方案所要达到的目标群。机械方案的评价指标体系一般应满足以下基本要求：

① 评价指标体系应尽可能全面，但又必须抓住重点。它不仅要考虑对机械产品性能有决定性影响的主要设计要求，而且应考虑对设计结果有影响的主要条件。

② 评价指标应具有独立性，各项评价指标相互间应该无关。即采用提高方案中某一评价指标评价值的某种措施，不应对其他评价指标的评价值有明显影响。

③ 评价指标都应进行定量化。对于难以定量的评价指标可以通过分级量化。评价指标定量化有利于对方案进行评价与选优。

3.3.2　评价指标体系

(1) 机构的评价指标

机械系统方案是由若干个执行机构来组成的。在方案设计阶段，对于单一机构的选型或整个机构系统（机械运动系统）的选择都应建立合理、有效的评价指标。从机构和机构系统的选择和评定的要求来看，主要应满足五个方面的性能指标，如表 3-2 所示。

表 3-2　机构系统的评价指标

序号	1	2	3	4	5
性能指标	机构功能	机构的工作性能	机构的动力性能	经济性	结构紧凑
具体内容	①运动规律的形式 ②传动精度	①应用范围 ②可调性 ③运转速度 ④承载能力	①加速度峰值 ②噪声 ③耐磨性 ④可靠性	①制造难易程度 ②制造误差敏感度 ③调整方便性 ④能耗	①尺寸 ②重量 ③结构复杂性

确定这五个方面 17 项评价指标的依据，一是根据机构及机构系统设计的主要性能要求；二是根据机械设计专家的咨询意见。因此，随着科学技术的发展和生产实践经验的积累，这些评价指标需要不断增删和完善。建立恰当的评价指标，将有利于评价选优。

(2) 几种典型机构的评价指标的初步评定

在构思和拟订机械方案时，相当多的执行机构往往首先选用连杆机构、凸轮机构、齿轮机构、组合机构这四种典型机构，这是因为这几种典型机构的结构特性、工作原理和设计方法都已为广大设计人员所熟悉，并且它们本身结构较简单，易于实际应用。表 3-3 对它们的性能和初步评价作简要评述，为评分和择优提供一定的依据。

表 3-3 四种典型机构评价指标的初步评定

性能指标	具体项目	评价			
		连杆机构	凸轮机构	齿轮机构	组合机构
功能 A	①运动规律形式	任意性较差,只能达到有限个精确位置	基本上能任意	一般作定速比转动或移动	基本上可以任意
	②传动精度	较高	较高	高	较高
工作性能 B	①应用范围	较广	较广	广	较广
	②可调性	较好	较差	较差	较好
	③运转速度	高	较高	很高	较高
	④承载能力	较大	较小	大	较大
动力性能 C	①加速度峰值	较大	较小	小	较小
	②噪声	较小	较大	小	较小
	③耐磨性	耐磨	差	较好	较好
	④可靠性	可靠	可靠	可靠	可靠
经济性 D	①制造难易程度	易	难	较难	较难
	②制造误差敏感	不敏感	敏感	敏感	敏感
	③调整方便性	方便	较麻烦	方便	方便
	④能耗	一般	一般	一般	一般
结构紧凑 E	①尺寸	较大	较小	较小	较小
	②重量	较轻	较重	较重	较重
	③结构复杂性	简单	复杂	一般	复杂

如果在机械系统方案中采用自己创新的机构或其他的一些非典型机构,对评价指标应另作评定。

(3) 机构选型的评价体系

机构选型的评价体系是由机械方案设计应满足的要求来确定的。依据上述评价指标所列项目,通过一定范围内的专家咨询,逐项评定分配分数值。这些分配分数值是按项目重要程度来分配的。这是一项十分细致、复杂的工作。此外,还应该根据有关专家的咨询意见,对械系统方案设计中的机构选型的评价体系不断进行修改、补充和完善。表 3-4 为初步建立的机构选型评价体系,它既有评价指标,又有各项分配分数值,正常情况下满分为 100 分。建立初步的评价体系后,就可以使机械系统方案设计逐步摆脱经验、类比的情况。

利用表 3-4 所示的机构选型评价体系,再加上对各个选用的机构评价指标的评价量化后,就可以对几种被选用的机构进行评估、选优。

表 3-4 初建的机构选型评价体系

性能指标	总分	项目	分配分	备 注
A	25	A1 A2	15 10	以运动为主时,加权系数为 1.5,即 A×1.5
B	20	B1 B2 B3 B4	5 5 5 5	受力较大时,在 B3、B4 上加权系数为 1.5
C	20	C1 C2 C3 C4	5 5 5 5	加速较大时,加权系数为 1.5,即 C×1.5

性能指标	总分	项目	分配分	备　　注
D	20	D1 D2 D3 D4	5 5 5 5	
E	15	E1 E2 E3	5 5 5	

(4) 机构评价指标的评价量化

利用机构选型评估体系对各种被选用机构进行评估、选优的重要步骤就是将各种常用的机构就各项评价指标进行评价量化。通常情况下,各项评价指标较难量化,一般可以按"很好""好""较好""不太好""不好"五档来加以评价,这种评价应由机械设计专家给出。在特殊情况下,也可以由若干个有一定设计经验的专家或设计人员来评估。

上述五档评价可以量化为 4、3、2、1、0 的数值、由于多个专家的评价总有一定差别,其评价指标的评价值取其平均值,因此不再为整数。如果数值 4、3、2、1、0 用相对值 1、0.75、0.5、0.25、0 表示,其评价值的平均值也就按实际情况而定。有了各机构实际的评价值,就不难进行机构选型。这种选型过程由于依靠了专家的知识和经验,因此可以避免个人决定的主观片面性。

在机械系统方案中,实际上是由若干个执行机构进行评估后将各机构评价值相加,取最大评价值的机构系统作为最佳机构运动方案。此外,也可以采用多种价值组合的规则来进行综合评估。

机械运动方案的选择本身是一个因素复杂、要求全面的难题,采用什么样的机构系统选型的评估计算方法需要认真去探索。上面采用评价指标体系及其量化评估的办法是进行机械方案选择的一大进步,只要不断完善评价指标体系,同时又注意收集机械设计专家的评价值的资料,吸收专家经验,并加以整理,那么就能有效地提高设计水平。

3.3.3　模糊综合评价法

在机械系统方案评价时,由于评价指标较多,如有应用范围、可调性、承载能力、耐磨性、可靠性、制造难易、调整方便性、结构复杂性等,它们很难用定量分析来评价,属于设计者的经验范畴,只能用"很好""好""不太好""不好"等"模糊概念"来评价。因此,应用模糊数学的方法进行综合评价将会取得更好的实际效果。模糊综合评价就是利用集合与模糊数学将模糊信息数值化,以进行定量评价的方法。

第4章

机械创新设计基本方法

4.1 机构创新设计

4.1.1 机构的变异、演化与创新设计

一个机械的工作功能，通常是要通过传动装置和机构来实现。机构设计具有多样性和复杂性，一般在满足工作要求的条件下，可采用不同的机构类型。在进行机构设计时，除了要考虑满足基本的运动形式、运动规律或运动轨迹等工作要求外，还应注意：机构尽可能简单。可通过选用构件数和运动副较少的机构、适当选择运动副类型、适当选用原动机等方法来实现；尽量缩小机构尺寸，以减少重量和提高机动、灵活性能；应使机构具有较好的动力学性能，提高效率。在实际设计时，要求所选用的机构能实现某种所需的运动和功能，常见机构的运动和性能特点如表 4-1 和表 4-2 所示，可为人们设计时提供参考。

表 4-1 常见机构的性能特点（一）

	运动类型	连杆机构	凸轮机构	齿轮机构	其他机构
执行构件能实现的运动或功能	匀速转动	平行四边形机构	—	可以实现	摩擦轮机构 有级、无级变速机构
	非匀速转动	铰链四杆机构 转动导杆机构	—	非圆齿轮机构	组合机构
	往复移动	曲柄滑块机构	移动从动件凸轮机构	齿轮齿条机构	组合机构 气、液动机构
	往复摆动	曲柄摇杆机构 双摇杆机构	摆动从动件凸轮机构	齿轮式往复运动机构	组合机构 气、液动机构
	间歇运动	可以实现	间歇凸轮机构	不完全齿轮机构	棘轮机构 槽轮机构 组合机构等
	增力及夹持	杠杆机构 肘杆机构	可以实现	可以实现	组合机构

表 4-2　常见机构的性能特点（二）

指标	具体项目	特点			
		连杆机构	凸轮机构	齿轮机构	组合机构
运动性能	运动规律、轨迹	任意性较差,只能实现有限个精确位置	基本上任意	一般为定比转动或移动	基本上任意
	运动精度	较低	较高	高	较高
	运转速度	较低	较高	很高	较高
工作性能	效率	一般	一般	高	一般
	使用范围	较广	较广	广	较广
动力性能	承载能力	较大	较小	大	较大
	传力特性	一般	一般	较好	一般
	振动、噪声	较大	较小	小	较小
	耐磨性	好	差	较好	较好
经济性能	加工难易	易	难	较难	较难
	维护方便	方便	较麻烦	较方便	较方便
	能耗	一般	一般	一般	一般
结构紧凑性能	尺寸	较大	较小	较小	较小
	重量	较轻	较重	较重	较重
	结构复杂性	复杂	一般	简单	复杂

（1）机架变换与演化

一个基本机构中，以不同的构件为机架，可以得到不同功能的机构。这一过程统称机构的机架变换。机架变换规则不仅适合低副机构，也适合高副机构，但这两种变换的区别较大。低副机构主要是连杆机构，低副运动具有可逆性，即在低副机构中，两构件之间的相对运动与机架的改变无关。低副运动的可逆性是低副机构演化设计的理论基础。

图 4-1(a)、(b) 所示的机构中，A、B 为转动副，构件为机架时，相对为转动；当为机架时，相对仍然为转动。图 4-1(a) 中，AD 为机架，AB 为曲柄。其中运动副 A、B 可作整周转动，称之为整转副。运动副 C、D 不能作整周转动，只能往复摆动，称之为摆转副。图 4-1(b)中，当以 AB 为机架时，运动副 A、B 仍为整转副，所以构件 AD、BC 均为曲柄，该机构演化为双曲柄机构。图 4-1(c) 中，当以 CD 为机架时，运动副 C、D 为摆转副，所以构件 AD、BC 均为摇杆，该机构演化为双摇杆机构，但转动副 A、B 仍为整转副。

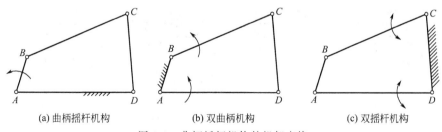

(a) 曲柄摇杆机构　　　　　(b) 双曲柄机构　　　　　(c) 双摇杆机构

图 4-1　曲柄摇杆机构的机架变换

对心曲柄滑块机构是含有一个移动副四杆机构的的基本形式，图 4-2 所示为其机架变换示意图。由于无论以哪个构件为机架，A、B 均为整转副，C 为摆转副，所以图 4-2 所示的机构分别为曲柄滑块机构、转动导杆机构、曲柄摇块机构和移动导杆机构。

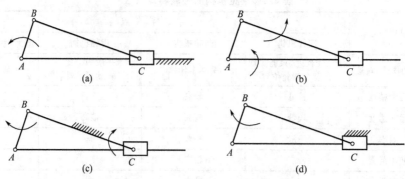

图 4-2　曲柄滑块机构的机架变换

图 4-3(a) 所示为含有两个移动副四杆机构的双滑块机构，A、B 均为整转副。以其中的任一个滑块为机架时，得到图 4-3(b) 所示的正弦机构，以连杆为机架时，得到图 4-3(c) 所示的双转块机构。

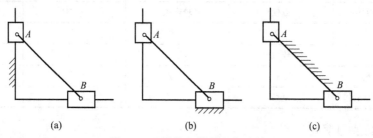

图 4-3　双滑块机构的机架变换

高副没有相对运动的可逆性，如圆和直线组成的高副中，直线相对圆作纯滚动，直线上某点的运动轨迹是渐开线；圆相对于直线作纯滚动时，圆上某点的运动轨迹是摆线；渐开线和摆线性质不同，所以组成高副的两个构件的相对运动没有可逆性。因此，高副机构经过机架变换后，所形成的新机构与原机构的性质也有很大的区别，高副机构机架变换有更大的创造性。凸轮机构机架变换后可产生很多新的运动形式。图 4-4(a) 所示为一般摆动从动件盘形凸轮机构，凸轮 1 主动，摆杆 2 从动；若变换主动件，以摆杆 2 为主动件，则机构变为反凸轮机构〔见图 4-4(b)〕；若变换机架，以构件 2 为机架，构件 3 主动，则机构成为浮动凸轮机构〔见图 4-4(c)〕；若将凸轮固定，构件 3 主动，则机构成为固定凸轮机构〔见图 4-4(d)〕。

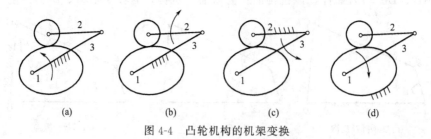

图 4-4　凸轮机构的机架变换

图 4-5 所示为反凸轮机构的应用，摆杆 1 主动，作往复摆动，带动凸轮 2 作往复移动，凸轮 2 是采用局部凸轮轮廓（滚子所在的槽）并将构件形状变异成滑块。图 4-6 是固定凸轮机构的应用，圆柱凸轮 1 固定，构件 3 主动，当构件 3 绕固定轴 A 转动时，构件 2 在随构件 3 转动的同时，还按特定规律在移动副 B 中往复移动。

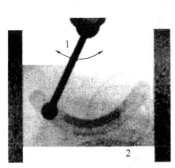

图 4-5　反凸轮机构的应用

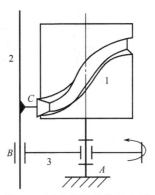

图 4-6　固定凸轮机构的应用

一般齿轮机构［见图 4-7(a)］机架变换后就生成了行星齿轮机构［见图 4-7(b)］。齿形带或链传动等挠性传动机构［见图 4-8(a)］机架变换后也生成了各类行星传动机构［见图 4-8(b)］。

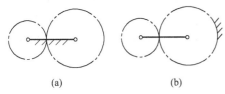

(a)　　　　　　　(b)

图 4-7　齿轮传动的机架变换

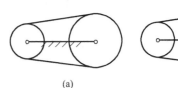

(a)　　　　　　　(b)

图 4-8　挠性传动的机架变换

图 4-9 所示为挠性件行星传动机构的应用，用于汽车玻璃窗清洗。其中挠性件 1 连接固定带轮 4 和行星带轮 3，转臂 2 的运动由连杆 5 传入。当转臂 2 摆动时，与行星带轮 3 固结的杆 A 及其上的刷子作复杂平面运动，实现清洗工作。

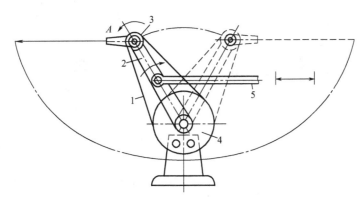

图 4-9　挠性件行星传动机构的应用

图 4-10 所示为螺旋传动中固定不同零件得到的不同运动形式：螺杆转动、螺母移动［见图 4-10(a)］；螺母转动、螺杆移动［见图 4-10(b)］；螺母固定、螺杆转动并移动［见图 4-10(c)］；螺杆固定、螺母转动并移动［见图 4-10(d)］。

(2) 运动副的变异与演化

运动副用来连接各种构件，转换运动形式，同时传递运动和动力。运动副特性对机构功能和性能从根本上产生着影响，运动副的变异与演化对机构创新具有重要意义。

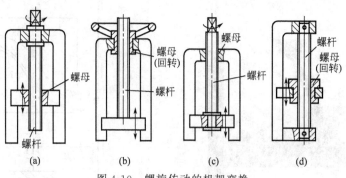

图 4-10　螺旋传动的机架变换

① 运动副尺寸变异

a. 转动副的扩大是指将组成转动副的销轴和轴孔在直径上增大，而运动副性质不变，仍是转动副，形成该转动副的两构件之间的相对运动关系没有变。由于尺寸增大，提高了构件在该运动副处的强度与刚度，常用于冲床、泵、压缩机等。如图 4-11 所示的颚式破碎机，转动副 B 扩大，其销轴直径增大到包括了转动副 A，此时，曲柄就变成了偏心盘，该机构实为一曲柄摇杆机构。图 4-12 所示为另一种转动副扩大的形式，转动副 C 扩大，销轴直径增大至与摇块 2 合为一体，该机构实为一种曲柄摇块机构，实现旋转泵的功能。

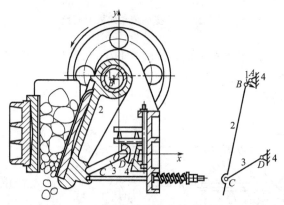

图 4-11　颚式破碎机中的转动副扩大

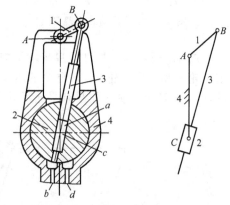

图 4-12　旋转泵中的转动副扩大

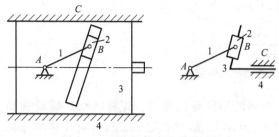

图 4-13　顶锻机构中的移动副扩大

b. 移动副扩大是指组成移动副的滑块与导路尺寸增大，并且尺寸增大到将机构中其他运动副包含在其中。因滑块尺寸大，则质量较大，将产生较大的冲压力。常用在冲压、锻压机械中。图 4-13 所示为一曲柄导杆机构，通过扩大水平移动副 C 演化为顶锻机构，大质量的滑块将会产生很大的顶锻压力。

② 运动副形状变异

a. 运动副形状通过展直将变异、演化出新的机构。图 4-14 所示为曲柄摇杆机构通过展直摇杆上 C 点的运动轨迹演化为曲柄滑块机构。

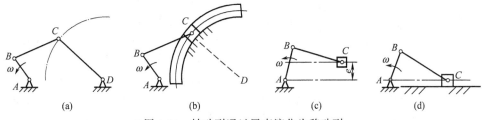

(a)　　　　　　　(b)　　　　　　　(c)　　　　　　　(d)

图 4-14　转动副通过展直演化为移动副

图 4-15 所示为一不完全齿条机构，不完全齿条为不完全齿轮的展直变异。不完全齿条 1 主动，作往复移动，不完全齿轮作往复摆动；图 4-16 是槽轮机构的展直变异。拨盘 1 主动，作连续转动，从动槽轮被展直并只采用一部分轮廓，成为从动件 2，从动件 2 作间歇移动。

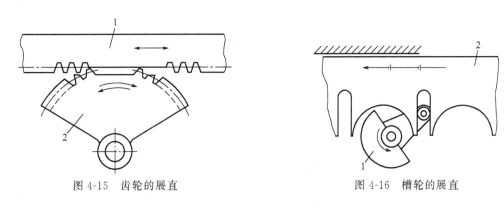

图 4-15　齿轮的展直　　　　　　　　　图 4-16　槽轮的展直

b. 运动副通过绕曲将变异、演化出新的机构。楔块机构的接触斜面若在其移动平面内进行绕曲，则演化成盘形凸轮机构的平面高副；若在空间上绕曲，就演化成螺旋机构的螺旋副，如图 4-17 所示。

③ 运动副性质变异

a. 滚动摩擦的运动副变异为滑动摩擦的运动副可减小摩擦力，减轻摩擦、磨损。组成运动副的各构件之间的摩擦、磨损是不可避免的，对于面接触的运动副采用滚动摩擦代替滑动摩擦可以减小摩擦系数，减轻摩擦、磨损，同时也使运动更轻便、灵活，运动副性质由移动副变异为滚滑副，如图 4-18 所示。滚动副结构常见于凸轮机构的滚子从动件、滚动轴承、滚动导轨、滚珠丝杠、套筒滚子链等。实际应用中这种变异是可逆的，由移动副替代滚滑副可以增加连接的刚性。

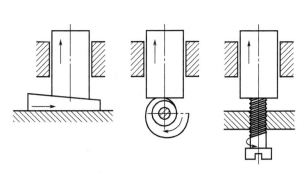

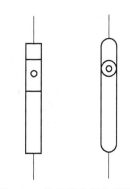

图 4-17　运动副的绕曲　　　　　　　　图 4-18　移动副变异为滚滑副

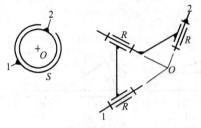

图 4-19　球面副变异为转动副

b. 空间副变异为平面副更容易加工制造。图 4-19 所示的球面副具有三个转动的自由度，它可用汇交于球心的三个转动副替代，更容易加工和制造，同时也提高了连接的刚度，常用于万向联轴器。

c. 高副变异为低副可以改善受力情况。高副为点接触，单位面积上受力大，容易产生构件接触处的磨损，磨损后运动失真，影响机构运动精度。低副为面接触，单位面积上受力小，在受力较大时亦不会产生过大的磨损。图 4-20 所示为偏心盘凸轮机构通过高副低代形成的等效机构。图 4-20 中（a）和（b）运动等效，（c）和（d）运动等效。

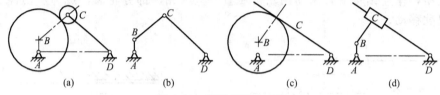

图 4-20　高副低代的变异

（3）构件的变异与演化

机构中构件的变异与演化通常从改善受力、调整运动规律、避免结构干涉和满足特定工作特性等方面考虑。构件形状的变异规律，一般由直线形向圆形、曲线形以及空间曲线形变异，以获得新的功能。如齿轮有圆柱形、截锥形、非圆形、扇形等；凸轮有盘形、圆柱、圆锥形、曲面体等。图 4-21 所示的周转轮系中系杆形状和行星轮个数产生了变异，图 4-21（a）的构件形式比图 4-21（b）的构件形式受力均衡，旋转精度高。

图 4-22 所示的摆动导杆机构中，若将导杆 2 的导槽一部分做成圆弧状，并且其槽中

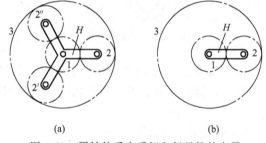

图 4-21　周转轮系中系杆和行星轮的变异

心线的圆弧半径等于曲柄 OA 的长度，则当曲柄的端部销 A 转入圆弧导槽时，导杆则停歇，实现了单侧停歇的功能，结构简单。

图 4-23 所示将滑块设计成带有导向槽的结构形状，直接驱动曲柄作旋转运动，形成无死点的曲柄机构，可用于活塞式发动机。

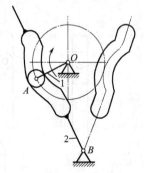

图 4-22　间歇摆动导杆机构

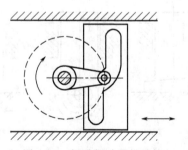

图 4-23　间歇摆动导杆机构

图 4-24 所示为避免摆杆与凸轮轮廓线发生运动干涉，经常把摆杆做成曲线状或弯臂状。图 4-24(a) 为原机构，图 4-24(b)、(c) 为摆杆变异后的机构。

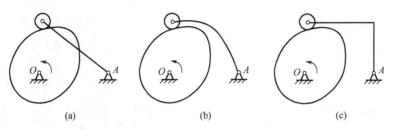

图 4-24　凸轮机构中摆杆形状的变异

图 4-25 所示为凸轮机构从动件末端形状的变异，常用的末端形状有尖顶、滚子、平面和球面等，不同的末端形状使机构的运动特性各不相同。

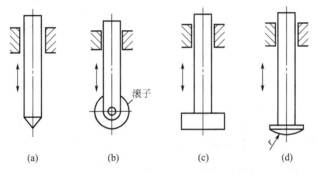

图 4-25　凸轮机构中从动件末端形状的变异

4.1.2　机构的组合与创新设计

（1）机构组合的基本概念

在工程实际中，单一的基本机构应用较少，而基本机构的组合系统却应用于绝大多数机械装置中。因此，机构的组合是机械创新设计的重要手段。任何复杂的机构系统都是由基本机构组合而成的。这些基本机构可以通过互相连接组成各种各样的机械，也可以是互相之间不连接的单独工作的基本机构组成的机械系统，但各组成部分之间要满足运动协调条件，互相配合，准确完成各种各样的所需动作。

图 4-26 所示的药片压片机包含互相之间不连接的三个独立工作的基本机构。送料凸轮机构与上、下加压机构之间的运动不能发生运动干涉。送料凸轮机构必须在上加压机构上行到某一位置、下加压机构把药片送出行腔后，才开始送料，当上、下加压机构开始压紧动作时返回原始位置不动。

图 4-27 所示的内燃机包括曲柄滑块机构、凸轮机构和齿轮机构，这几种机构通过互相连接组成了内燃机。

机械的运动变换是通过机构来实现的。不同的机构能实现不同的运动变换，具有不同的运动特性。这里的基本机构主要有各类四杆机构、凸轮机构、齿轮机构、间歇运动机构、螺旋机构、带传动机构、链传动机构、摩擦轮机构等。只要掌握基本机构的运动规律和运动特性，再考虑到具体的工作要求，选择适当的基本机构类型和数量，对其进行组合设计，就为设计新机构提供了一条最佳途径。

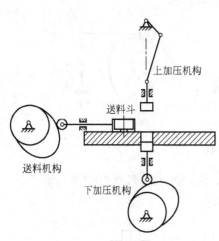

图 4-26　基本机构互不连接的组合

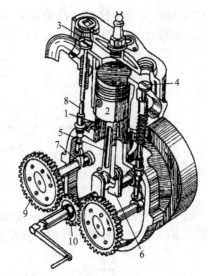

图 4-27　基本机构互相连接的组合

1—气缸体；2—活塞；3—进气阀；4—排气阀；5—连杆；
6—曲轴；7—凸轮；8—顶杆；9,10—齿轮

（2）常用机构的组合方法

基本机构的连接组合方式主要有：串联组合、并联组合、叠加组合和混合组合等。

① 串联组合。串联组合是应用最普遍的组合。串联组合是指若干个基本机构顺序连接，

图 4-28　串联组合原理框图

每一个前置机构的输出运动是后置机构的输入，连接点设置在前置机构输出构件上，可以设在前置机构的连架杆上，也可以设在前置机构的浮动构件上。串联组合的原理框图如图 4-28 所示。

串联组合可以是两个基本机构的串联组合，也可以是多级串联组合，即指 3 个或 3 个以上基本机构的串联。串联组合可以改善机构的运动与动力特性，也可以实现工作要求的特殊运动规律。

图 4-29（a）所示为双曲柄机构与槽轮机构的串联组合，双曲柄机构为前置机构，槽轮机构的主动拨盘固连在双曲柄机构的 $ABCD$ 从动曲柄 CD 上。对双曲柄机构进行尺寸综合设计，要求从动曲柄 E 点的变化速度能中和槽轮的转速变化，实现槽轮的近似等速转位。图 4-29（b）所示为经过优化设计获得的双曲柄槽轮机构与普通槽轮机构的角速度变化曲线的对照。其中横坐标 α 是槽轮动程时的转角，纵坐标 i 是从动槽轮与其主动件的角速度比。可以看出，经过串联组合的槽轮机构的运动与动力特性有了很大改善。

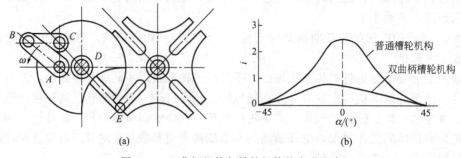

(a)　　　　　　　　　　(b)

图 4-29　双曲柄机构与槽轮机构的串联组合

　　工程中应用的原动机大都采用转速较高的电动机或内燃机，而后置机构一般要求转速较低。为实现后置机构的低速或变速的工作要求，前置机构经常采用齿轮机构与齿轮机构〔见图 4-30(a)〕、V 带传动机构与齿轮机构〔见图 4-30(b)〕、齿轮机构与链传动机构〔见图 4-30(c)〕等进行串联组合，以实现后置机构的速度变换。

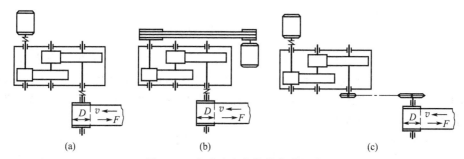

图 4-30　实现速度变换的串联组合

　　图 4-31 所示为一个具有间歇运动特性的连杆机构串联组合。前置机构为曲柄摇杆机构 OABD，其中连杆 E 点的轨迹为图中虚线所示。后置机构是一个具有两个自由度的五杆机构 BDEF。因连接点设在连杆的 E 点上，所以当 E 点运动轨迹为直线时，输出构件将实现停歇；当 E 点运动轨迹为曲线时，输出构件再摆动，则实现了工作要求的特殊运动规律。

　　图 4-32 所示家用缝纫机的驱动装置为连杆机构和带传动机构的串联组合，实现了将摆动转换成转动的运动要求。

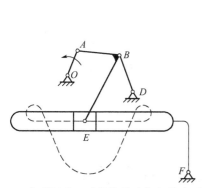

图 4-31　实现间歇运动特性的连杆机构串联组合

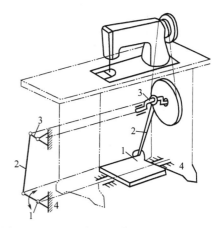

图 4-32　连杆机构和带传动机构的串联组合

　　② 并联组合。并联组合是指两个或多个基本机构并列布置，运动并行传递。机构的并联组合可实现机构的平衡，改善机构的动力特性，或完成复杂的需要互相配合的动作和运动。如图 4-33 所示，并联组合的类型有并列式〔见图 4-33(a)〕、时序式〔见图 4-33(b)〕和合成式〔见图 4-33(c)〕。

　　a. 并列式并联组合要求两个并联的基本机构的类型、尺寸相同，对称布置。它主要用于改善机构的受力状态、动力特性、自身的动平衡、运动中的死点位置以及输出运动的可靠性等问题。并联的两个基本机构常采用连杆机构或齿轮机构，它们输入或输出构件一般是两个基本机构共用的。有时是在机构串联组合的基础上再进行并联式组合。

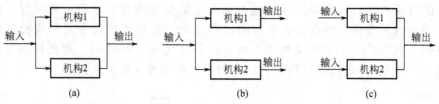

图 4-33　并联组合机构的类型

图 4-34 所示是活塞机的齿轮连杆机构，其中两个尺寸相同的曲柄滑块机构 *ABE* 和 *CDE* 并联组合，同时与齿轮机构串联。*AB* 和 *CD* 与气缸的轴线夹角相等，并且对称布置。齿轮转动时，活塞沿气缸内壁往复移动。若机构中两齿轮与两个连杆的质量相同，则气缸壁上将不会受到因构件的惯性力而引起的动压力。

图 4-35 所示为一压力机的螺旋连杆机构，其中两个尺寸相同的双滑块机构 *ABP* 和 *CBP* 并联组合，并且两个滑块同时与输入构件 1 组成导程相同、旋向相反的螺旋副。构件 1 输入转动，使滑块 *A* 和 *C* 同时向内或向外移动，从而使构件 2 沿导路 *P* 上下移动，完成加压功能。由于并联组合，使滑块 2 沿导路移动时滑块与导路之间几乎没有摩擦阻力。

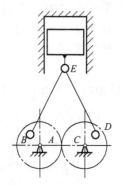

图 4-34　活塞机的齿轮连杆机构的并联组合

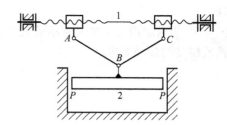

图 4-35　螺旋连杆机构的并联组合

图 4-36 为铁路机车车轮，利用错位排列的两套曲柄滑块机构使车轮通过死点位置。

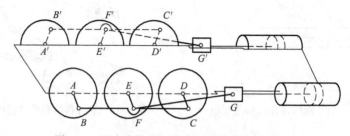

图 4-36　机车车轮的两套曲柄滑块机构并联组合

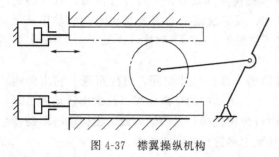

图 4-37　襟翼操纵机构

图 4-37 所示为某飞机上采用的襟翼操纵机构。它是由两个齿轮齿条机构并列组合而成，用两个直移电动机驱动。这种机构的特点是：两台电动机共同控制襟翼，襟翼的运动反应速度快，而且如果一台电动机发生故障，另一台电动机可以单独驱动（这时襟翼摆动速度减半），这样就增大了操纵系统的安

全程度，即增强了输出运动的可靠性。

b. 时序式并联组合要求输出的运动或动作严格符合一定的时序关系。它一般是同一个输入构件，通过两个基本机构的并联，分解成两个不同输出，并且这两个输出运动具有一定的运动或动作的协调。这种并联组合机构可实现机构的惯性力完全平衡或部分平衡，还可实现运动分流。

图 4-38 所示为两个曲柄滑块机构的并联组合，把两个机构曲柄连接在一起，成为共同的输入构件，两个滑块各自输出往复移动。这种采用相同结构对称布置的方法，可使机构总惯性力和惯性力矩达到完全平衡，从而提高连杆的强度和抗震性。

图 4-39 所示为某种冲压机构，齿轮机构先与凸轮机构串联，凸轮左侧驱动一摆杆，带动送料推杆；凸轮右侧驱动连杆，带动冲压头（滑块），实现冲压动作。两条驱动路线分别实现送料和冲压，动作协调配合，共同完成工作。

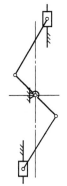 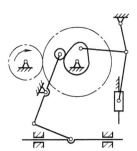

图 4-38　曲柄滑块机构并联组合　　　　图 4-39　冲压机构中的并联组合

图 4-40 所示的双滑块驱动机构为摇杆滑块机构与反凸轮机构并联组合。共同的原动件是作往复摆动的摇杆 1，一个从动件是大滑块 2，另一个从动件是小滑块 4。两滑块运动规律不同。工作时，大滑块在右端位置先接受工件，然后左移，再由小滑块将工件推出。需进行运动的综合设计，使两滑块的动作协调配合。

图 4-41 所示为一冲压机构，该机构是移动从动件盘形凸轮机构与摆动从动件盘形凸轮机构的并联组合。共同的原动件是凸轮 1，凸轮 1 上有等距槽，通过滚子带动推杆 2，靠凸轮 1 的外轮廓带动摆杆 3。工作时，推杆 2 负责输送工件，滑块 5 完成冲压。

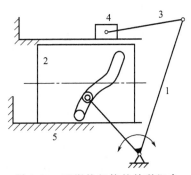 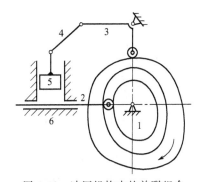

图 4-40　双滑块机构的并联组合　　　　图 4-41　冲压机构中的并联组合

c. 合成式并联组合是将并联的两个基本机构的运动最终合成，完成较复杂的运动规律或轨迹要求。两个基本机构可以是不同类型的机构，也可以是相同类型的机构。其工作原理是两基本机构的输出运动互相影响和作用，产生新的运动规律或轨迹，以满足机构的工作要求。

图 4-42 所示为一大筛机构，原动件分别为曲柄 1 和凸轮 7，基本机构为连杆机构和凸轮机构，两机构并联，合成生成滑块 6（大筛）的输出运动。

图 4-43 所示为钉扣机的针杆传动机构，由曲柄滑块机构和摆动导杆机构并联组合而成。原动件分别为曲柄 1 和曲柄 6，从动件为针杆 3，可以实现平面复杂运动，以完成钉扣动作。设计时两个主动件一定要配合协调。

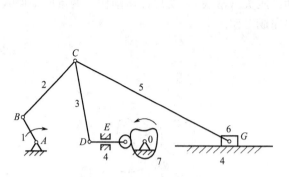

图 4-42　大筛机构中的并联组合

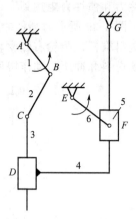

图 4-43　针杆机构中的并联组合

图 4-44 所示为缝纫机送布机构，原动件分别为凸轮 1 和摇杆 4，基本机构为凸轮机构和连杆机构，两机构并联，合成生成送布牙 3 的平面复合运动。

图 4-45 所示为小型压力机机构，由连杆机构和凸轮机构并联组合而成。齿轮 1 上固连偏心盘，通过偏心盘带动连杆 2、3、4；齿轮 6 上固连凸轮，通过凸轮带动滚子 5 和连杆 4，运动在连杆 4 上被合成，连杆 4 再带动压杆 8 完成输出动作。

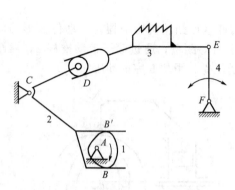

图 4-44　缝纫机送布机构中的并联组合

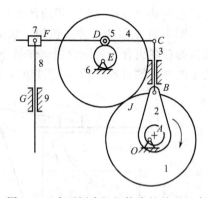

图 4-45　小型压力机机构中的并联组合

③ 叠加组合。机构叠加组合是指在一个基本机构的可动构件上再安装一个及以上基本机构的组合方式。把支撑其他机构的基本机构称为基础机构，安装在基础机构可动构件上的机构称为附加机构。

机构叠加组合有两种类型：一种是具有一个动力源的叠加组合［见图 4-46(a)］；另一种是具有两个及两个以上个动力源的叠加组合［见图 4-46(b)］。

图 4-46　叠加组合机构的类型

　　a. 具有一个动力源的叠加组合是指附加机构安装在基础机构的可动件上，附加机构的输出构件驱动基础机构运动的某个构件，同时也可以有自己的运动输出。动力源安装在附加机构上，由附加机构输入运动。具有一个动力源的叠加组合机构的典型应用有摇头电风扇和组合轮系（见图 4-47）。

　　b. 具有两个及两个以上动力源的叠加组合是指附加机构安装在基础机构的可动件上，再由设置在基础机构可动件上的动力源驱动附加机构运动。附加机构和基础机构分别有各自的动力源，或有各自的运动输入构件，最后由附加机构输出运动。进行多次叠加时，前一个机构即为后一个机构的基础机构。具有两个及两个以上动力源的叠加组合机构的典型应用有户外摄影车（见图 4-48）、机械手（见图 4-49）。

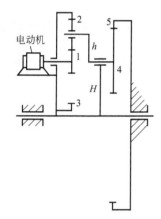

图 4-47　摇头电风扇机构中的叠加组合

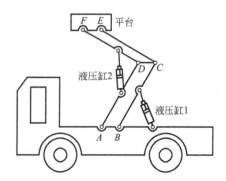

图 4-48　户外摄影车机构中的叠加组合

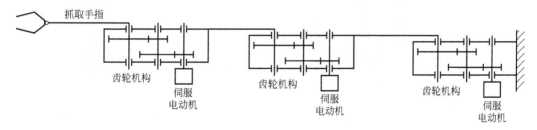

图 4-49　机械手机构中的叠加组合

　　机构的叠加组合为创建新机构提供了坚实的理论基础，特别是在要求实现复杂的运动和特殊的运动规律时，机构的叠加组合有巨大的创新潜力。

　　④ 混合组合。机构的混合组合是指联合使用上述组合方法。如串联组合后再并联组合，并联组合后再串联组合，串联组合后再叠加组合等。图 4-45～图 4-49 所示的机构中都存在着混合组合。

4.1.3　机械创新中几种常用的实用机构

在进行机构创新设计过程中，有一些实用机构对实际工程设计很有帮助，本节简要介绍其中常用的几种机构，如增力机构、增程机构、夹紧机构、自锁机构。

（1）增力机构

① 杠杆机构。利用杠杆机构是获得增力的最常见办法。如图 4-50 所示，当 $l_1 < l_2$ 时，用较小的 P 可得到较大的力 F。力的计算公式为

$$F = (l_2/l_1)/P$$

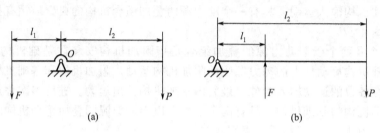

图 4-50　杠杆增力机构

图 4-51 所示下水道盖的开启工具就是杠杆机构的一种应用实例。人们日常生活中使用的剪子、钳子、扳手等工具也都利用了杠杆机构。

② 肘杆机构。图 4-52 所示是一个肘杆机构增力机构。F 与 P 的关系可根据平衡条件求出，即

$$F = P/2\tan\alpha$$

可见，当 P 一定时，随着滑块的下移，α 越小，获得的力 F 越大。

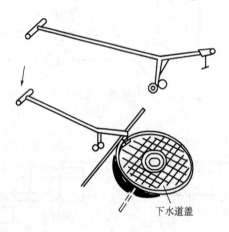

图 4-51　下水道盖的开启工具

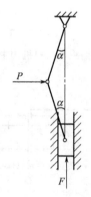

图 4-52　肘杆机构

③ 螺旋机构。利用螺旋机构可以在其轴向方向获得增力。如图 4-53 所示，若螺杆中径为 d_2，螺旋升角为 λ，当量摩擦角为 ρ_v，当在螺杆上施加扭矩 T，则在螺杆轴向产生推力 F，F 的计算式为

$$F = 2T/d_2\tan(\lambda + \rho_v)$$

螺旋千斤顶是典型的螺旋增力机构的应用，如图 4-54 所示。

除上述增力机构外，通常还可以利用斜面、楔面、滑轮和液压等方法实现增力。

图 4-53　螺旋机构

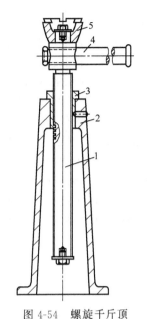

图 4-54　螺旋千斤顶

1—螺杆；2—底座；3—螺母；4—手柄；5—托杯

④ 二次增力机构。杠杆机构、肘杆机构、螺旋机构等通过组合能获得二次增力机构，增力效果更为显著。图 4-55 所示为杠杆二次增力机构，使杠杆效应二次放大。图 4-56 所示简易拔桩机利用肘杆（绳索）实现二次增力。

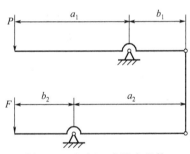

图 4-55　杠杆二次增力机构

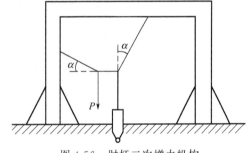

图 4-56　肘杆二次增力机构

图 4-57 所示为手动压力机，利用了杠杆机构和肘杆机构组合实现了二次增力。图 4-58 所示千斤顶则利用螺旋和肘杆实现二次增力。

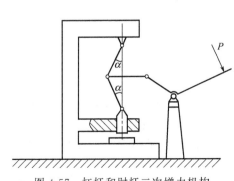

图 4-57　杠杆和肘杆二次增力机构

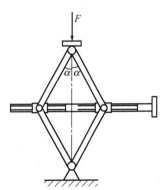

图 4-58　螺旋和肘杆二次增力机构

(2) 增程机构

增程机构分位移增程和转角增程两种。经常采用机构的串联组合来实现增程。机构中连杆机构、齿轮机构的应用比较多。

① 增加位移。图 4-59 所示的连杆齿轮机构中，曲柄滑块机构 OAB 与齿轮齿条机构串联组合。其中齿轮 5 空套在 B 点的销轴上，它与两个齿条同时啮合，在下面的齿条固定，在上面的齿条能做水平方向的移动。当曲柄 1 回转一周，滑块 3 的行程为 2 倍的曲柄长，而齿条 6 的行程又是滑块 3 的 2 倍。该机构用于印刷机械中。

图 4-60 所示为自动针织横机上导线用的连杆机构，因工艺要求实现大行程的往复移动，所以将曲柄摇杆机构 $ABCD$ 和摇杆滑块机构 DEG 串联组合，E 点的行程比 C 点的行程有所增大，则滑块 5 的行程可实现大行程往复移动的工作要求。调整摇杆 DE 的长度，可相应调整滑块的行程，因此，可根据工作行程的大小来确定 DE 的杆长。

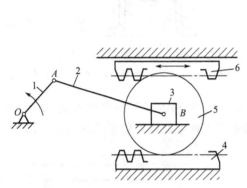

图 4-59 用于增程的连杆齿轮机构

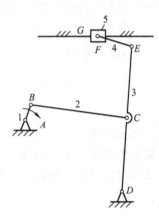

图 4-60 用于增程的连杆机构

图 4-61 所示的杠杆机构对于位移放大也是一种可行的简单机构，力臂长的一端垂直位移也大，常用于测量仪器。图 4-61（a）为正弦型（$y = l_1 \sin\alpha$）；图 4-61（b）为正切型（$y = l_1 \tan\alpha$）。

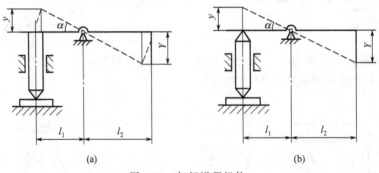

(a)　　　　　　　　　　(b)

图 4-61 杠杆增程机构

② 增加转角。很多测量仪器中常用齿轮机构来增加转角。如图 4-62 所示百分表的增程机构，为齿轮齿条机构和齿轮机构的串联组合。齿条（测头）移动，带动左边小、大齿轮转动，再把运动传递给指针所在的小齿轮。由于大齿轮的齿数是小齿轮齿数的 10 倍，因而指针的转角被放大了 10 倍，用于测量微小位移。

如图 4-63 所示的是香烟包装机中的推烟机构，为凸轮机构、齿轮机构和连杆机构串联组合而成。由于凸轮机构的摆杆行程较小，后面利用齿轮机构和连杆机构进行了两次运动放大。构件 2 为部分齿轮，相当于大齿数齿轮，而齿轮 3 的齿数较少，因而 2 和 3 组成的齿轮机构将转角进行了第一次放大；杆件 4 是一个杠杆，其上段比下段长，对位移实现了第二次放大。

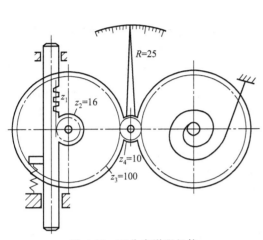

图 4-62　百分表增程机构

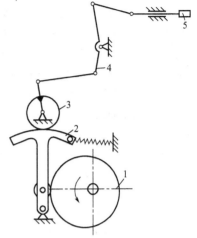

图 4-63　齿轮连杆增程机构

（3）夹紧机构

夹紧机构一般在机床装卡工件时使用，通常要求快速夹紧。图 4-64 所示为利用连杆机构的死点位置快速夹紧。图 4-65 所示为偏心凸轮快速夹紧机构。

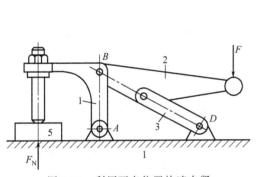

图 4-64　利用死点位置快速夹紧

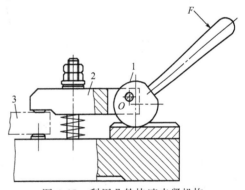

图 4-65　利用凸轮快速夹紧机构

图 4-66 所示为创新设计的三种双向快速夹紧夹具，它们操作简单，夹紧快速、方便。利用夹具各构件的运动关系，工件在一方向受力夹紧时，另一方向也同时夹紧，结构巧妙。

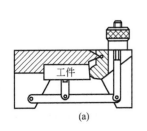

（a）

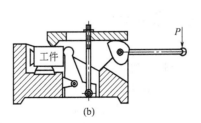

（b）

（c）

图 4-66　三种双向快速夹紧夹具

(4) 自锁机构

① 自锁螺旋机构。一些有安全性要求的机械装置中常需用到自锁机构，例如，满足自锁条件的螺旋千斤顶、蜗轮蜗杆起重机等。理论上，螺旋传动自锁条件为

$$\varphi \leqslant \rho_v$$

式中，φ 为螺旋升角；ρ_v 为当量摩擦角。

需要指出的是，滑动螺旋传动设计时不能按理论自锁条件来计算，如螺旋千斤顶、螺旋转椅等，因为当稍有转动，静摩擦系数变为动摩擦系数，摩擦系数降低很多，导致 $\varphi > \rho_v$，螺杆就会自行下降。为了安全起见，必须将量摩擦角减小一度，即应满足 $\varphi < \rho_v - 1°$。而取 $\varphi \approx \rho_v$ 是极不可靠的，也是不允许的。自锁螺旋机构的效率较低，可以通过理论证明，自锁螺旋传动的效率低于50%，因而，只有当设计中有自锁要求时，才设计成自锁螺旋，反之，则不必。

② 自锁连杆机构。连杆机构在设计适当时也可以自锁。图4-67所示的简易夹砖装置，为保持砖在装夹搬运过程中不掉下，在设计时应具有自锁特性，其自锁条件为

$$a \leqslant f(l-b)$$

式中，f 为砖夹与砖之间在接触处的摩擦系数。

图4-68所示为摆杆齿轮式自锁性抓取机构，该机构以汽缸为动力带送齿轮，从而带动手爪作开闭动作。当手爪闭合抓住工件，在图示位置时，工件对手爪的作用力 G 的方向线在手爪回转中心的外侧，故可实现自锁性夹紧。

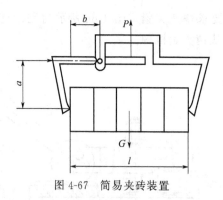

图 4-67　简易夹砖装置

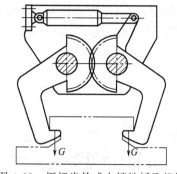

图 4-68　摆杆齿轮式自锁性抓取机构

除以上两种，少齿差大传动比轮系在反向运动时通常也会产生自锁，这类机构都是用于降速的，由于摩擦力问题，想反向驱动获得大传动比的增速几乎是不可能的。

为了安全可靠，有时即便是自锁的机构也可同时采用制动器或抱闸装置。

4.2　机械结构创新设计

4.2.1　机械结构设计的概念与步骤

(1) 机械结构设计的概念

机构设计、机构的演化与变异设计、机构的组合设计等设计成果要变成产品，还必须经过机械的结构设计，才能转换为供加工用的图样，所以机械结构设计的过程也充满着创新。机械结构设计就是将原理方案设计结构化，即把机构系统转化为机械实体系统，这一过程中需要确定结构中零件的形状、尺寸、材料、加工方法、装配方法等。一方面，原理方案设计

需要通过机械结构设计得以具体实现；另一方面，机械结构设计不但要使零部件的形状和尺寸满足原理方案的功能要求，还必须解决与零部件结构有关的力学、工艺、材料、装配、使用、美观、成本、安全和环保等一系列问题。

机械结构设计时，需要根据各种零部件的具体结构功能构造它们的形状，确定它们的位置、数量、连接方式等结构要素。在结构设计的过程中，设计者不但应该掌握各种机械零部件实现其功能的工作原理，提高其工作性能的方法与措施，以及常规的设计方法，还应该根据实际情况善于运用组合、分解、移植、变异、类比、联想等结构设计技巧，追求结构创新，才能更好地设计出具有市场竞争力的产品。

(2) 机械结构设计的步骤

机械结构设计是一个从抽象到具体、从粗略到精确的过程，它根据既定的原理方案，确定总体空间布局、选择材料和加工方法，通过计算确定尺寸、检查空间相容性，由主到次逐步进行结构的细化。另外，机械结构设计还具有多解性特征，因此需反复、交叉进行分析、计算和修改，寻求最好的设计方案，最后完成总体方案结构设计图。机械结构设计过程比较复杂，大致的设计步骤如下。

① 明确决定结构的要求及空间边界条件。决定结构的要求主要包括：a. 与尺寸有关的要求，如传动功率、流量、连接尺寸、工作高度等；b. 与结构布置有关的要求，如物料的流向、运动方位、零部件的运动分配等；c. 与确定材料有关的要求，如耐磨性、疲劳寿命、抗腐蚀能力等。空间边界条件主要包括装配限制范围、轴间距、轴的方位、最大外形尺寸等。

② 对主功能载体进行初步结构设计。主功能载体就是实现主功能的构件，如减速器的轴和齿轮、机车的主轴、内燃机的曲轴等。在结构设计时，应首先对主功能载体进行粗略构形，初步确定主要形状、尺寸，如轴的最小直径、齿轮直径、容器壁厚等，并按比例初步绘制结构设计草图。设计的结构方案可以是多个，要从功能要求出发，选出一种或几种较优的草案，以便进一步修改。

③ 对辅功能载体进行初步结构设计。主要对轴的支承、工件的夹紧装置、密封、润滑装置等进行初步设计，初步确定主要形状、尺寸，以保证主功能载体能顺利工作。设计中应尽可能利用标准件、通用件。

④ 对设计进行可行性和经济性的综合评价。从多个初步结构设计草案中选择满足功能要求、性能优良、结构简单、成本低的较优方案。必要时还可返回上两个步骤，修改初步结构设计。

⑤ 对主功能载体、辅功能载体进行详细结构设计。详细设计时，应遵循结构设计的基本要求，依据国家标准、规范，通过设计计算获得较精确的计算结果，完成细节设计。

⑥ 结构方案的完善和检查错误。消除综合评价时已发现的弱点，检查在功能、空间相容性等方面是否存在缺陷或干扰因素（如运动干扰），应注意零件的结构工艺性，如轴的圆角、倒角、铸件壁厚、拔模斜度、铸造圆角等，必要时对结构加以改进，并可采纳已放弃方案中的可用结构，通过优化的方法来进行绘制全部生产图纸（装配图、零件图）。

⑦ 完成总体结构设计方案图。绘制全部生产图纸（装配图、零件图）。结构设计的最终结果是总体结构设计方案图，它清楚地表达产品的结构形状、尺寸、位置关系、材料与热处理、数量等各要素和细节，体现了设计的意图。

4.2.2　结构元素的变异与演化

结构元素在形状、数量、位置等方面的变异可以适应不同的工作要求，或比原结构具有更好和更完善的功能。下面简述几种有代表性的结构元素变异与演化。

（1）杆状构件结构元素变异

① 适应运动副空间位置和数量的连杆结构。图 4-69 所示为一般连杆结构的几种形式。因运动副空间位置和数量不同，连杆的结构形状也随之产生变异。

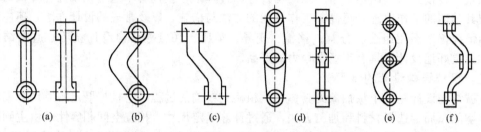

图 4-69　适应运动副空间位置和数量的连杆结构图

② 提高强度的连杆结构。当三个转动副同在一个杆件上且构成钝角三角形时，应尽量避免做成弯杆结构。图 4-70(a)、(b) 所示结构强度较差，图 4-70(c) 所示结构强度一般，图 4-70(d)、(e) 所示结构强度较好。

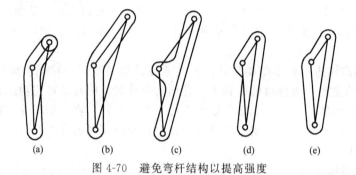

图 4-70　避免弯杆结构以提高强度

③ 提高抗弯刚度的连杆结构。杆件可采用圆形、矩形等截面形状，如图 4-71(a) 和图 4-69 所示，结构较简单。若需要提高构件的抗弯刚度，可将截面设计成工字形 ［见图 4-71(b)］、T 形 ［见图 4-71(c)］ 或 L 形 ［见图 4-71(d)］。

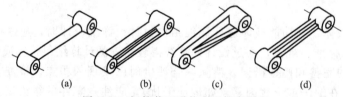

图 4-71　杆件截面形状利于提高刚度

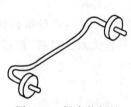

图 4-72　提高抗振性
的连杆结构

④ 提高抗振性的连杆结构。有些工作情况有频繁的冲击和振动，对杆件的损害较大，这种情况下图 4-70 所示的连杆结构抗振性不好。在满足强度要求的前提下，采用图 4-72 所示结构，杆细些且有一定弹性，能起到缓冲吸振的作用，可提高连杆的抗震性。

⑤ 便于装配的连杆结构。与曲轴中间轴颈连接的连杆必须采用剖分式结构，因为如果采用整体式连杆将是无法装配的。这种结构形式在内燃机、压缩机中经常采用。剖分式连杆的结构如图 4-73

所示，连杆体 1、连杆盖 4、螺栓 2 和螺母 3 等几个零件共同组成一个连杆。

⑥ 桁架式结构提高经济性和制造性。当构件较长或受力较大，采用整体式杆件不经济或制造困难时，可采用桁架式结构，如图 4-74 所示。桁架式结构不但提高了经济性和制造性，还节省了材料、减轻了重量。

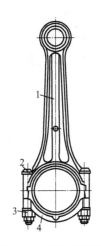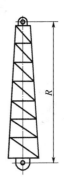

图 4-73　剖分式结构　　　　　　　　图 4-74　桁架式结构
1—连杆体；2—螺栓；3—螺母；4—连杆盖

(2) 螺纹紧固件结构元素变异

常用的螺纹紧固件有螺栓、螺钉、双头螺柱、螺母、垫圈等，如图 4-75 所示。在不同的应用场合，由于工作要求不同，这些零件的结构就必须变异出所需的结构形状。

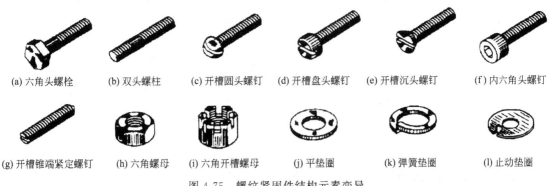

(a) 六角头螺栓　　(b) 双头螺柱　　(c) 开槽圆头螺钉　(d) 开槽盘头螺钉　(e) 开槽沉头螺钉　(f) 内六角头螺钉

(g) 开槽锥端紧定螺钉　(h) 六角螺母　　(i) 六角开槽螺母　　(j) 平垫圈　　(k) 弹簧垫圈　　(l) 止动垫圈

图 4-75　螺纹紧固件结构元素变异

六角头螺栓拧紧力能比较大，紧固性好，但需和螺母配用，且需一定扳手操作空间，因而所占空间大；圆头螺钉拧紧后露在外面的钉头比较美观；盘头螺钉可以用手拧，可作调整螺；沉头螺钉的头部能拧进被连接件表面，使被连接件表面光整；内六角螺钉比外六角螺钉头部所占空间小，拧紧所需操作空间也小，因而适合要求结构紧凑的场合；双头螺柱适合经常拆卸的场合；紧定螺钉用来确定零件相互位置和传力不大的场合；开槽螺母是用来防松的；平垫圈用来保护承压面；弹簧垫圈和止动垫圈都是用来防松的。

(3) 齿轮结构元素变异

齿轮的结构元素变异包括：齿轮的整体形状变异、轮齿的方向变异、齿廓形状变异。为传递不同空间位置的运动，齿轮整体形状可变异为圆柱形、圆锥形、齿条、蜗轮等；为实现两轴的变转速，齿轮整体形状可变异为非圆齿轮和不完全齿轮。为提高承载能力和平稳性，轮齿的方向可变异为直齿、斜齿、人字齿和曲齿等。为适应不同的传力性能，齿廓形状可变异为渐开线形、圆弧形、摆线形等。常见的齿轮结构见图 4-76。

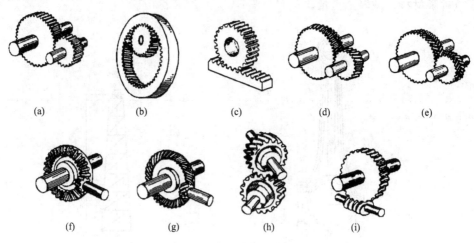

图 4-76　齿轮结构元素变异

(4) 棘轮结构元素变异

棘轮的结构元素变异如图 4-77 所示。图 4-77(a) 为最常见的不对称梯形齿形，齿面是沿径向线方向，其轮齿的非工作齿面可做成直线形或圆弧形，因此齿厚加大，使轮齿强度提高。图 4-77(b) 为棘轮常用的三角形齿，齿面沿径向线方向，其工作面的齿背无倾角。另外也有三角形齿形的齿面具有倾角 θ 的齿形，一般 $\theta = 15° \sim 20°$。三角形齿形非工作面可做成直线形 [见图 4-77(b)] 和圆弧形 [见图 4-77(c)]。图 4-77(d) 为矩形齿齿形。矩形齿齿形双向对称，同样对称的还有梯形齿齿形 [见图 4-77(e)]。

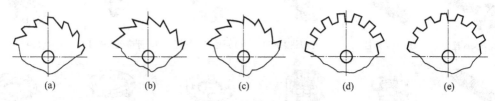

图 4-77　棘轮结构元素变异

设计棘轮机构在选择齿形时，要根据各种齿形的特点。单向驱动的棘轮机构一般采用不对称形齿，而不能选用对称形齿形。当棘轮机构承受载荷不大时，可采用三角形齿形。具有倾角的三角形齿形，工作时能使棘爪顺利进入棘齿齿槽且不容易脱出，机构工作更为可靠。双向式棘轮机构由于需双向驱动，因此常采用矩形或对称梯形齿齿形作为棘轮的齿形，而不能选用不对称形齿形。

(5) 轮毂连接结构元素变异

轴毂连接的主要结构形式是键连接。单键的结构形状有平键和半圆键等 [见图 4-78(a)、(b)]。平键通常是单键连接，但当传递的转矩不能满足载荷要求时需要增加键的数量，就变为双键连接。若进一步增加其工作能力就出现了花键 [见图 4-78(c)、(d)]。花键的形状有矩形、梯形、三角形，以及滚珠花键。将花键的形状继续变换，由明显的凸凹形状变换为不明显的，则就产生了无键连接，即成形连接 [见图 4-78(e)]。

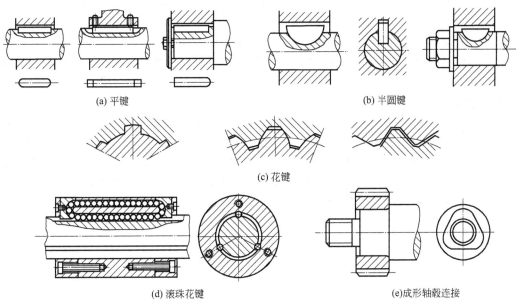

(a) 平键　　　　　　　　　　　　　　(b) 半圆键

(c) 花键

(d) 滚珠花键　　　　　　　　　　　(e)成形轴毂连接

图 4-78　键连接结构元素变异

　　(6) 滚动轴承结构元素变异

　　滚动轴承的一般结构如图 4-79 所示。图 4-79(a) 所示轴承滚动体为球形，图 4-79(b) 所示轴承滚动体为圆柱滚子。球形滚动体［见图 4-80(a)］便于制造，成本低，摩擦力小，但承载能力不如圆柱滚子［见图 4-80(b)］。根据工作要求，滚动体还可以变异为其他形式，如圆锥滚子［见图 4-80(c)］、鼓形滚子［见图 4-80(d)］和滚针［见图 4-80(e)］等。滚动体的数量随轴承规格不同而变异，在类型上有单排滚动体和双排滚动体的变异。

　　当滚动体的结构变异后，与其配合的保持架、内圈和外圈在形状、尺寸上也都将产生相应的变异。

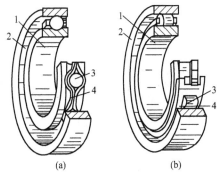

图 4-79　滚动轴承结构
1—内圈；2—外圈；3—滚动体；4—保持架

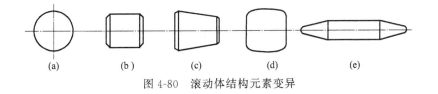

(a)　　　(b)　　　(c)　　　(d)　　　(e)

图 4-80　滚动体结构元素变异

4.2.3　机械结构创新设计的基本方法

　　在机械结构创新设计过程中，从功能准确、使用可靠、容易制造、简单方便、经济性高等角度出发，要充分考虑以下各方面的基本要求。

　　(1) 实现功能要求

　　机械结构设计就是将原理设计方案具体化，即构造一个能够满足功能要求的三维实体的零部件及其装配关系。概括地讲，各种零件的结构功能主要是承受载荷、传递运动和动力，以及保证或保持有关零部件之间相对位置或运动轨迹关系等。功能要求是结构设计的主要依据和必须满足的要求。设计时，除根据零件的一般功能进行设计外，通常可以通过零件的功能分解、功能组合、功能移植等技巧来完成机械零件的结构功能设计。主要设计方法如下。

① 零件功能分解。每个零件的每个部位都承担着不同的功能，具有不同的工作原理。若将零件的功能分解、细化，则会有利于提高其工作性能，有利于开发新功能，也使零件整体功能更趋于完善。

例如，螺钉的功能可分解为螺钉头、螺钉体、螺钉尾三个部分。如前所述，螺钉头的不同结构类型，分别适用于不同的拧紧工具和连接件表面结构要求。螺钉体有不同的螺纹牙形，如三角形螺纹（粗牙、细牙）、倒刺环纹螺纹等，分别适用于不同的连接紧固性。螺钉体除螺纹部分外，还有无螺纹部分。无螺纹部分也有制成细杆的，被称为柔性螺杆。柔性螺杆常用于冲击载荷，因为冲击载荷作用下这种螺杆将会提高疲劳强度，如发动机连杆的连接螺栓。为提高其疲劳寿命，可采用降低螺杆刚度的方法进行构型，例如，采用大柔度螺杆和空心螺杆，如图 4-81 所示。螺钉尾部带有倒角起到导向作用，带有平端、锥端、短圆柱端或球面等形状的尾部保护螺纹尾端不受碰伤与紧定可靠，还可设计成有自钻自攻功能的尾部结构，如图 4-82 所示。

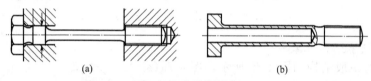

(a)　　　　　　　　　　　　　　　(b)

图 4-81　大柔度螺杆

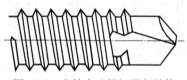

图 4-82　自钻自攻螺钉尾部结构

轴的功能可分解为：轴环与轴肩用于定位；轴身用于支撑轴上零件；轴颈用于安装轴承；轴头用于安装联轴器。

滚动轴承的功能可分解为：内圈与轴颈连接；外圈与座孔连接；滚动体实现滚动功能；保持架实现分离滚动体的功能。

齿轮的功能可分解为：轮齿部分的传动功能；轮体部分的支撑功能；轮毂部分的连接功能。

零件结构功能的分解内容是很丰富的，为获得更完善的零件功能，在结构设计时可尝试进行功能分解的方法，再通过联想、类比与移植等进行功能扩展或新功能的开发。

② 零件功能组合。零件功能组合是指一个零件可以实现多种功能，这样可以使整个机械系统更趋于简单化，简化制造过程，减少材料消耗，提高工作效率，是结构设计的一个重要途径。

零件功能组合一般是在零件原有功能的基础上增加新的功能，如前文提到的具有自钻自攻功能的螺纹尾（见图 4-82），将螺纹与钻头的结构组合在一起，使螺纹连接结构的加工和安装更为方便。图 4-83 所示为三合一功能的组合螺钉，它是外六角头、法兰和锯齿的组合，不仅实现了支撑功能，还可以提高连接强度，还能防止松动。

图 4-84 所示是用组合法设计的一种内六角花形、外六角与十字槽组合式的螺钉头，可以适用于三种扳拧工具，方便操作，提高了装配效率。

许多零件本身就有多种功能，例如，花键既具有静连接又具有动连接的功能；向心推力轴承既具有承受径向力又具有承受轴向力的功能。

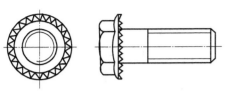

图 4-83　三合一结构的防松螺钉

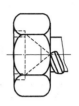

图 4-84　组合式螺钉头

③ 零件功能移植。零件功能移植是指相同的或相似的结构可实现完全不同的功能。例如，齿轮啮合常用于传动，如果将啮合功能移植到联轴器，则产生齿式联轴器。同样的还有滚子链联轴器。

齿的形状和功能还可以移植到螺纹连接的防松装置上，螺纹连接除借助于增加螺旋副预紧力而防松外，还常采用各种弹性垫圈。诸如波形弹性垫圈［见图 4-85(a)］、齿形锁紧垫圈［见图 4-85(b)］、锯齿锁紧垫圈［见图 4-85(c)、(d)］等，它们的工作原理一方面是依靠垫圈被压平产生弹力，弹力的增大又使结合面的摩擦力增大而起到防松作用；另一方面也靠齿嵌入被连接件而产生阻力防松。

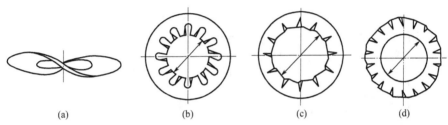

(a)　　　　　　(b)　　　　　　(c)　　　　　　(d)

图 4-85　波形弹性垫圈与带齿的弹性垫圈

(2) 满足使用要求

对于承受载荷的零件，为保证零件在规定的使用期限内正常地实现其功能，在结构设计中应使零部件的结构受力合理，降低应力，减小变形，减轻磨损，节省材料，以利于提高零件的强度、刚度和延长使用寿命。

① 受力合理。图 4-86 所示铸铁悬臂支架，其弯曲应力自受力点向左逐渐增大。图 4-86(a) 所示结构强度差；图 4-86(b) 所示结构虽然强度高，但不是等强度，浪费材料，增加重量；图 4-86(c) 所示为等强度结构，且复合铸铁材料的特点，铸铁抗压性能优于抗拉性能，故肋板应设置在承受压力一侧。

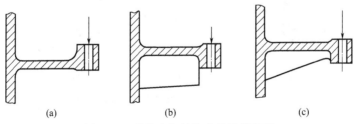

(a)　　　　　　　(b)　　　　　　　(c)

图 4-86　悬臂支架结构应尽量等强度

合理布置轴上零件能改善轴的受力情况。图 4-87 所示的转轴，动力由轮 1 输入，通过轮 2、3、4 输出。按图 4-87(a) 布置，轴所受的最大转矩为了 $T_{max} = T_2 + T_3 + T_4$；若按

图 4-87(b) 布置，将输入轮 1 的位置放置在输出轮 2 和 3 之间，则轴所受的转矩 T_{max} 将减小为 $T_3 + T_4$。因此，图 4-87(b) 的布置方案更合理。

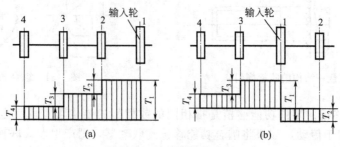

图 4-87　轴上零件的布置

图 4-88(a) 所示双级斜齿圆柱齿轮减速器的中间轴上两斜齿轮螺旋线方向相反，则两轮轴向力方向相同，将使中间轴右端的轴承受力较大，螺旋线方向不合理。欲使中间轴 Ⅱ 两端轴承受力较小，应使中间轴上两齿轮的轴向力方向相反，如图 4-88(b) 所示，由于中间轴上两个斜齿轮旋转方向相同，但一个为主动轮，另一个为从动轮，因此两斜齿轮的螺旋线方向应相同，才能使中间轴受力合理。

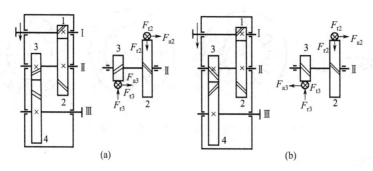

图 4-88　中间轴上的斜齿轮螺旋线方向的确定

② 降低应力。图 4-89 所示的结构中，从图 4-89(a) 到图 4-89(c) 的高副接触中综合曲率半径依次增大，接触应力依次减小，因此图 4-89(c) 所示结构有利于改善球面支承的接触强度和刚度。

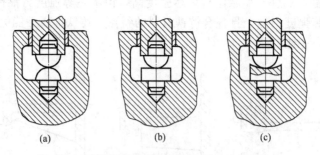

图 4-89　零件接触处综合曲率半径影响接触应力

如图 4-90 所示，若零件两部分交接处有直角转弯则会在该处产生较大的应力集中。设计时可将直角转弯改为斜面和圆弧过渡，这样可以减少应力集中，防止热裂等。图 4-90(a) 结构较差，图 4-90(b) 结构较合理。

如图 4-91 所示，在盘形凸轮类零件上开设键槽时，应特别注意选择开键槽的方位，禁止将键槽开在薄弱的方位上 [见图 4-91(a)]，而应开在较强的方位上 [见图 4-91(b)]，以避免应力集中，延长凸轮的使用寿命。

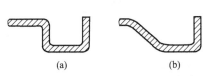

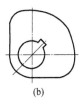

图 4-90　应避免较大应力集中　　　　　图 4-91　盘形凸轮上的键槽位置

③ 减小变形。用螺栓连接时，连接部分可有不同的形式，如图 4-92 所示。其中图 4-92(a) 的结构简单，但局部刚度差，为提高局部刚度减小变形，可采用图 4-92(b) 的结构形式。

图 4-93(a) 为龙门刨床床身，其中 V 形导轨处的局部刚度低，若改为如图 4-93(b) 所示的结构，即加一纵向肋板，则刚度得到提高，工作中受力时导轨处不容易发生变形，精度提高。

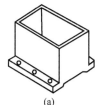
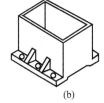
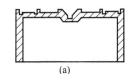
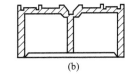

图 4-92　提高螺栓连接处局部刚度　　　　图 4-93　提高导轨连接处局部刚度

图 4-94 所示为减速器地脚底座，用螺栓将底座固定在基础上。图 4-94(a) 所示地脚底座局部刚度不足。设计时应保证底座凸缘有足够的刚度。因此，图 4-94(b) 中相关尺寸 C_1、C_2、B、H 等应按设计手册荐用值选取，不可随意确定。

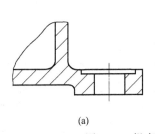
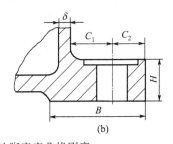

图 4-94　提高地脚底座凸缘刚度

④ 减轻磨损。对高速、轻载及精度不高的齿轮传动，为了降低噪声，常用非金属材料，如夹布塑胶、尼龙等做小齿轮，由于非金属材料的导热性差，与其啮合的大齿轮仍用钢和铸铁制造，以利于散热。为了不使小齿轮在运行过程中发生阶梯磨损 [见图 4-95(a)]，小齿轮的齿宽应比大齿轮的齿宽小些 [见图 4-95(b)]，以免在小齿轮上磨出凹痕。

图 4-96 所示的滑动轴承，当轴的止推环外径小于轴承止推面外径时 [见图 4-96(a)]，会造成较软的轴承合金层上出现阶梯磨损，应尽量避免，改成图 4-96(b) 的结构好些。原则上设计的尺寸应使磨损多的一侧全面磨损，但在有的情况下，由于事实上不可避

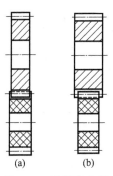

图 4-95　避免非金属材料齿轮阶梯磨损

免双方都受磨损，最好是能够避免修配困难的一方（如轴的止推环）出现阶梯磨损 [见图 4-96(c)]，图 4-96(d) 所示较为合理。

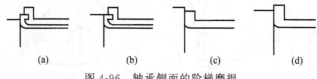

图 4-96　轴承侧面的阶梯磨损

非液体摩擦润滑止推轴承的外侧和中心部分滑动速度不同，止推面中心部位的线速度远低于外边，磨损很不均匀，若轴颈与轴承的止推面全部接触 [见图 4-97(a)、(b)]，则工作一段时间后，中部会较外部凸起，轴承中心部分润滑油更难进入，造成润滑条件恶化，工作性能下降，为此可将轴颈或轴承的中心部分切出凹坑 [见图 4-97(c)、(d)]，不仅使磨损趋于均匀，还改善了润滑条件。

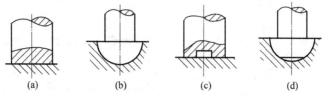

图 4-97　止推轴承与轴颈不宜全部接触

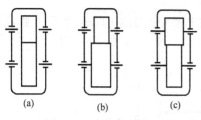

图 4-98　齿轮宽度的选取

⑤ 节省材料。圆柱齿轮传动中一般要求小齿轮齿宽比大齿轮齿宽宽 5～10mm，以防止大、小齿轮因装配误差或工作中产生轴向错位时，导致啮合宽度减小而使强度降低。采用大、小齿轮宽度相等是错误的 [见图 4-98(a)]，大齿轮宽度比小齿轮宽的设计也是错误的 [见图 4-98(b)]，因为此方案虽然避免了装配或工作时因错位导致的强度降低，但因为大齿轮比小齿轮直径大，将大齿轮加宽浪费材料。图 4-98(c) 所示为正确结构，满足工作要求并节省材料。

对于大直径圆截面轴，做成空心环形截面能使轴在受弯矩时的正应力和受扭转时的切应力得到合理分布，使材料得到充分利用，如采用型材，则更能提高经济效益。如图 4-99 所示，解放牌汽车的传动轴 AB 在同等强度的条件下，空心轴的重量仅为实心轴重量的 1/3，节省大量材料，经济效益好。两种方案有关数据的对比见表 4-3。

表 4-3　汽车的传动轴方案对比

项目 \ 类型	空心轴	实心轴
材料	45 钢管	45 钢
外径/mm	90	53
壁厚/mm	2.5	—
强度	相同	
重量比	1：3	
结构性能	合理	不合理

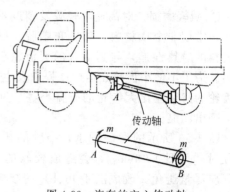

图 4-99　汽车的空心传动轴

对于传递较大功率的曲轴，也可采用中空结构，采用中空结构的曲轴不但可以节省材料、减轻重量、减小其旋转惯性力，还可以提高曲轴的疲劳强度。若采用图 4-100(a) 的实心结构，不但浪费材料，应力集中还比较严重，尤其是在曲柄与曲轴连接的两侧处，对曲轴承受疲劳交变载荷极为不利。图 4-100(b) 结构不但可使原应力集中区的应力分布均匀，使圆角过渡部分应力平坦化，而且有利于后续工艺热处理所引发的残余应力的消除，因此结构更为合理。

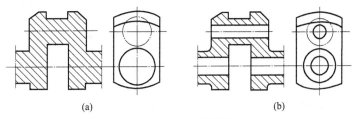

(a)　　　　　　　　　　　(b)

图 4-100　曲轴的结构

(3) 满足结构工艺性要求

组成机器的零件要能最经济地制造和装配，应具有良好的结构工艺性。机器的成本主要取决于材料和制造费用，因此工艺性与经济性是密切相关的。通常应考虑：①采用方便制造的结构；②便于装配和拆卸；③零件形状简单合理；④合理选用毛坯类型；⑤易于维护和修理等。

① 采用方便制造的结构。结构设计中，应力求使设计的零部件制造加工方便，材料损耗少、效率高、生产成本低、符合质量要求。在零件的形状变化并不影响其使用性能的条件下，在设计时应采用最容易加工的形状。图 4-101(a) 所示的凸缘不便于加工，图 4-101(b) 采用的是先加工成整圆，切去两边再加工两端圆弧的方法，便于加工。

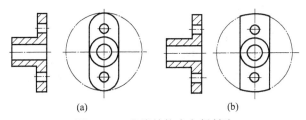

(a)　　　　　　　　　　　(b)

图 4-101　凸缘结构应方便制造

图 4-102(a) 所示陡峭弯曲结构的加工需特殊工具，成本高。另外，曲率半径过小易产生裂纹，在内侧面上还会出现皱折。改为图 4-102(b) 所示的平缓弯曲结构就要好一些。

考虑节约材料的冲压件结构，可以将零件设计成能相互嵌入的形状，这样既能不降低零件的性能，又可以节省很多材料。图 4-103(a) 的结构较差，图 4-103(b) 的结构较好。

(a)　　　　　　　　　(b)

图 4-102　弯曲结构应利于加工

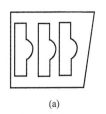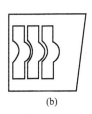

(a)　　　　　　　(b)

图 4-103　冲压件结构应考虑节约材料

图 4-104(a) 所示的零件采用整体锻造，加工余量大。修改设计后采用铸锻焊复合结构，将整体分为两部分，如图 4-104(b) 所示，下半部分为锻成的腔体，上半部分为铸钢制成的头部，将两者焊接成一个整体，可以将毛坯质量减轻一半，机加工量也减少了 40%。

如图 4-105 所示，为减少零件的加工量、提高配合精度，应尽量减少配合长度。如果必须要有很长的配合面，则可将孔的中间部分加大，这样中间部分就不必精密加工，加工方便，配合效果好。图 4-105(a) 的结构较差，图 4-105(b)、(c) 的结构较好。

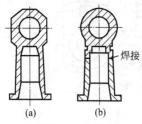

图 4-104 整体锻件改为铸锻焊结构更好

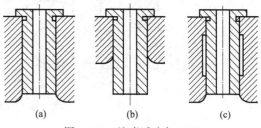

图 4-105 注意减小加工面

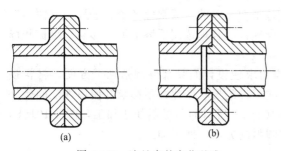

图 4-106 法兰盘的定位基准

② 便于装配和拆卸。加工好的零部件要经过装配才能成为完整的机器，装配质量对机器设备的运行有直接的影响。同时，考虑机器的维修和保养，零部件结构通常设计成方便拆卸的。

在结构设计时，应合理考虑装配单元，使零件得到正确安装。图 4-106(a) 所示的两个法兰盘用普通螺栓连接，无径向定位基准，装配时不能保证两孔的同轴度，而图 4-106(b) 中结构以相配合的圆柱面为定位基准，结构合理。

对配合零件应注意避免双重配合。图 4-107(a) 中零件 A 与零件 B 有两个端面配合，由于制造误差，不能保证零件 A 的正确位置，图 4-106 法兰盘的定位基准应采用图 4-107(b) 的合理结构。

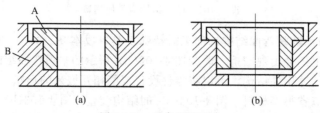

图 4-107 避免双重配合

如图 4-108(a) 所示的结构，在底座上有两个销钉，上盖上面有两个销孔，装配时难以观察销孔的对中情况，装配困难。如果改成如图 4-108(b) 所示的结构，把两个销钉设计成不同长度，装配时依次装入，就比较容易；或将销钉加长，设计成端部有锥度以便对准，如图 4-108(c) 所示。

很多时候还要考虑零件的拆卸问题。在设计销钉定位结构时，必须考虑到销钉容易从销钉孔中拔出，因此就有了把销钉孔做成通孔的结构、带螺纹尾的销钉（有内螺纹或外螺纹

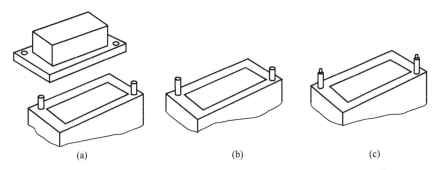

图 4-108　不易观察的销钉的装配

结构等。对不通孔，为避免孔中封入空气引起装拆困难，还应该有通气孔。图 4-109(a) 的结构较差，图 4-109(b) 的结构较好。

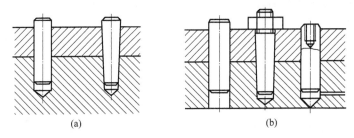

图 4-109　保证销钉容易装拆

密封圈安装的壳体上应有拆卸孔。图 4-110(a) 所示的密封圈安装进壳体上容易，但如果想拆卸下来却很困难。因此，密封圈安装的壳体上应钻有 $d_1 = 3 \sim 6\text{mm}$ 的小孔 3～4 个，以利于拆卸密封圈，拆卸孔有关尺寸如图 4-110(b) 所示。

③ 零件形状简单合理。结构设计往往经历着一个从简单到复杂，再由复杂到简单的过程。结合实际情况，化繁为简，体现精炼，降低成本，方便使用，一直是设计者所追求的。例如，塑料结构的强度较差，用螺纹连接塑料零件很容易损坏，并且加工制造和装配都比较麻烦。若充分利用塑料零件弹性变形量大的特点，使搭钩与凹槽实现连接，装配过程简单、准确、操作方便。图 4-111(a) 的结构较差，图 4-111(b) 的结构较好。

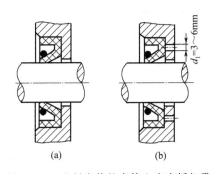

图 4-110　油封安装的壳体上应有拆卸孔

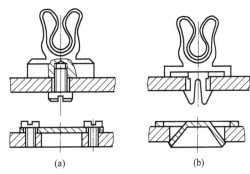

图 4-111　连接结构的简化

类似的简化连接结构还有很多。例如，图 4-112 所示的软管的卡子，图 4-112(a) 的螺栓连接结构改成图 4-112(b) 的弹性结构变得简单多了。

图 4-113(a) 所示的金属铰链结构，在载荷和变形不大时，改成用塑料制作可大大简化结构，如图 4-113(b) 所示。

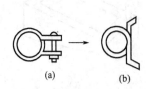

图 4-112　软管卡子的简化

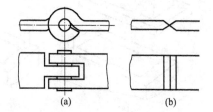

图 4-113　铰链结构的简化

图 4-114 所示为小轿车离合器踏板上固定和调节限位弹簧用的环孔螺钉。其工作要求是连接、传递拉力，并能实现调节与固定。图 4-114(a) 是通过车、铣、钻等加工过程形成的零件；图 4-114(b) 是用外购螺栓再进一步加工而成；图 4-114(c) 是外购地脚螺栓直接使用，其成本由 100% 降到 10%。

图 4-115 中用弹性板压入孔来代替原有老式设计的螺钉固定端盖，节省了加工装配时间。

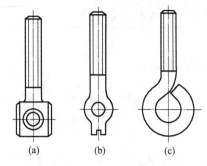

图 4-114　环孔螺钉的简化

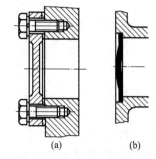

图 4-115　端盖的简化

图 4-116 所示为简单、容易拆装的吊钩结构。

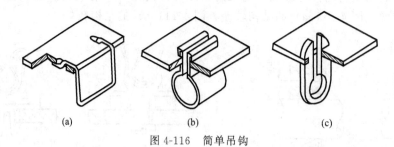

图 4-116　简单吊钩

(4) 人机学要求

在结构设计中必须考虑人机学方面的问题。机械结构的形状应适合人的生理和心理特点，使操作安全可靠、准确省力、简单方便，不易疲劳，有助于提高工作效率。此外，还应使产品结构造型美观，操作舒适，降低噪声，避免污染，有利于环境保护。

① 采用宜人结构。宜人结构是指机械设备的结构形状应该满足人的生理和心理要求，使得操作安全、准确、省力、简便、减轻操作的疲劳，提高工作效率。结构设计与构型时应

该考虑操作者的施力情况，避免操作者长期保持一种非自然状态下的姿势。图 4-117 所示为各种手工操作工具改进前后的结构形状。图 4-117(a) 的结构形状呆板，操作者长期使用时处于非自然状态，容易疲劳；图 4-117(b) 的结构形状柔和，操作者在使用时基本处于自然状态，长期使用也不易疲劳。

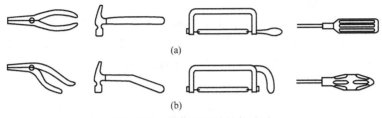

图 4-117　操作工具的结构改进

② 方便操作。操作者在操作机械设备或装置时需要用力，人处于不同姿势、不同方向、不同手段用力时发力能力差别很大。一般人的右手握力大于左手，握力与手的姿势和持续时间有关，当持续一段时间后握力明显下降。推拉力也与姿势有关，站姿前后推拉时，拉力要比推力大，站姿左右推拉时，推力大于拉力。脚力的大小也与姿势有关，一般坐姿时脚的推力大，当操作力超过 50~150N 时宜选脚力控制。用脚操作最好采用坐姿，坐椅要有靠背，脚踏板应设在坐椅前正中位置。

用手操作的手轮、手柄或杠杆外形应设计成使手握舒服，不滑动，且操作可靠，不容易出现操作错误。图 4-118 所示为旋钮的结构形状与尺寸的建议。

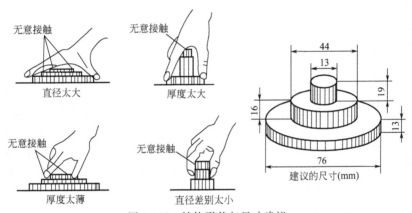

图 4-118　结构形状与尺寸建议

在进行结构创新设计时，还应该考虑其他方面的要求。如采用标准件和标准尺寸系列，有利于标准化；考虑零件材料性能特点，设计适合材料功能要求的零件结构；考虑防腐措施，可实现零件自我加强、自我保护和零件之间相互支持的结构设计；为节约材料和资源，使报废产品能够回收利用的结构设计等。

4.2.4　机械结构创新设计的发展方向

随着制造技术和计算机技术的发展，机械结构设计方法日趋先进，在传统基本结构设计基础之上，将不断结合现代化产品，利用先进方法和手段，引入创新思维，向着现代化和多维化的方向发展。机械结构的集成化设计、机械产品结构的模块化设计、仿生机械的结构设计和基于创新思维的机械结构设计等为机械结构设计开辟了广阔的发展前景。

（1）机械结构的集成化与创新设计

机械结构的集成化设计是指一个构件实现多个功能的结构设计。功能集成可以在零件原有功能的基础上增加新的功能，也可将不同功能的零件在结构上合并。图 4-119 所示是一种带轮与飞轮的集成功能零件，按带传动要求设计轮缘的带槽与直径，按飞轮转动惯量要求设计轮缘的宽度及其结构形状。

现代滚动轴承的设计中也体现了集成化的设计理念。如侧面带有防尘盖的深沟球轴承〔见图 4-120(a)〕、外圈带止动槽的深沟球轴承〔见图 4-120(b)〕、带法兰盘的圆柱滚子轴承〔见图 4-120(c)〕等。这些结构形式使支承结构更加简单、紧凑。

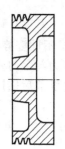

图 4-119　带轮与飞轮的集成功能零件

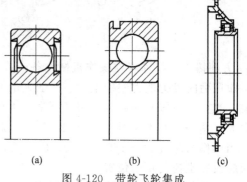

(a)　　　　　(b)　　　　　(c)

图 4-120　带轮飞轮集成

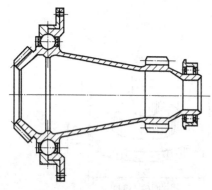

图 4-121　齿轮-轴-轴承的集成

图 4-121 所示是航空发动机中应用的将齿轮、轴承和轴集成的轴系结构。这种结构设计大大减轻了轴系的质量，并为系统的高可靠性要求提供了保障。

集成化设计具有突出的优点：①简化产品开发周期，降低开发成本；②提高系统性能和可靠性；③减轻重量，节约材料和成本；④减少零件数量，简化程序。其缺点是制造复杂，需要较高的制造水平作为技术支撑。机械零件的集成化设计不仅代表了未来机械设计的发展方向，而且在设计过程中具有非常大的创新空间。

（2）机械产品结构的模块化与创新设计

机械产品的模块化设计始于 20 世纪初。1920 年左右，模块化设计原理开始于机床的设计中。目前，模块化设计的思想已经渗透到许多领域，如机床、减速器、家电、计算机等。模块是指一组具有同一功能和接合要素（指连接部位的形状、尺寸、连接件间的配合或啮合等），但性能、规格或结构不同却能互换的单元。模块化设计是在对产品进行市场预测、功能分析的基础上，划分并设计出一系列通用的功能模块，根据用户的要求，对这些模块进行选择和组合，就可以构成不同功能，或功能相同但性能不同、规格不同的产品。这种设计方法称为模块化设计。

图 4-122 所示为数控车床和加工中心的模块化设计的例子。以少数几类基本模块部件，如床身、主轴箱和刀架等为基础，可以组成多种形式的不同规格、性能、用途和功能的数控车床或加工中心。例如，用图 4-122 中双点划线所示不同长度的床身可组成不同规格的数控车床或加工中心；应用不同主轴箱和带有动力刀座的转塔刀架可构成具有车铣复合加工用途

的加工中心；配置高转速主轴箱和大功率的主轴电动机可实现高速性能；安装上料装置的模块则可使该类数控机床增加自动输送棒料加工的功能。除机床行业外，其他机械产品也逐渐趋向于模块化设计。例如，德国弗兰德厂（FLENDER）开发的模块化减速器系列和西门子公司用模块化原理设计的工业汽轮机。目前，国外已有由关节模块、连杆模块等模块化装配的机器人产品问世。

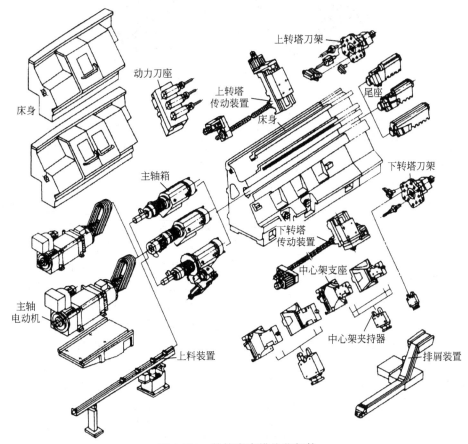

图 4-122 数控车床模块化部件

模块化设计的优点表现在：①为产品的市场竞争提供了有力手段；②有利于开发新技术；③有利于组织大量生产；④提高了产品的可靠性；⑤提高了产品的可维修性；⑥利于建立分布式组织机构并进行分布式控制。不同模块的组合，为设计新产品提供了良好的前景。模块化设计提高了产品质量，缩短了设计周期，是机械设计的发展方向，机械结构设计作为模块化设计的重要组成部分，必将大有发展空间。

（3）仿生机械结构与创新设计

仿生机械学主要是从机械学的角度出发，研究生物体的结构、运动与力学特性，然后设计出类生物体的机械装置的学科。当前，仿生机械学主要研究内容有拟人型机械手、步行机、假肢以及模仿鸟类、昆虫和鱼类等生物的机械。仿生机械大多是机电一体化产品，在机构运动原理上较多采用空间开式运动链，运动复杂的仿生机械往往自由度较高，机械结构也更复杂。仿生机械在结构上大量采用杆状构件和回转副结构，也广泛采用齿轮、带、链、轴、轴承及其他常用机械零部件。图 4-123 所示为 Strider 爬壁机器人的结构简图。

基于人类对自然界中生物所具有的非凡特性的羡慕和好奇，仿生机械的发展使人类不断

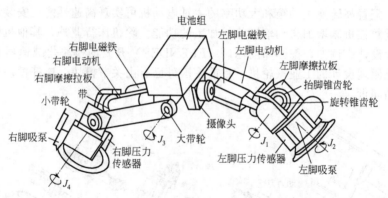

图 4-123　Strider 机构

实现着各种梦想，如飞机的发展使人们能像鸟儿一样在天上飞，潜艇使人类能像鱼一样深入海底，排雷机器人能代替我们完成危险的工作，但仿生机械的发展应该还有很多未知的领域等待人们去研究，伴随着的仿生机械结构设计也将任重而道远。

　　(4) 基于创新思维和方法的机械结构创新设计

　　随着近年来创新学的研究和发展，运用创新思维和创新方法，将工程知识与创新学原理相结合，进行机械结构创新设计成为机械结构设计未来发展的又一方向。创新思维与创新方法对设计新产品和新结构十分有效，如前面所说的仿生机械就是用类比法设计出各类机器人、各类仿生爬行器、飞行器等；图 4-124 所示是用组合法设计的一种集四种功能为一体的厨用工具，最左边的尖角用于挖土豆等的坑窝，左边的刃口用于削皮，中间凸起的半圆孔用于插丝，最右边的波浪形刃口用于切

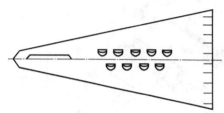

图 4-124　利用组合原理设计的厨用工具

波浪形蔬菜丝，一物多用，方便操作，提高效率；图 4-125所示是美国通用汽车公司设计的双稳态闭合门（美国专利 3541370 号），采用了换元法用挤压丙烯替代机械装置制成弹簧压紧装置，比一般金属零件组成的结构更为简单、方便，易于维护。

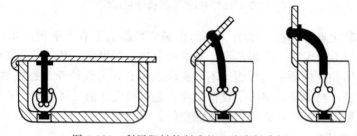

图 4-125　利用塑料件制成的双稳态闭合门

　　创新思维与创新方法都是机械结构设计的辅助工具，但只有在熟练掌握机械工程知识和机械结构设计基本方法的条件下，再灵活运用各种创新思维与创新方法，才能在实际工作中设计出更新、更完善的机械结构。

4.2.5　机械创新设计的实例

　　抓斗是重型机械的一种取物装置，主要用来就地装卸大量散粒物料，用于港口、车

站、矿山和林场等处。目前使用的一些抓斗，还不能完全满足装卸要求，长撑杆双颚板抓斗虽应用广泛，但由于其具有闭合结束时闭合力呈减小趋势的致命弱点，影响抓取效果。其他类型的抓斗虽有使用，但不很普及，也存在各自的缺点，故市场上迫切需要有一种装卸效率高、作业快、功能全、适用广的散货抓斗。本例从设计方法学和创造学的角度出发，通过对抓斗的功能分析，确定可变元素，列出形态矩阵表，组合出多种抓斗原理方案，通过评价择优，从而得出符合设计要求的原理方案，为设计人员提供抓斗原理方案设计的新思路。

在分析调查的基础上，运用缺点列举法、希望点列举法等创新技法，制定出的抓斗开发设计任务书见表 4-4。

表 4-4　抓斗开发设计任务书

要　求	内　容
1. 功能方面	①抓取性能好，有较大的抓取力 ②装卸效率高 ③装卸性能好，空中任一位置颚板可闭合、打开 ④闭合性能好，能防散漏 ⑤适用范围广，既可抓小颗粒物料，也可抓大颗粒物料
2. 结构方面	①结构新颖 ②结构简单、紧凑
3. 材料方面	①材料耐磨性好 ②价格便宜
4. 人机工程方面	操作方便，造型美观
5. 经济、使用安全等方面	①尽量能在各种起重机、挖掘机上配套使用 ②维护、安装方便，工作可靠，使用安全 ③总成本低廉

运用反求工程设计方法，对起重机一般取物装置作反求分析，可得起重机功能树如图 4-126 所示。

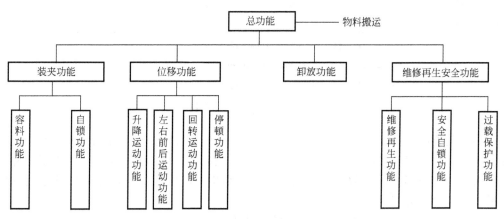

图 4-126　起重机功能树

由现有抓斗可知，抓斗的主要特点是鄂板运动，结合设计任务书，可得抓斗的功能树，如图 4-127 所示。

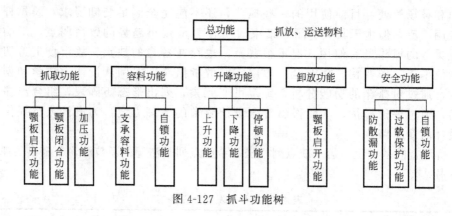

图 4-127　抓斗功能树

抓斗的功能结构图如图 4-128 所示。所谓功能结构图是一种图形，它包括了对系统的输入及输出的适当描述，为实现其总功能所具有的分功能和功能元以及它们之间的顺序关系。

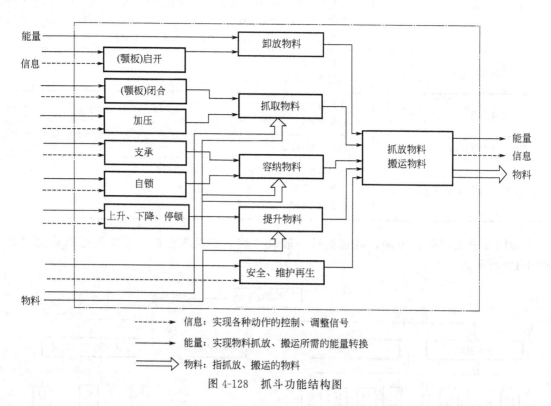

图 4-128　抓斗功能结构图

确定了功能结构图，也就明确了为实现其总功能所具有的分功能和功能元以及它们之间的相互关系，利于寻找实现分功能和功能元的作用效应。按设计方法学理论，如果一种作用效应能实现两个或两个以上的分功能或功能元，则机构将大为简化，运用反求工程设计方法，确定抓斗可变元素为：

A——能实现支承、容料和启闭运动的原理机构。

B——能完成启闭动作、加压、自锁的动力装置（即动力源形式）。

运用各种创新技法，对可变元素进行变换（即寻找作用效应），建立形态矩阵表（见表 4-5）。

表 4-5　抓斗原理方案形态矩阵表

可变元素	变 体					
	单(多)铰链杆	连杆机构	杠杆机构	螺杆机构	齿轮齿条机构	其他
颚板启闭机构 A（平面图）	A_1	A_2	A_3	A_4	A_5	…
（启闭、加压、自锁）动力源形式	绳索—滑轮 B_1	电力机构 B_2 螺杆传动 B_{21} ｜ 齿轮传动 B_{22}	液压 B_3	气压 B_4	…	

理论上表中任意两个元素的组合就形成了一种抓斗的工作原理方案。尽管可变元素只有 A、B 两个，但理论上可以组合出 $5 \times 5 = 25$ 种原理方案，其中包括明显不能组合在一起的方案。经分析得出明显不能组合在一起的方案有：A_2B_{22}、A_4B_1、A_4B_{22}、A_4B_3、A_4B_4、A_5B_1、A_5B_{21}、A_5B_3、A_5B_4，把这些方案排除，剩下 16 种方案，而常见的一些抓斗工作原理方案基本包含在这 16 种方案内，如 A_1、B_1 组合，就是耙集式抓斗的工作原理方案。除此之外，这 16 种方案中包含了一些创新型的抓斗。

方案评价过程是一个方案优化的过程，希望所设计的方案能最好地体现任务书的要求，并将缺点消除在萌芽状态，为此从抓斗原理方案形态矩阵表中抽象出抓斗的评价准则为：

A——抓取力大，适应难抓物料。

B——可在空中任一位置启闭。

C——装卸效率高。

D——技术先进。

E——结构易实现。

F——经济性好，安全可靠。

根据这六项评价准则，对抓斗可行原理方案进行初步评价，其评价表见表 4-6。

表 4-6　抓斗可行原理方案初步评价表

抓斗方案	评价准则						评判意见
	A	B	C	D	E	F	
A_1B_1 耙集式抓斗	×	√	×	√	√	√	
A_1B_4	√	√	√	√	√	√	√
A_2B_1 长撑杆抓斗	×	√	×	√	√	×	
A_1B_{21}	√	√	×	√	√	×	
A_1B_3	√	√	√	√	√	√	√
A_2B_3	√	√	√	√	√	√	√
A_2B_4	√	√	√	√	√	√	
A_3B_1	√	√	×	√	√	√	

抓斗方案	评价准则						评判意见
	A	B	C	D	E	F	
A_3B_{21}	√	√	×	√	√	×	
A_3B_{22}	√	√	×	?	√	×	
A_3B_3	√	√	√	√	√	√	√
A_3B_4	√	√	√	√	√	√	√
A_4B_{21}	√	√	×	√	√	×	
A_5B_{22}	√	√	×	√	√	×	
A_1B_{21}	√	√	×	√	√	√	
A_1B_{22}	√	√	?	?	√	×	

注:"√"表示能实现或能满足准则要求;"×"表示不满足或不能实现准则要求;"?"表示信息量不足,待查。

从表4-6中可知,能满足六项准则的有6种方案:A_1B_3、A_1B_4、A_2B_3、A_2B_4、A_3B_3、A_3B_4。为了进一步缩小搜索范围,在确定最佳原理方案之前,应及时进行全面的技术经济评价和决策。研究这6种初步评价获得的可行方案后发现:为了实现装卸效率较高,动力源形式可选择液压或气压。为了进一步筛选取优,在此可以对液压和气压动力源作比较,见表4-7。

表 4-7 动力源采用液压和气压的抓斗性能比较表

比较内容	气动	液动	比较内容	气动	液动
输出力	中	大	同功率下结构	较庞大	紧凑
动作速度	快	中	对环境温度适应性	较强	较强
响应性	小	大	对湿度适应性	强	强
控制装置构成	简单	较复杂	抗粉尘性	强	强
速度调节	较难	较易	能否进行复杂控制	普通	较优
维修再生	容易	较难			

由表4-7比较可知,液压传动相比气压传动具有明显的优点,液压传动的抓斗输出力大、结构紧凑、重量轻、调速性能好、运转平稳可靠、能自行润滑、易实现复杂控制。气压传动明显的优点是:结构简单、使用维护方便、成本低、工作寿命长、工作介质的传输简单且易获得。

对于抓斗的设计,要求抓取能力强、重量轻、结构紧凑、经济性好、维护方便。通过分析比较,权衡利弊,选择液压传动作为控制动力源更好。经过筛选后,剩下三种方案,即A_1B_3、A_2B_3、A_3B_3。将这三种方案进行初步构思,并画出其简图,如图4-129所示。

A_1B_3组合:为液压双颚板或多颚板抓斗,需两个或两个以上液压缸。

A_2B_3组合:为液压长撑杆双颚板或多颚板抓斗,只需一个液压缸。

A_3B_3组合:为液压剪式抓斗,需两个液压缸。

通过以上的分析,经过评价筛选确定了这三种抓斗原理方案。针对这三种方案,对照设计任务书作进一步的定性分析,其性能比较见表4-8。

表 4-8 A_1B_3、A_2B_3、A_3B_3性能比较表

项目	抓取性能	闭合性能	适用范围	液压缸行程	结构复杂程度
A_1B_3	好	好	广	较小	较复杂(两个以上液压缸)
A_2B_3	好	差	一般	较小	简单(一个液压缸)
A_3B_3	好	好	一般	大	一般(两个液压缸)

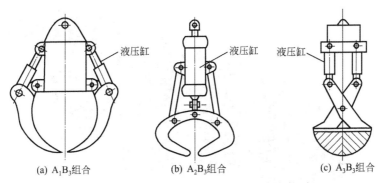

(a) A_1B_3组合　　　　(b) A_2B_3组合　　　　(c) A_3B_3组合

图 4-129　A_1B_3、A_2B_3、A_3B_3三种方案简图

从表 4-8 中得出：A_1B_3 能较好地满足设计要求，其不足之处是结构稍复杂；A_2B_3 无法防止散漏这一至关重要的性能要求；A_3B_3 液压缸行程大，这在技术上很难实现，故最后确定 A_1B_3 为最佳原理设计方案。

以上利用设计方法学和创造学原理，对抓斗设计中的原理方案创新进行了研究，在设计过程中还应注意以下几点：

① 评价过程中应充分利用集体智慧，提高评价准确性，在定性分析方法无法得出结论时，可用加权的方法进行定量分析。

② 一次次地比较筛选，实际上是在逐步寻找薄弱环节，是一个不断优化的过程。

③ 在最佳原理方案确定之后的设计中，也应充分运用设计方法学和创造学的基本原理进行创新设计。比如，在抓斗的结构设计中，要充分发挥设计人员的创造性，确定结构设计中的可变元素，对可变元素进行变化，从而创新设计出最佳结构。

4.3　机械创新与结构创新设计案例

4.3.1　传送装置创新方案设计

(1) 传送装置概述

17 世纪中，美国开始应用架空索道传送散状物料；19 世纪中叶，各种现代结构的传送带输送机相继出现。1868 年，在英国出现了皮带式输送机；1887 年，在美国出现了螺旋输送机；1905 年，在瑞士出现了钢带式输送机；1906 年，在英国和德国出现了惯性输送机。此后，传送带输送机受到机械制造、电机、化工和冶金工业技术进步的影响，不断完善，逐步由完成车间内部的传送，发展到完成在企业内部、企业之间甚至城市之间的物料搬运，成为物料搬运系统机械化和自动化不可缺少的组成部分。图 4-130 为传统传送带。

具有牵引件的传送带一般包括牵引件、承载构件、驱动装置、张紧装置、改向装置和支承件等。牵引件用以传递牵引力，可采用输送带、牵引链或钢丝绳；承载构件用以承放物料，有料斗、托架或吊具等；驱动装置给输送机以动力，一般由电动机、减速器和制动器（停止器）等组成；张紧装置一般有螺杆式和重锤式两种，可使牵引件保持一定的张力和垂度，以保证传送带正常运转；支承件用以承托牵引件或承载构件，可采用托辊、滚轮等。

这类的传送带设备种类繁多，主要有带式输送机、板式输送机、小车式输送机、自

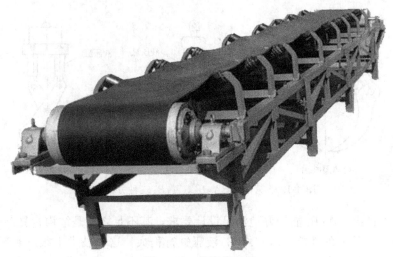

图 4-130　传统传送带

图 4-131　自动扶梯

动扶梯、自动人行道、刮板输送机、埋刮板输送机、斗式输送机、斗式提升机、悬挂输送机和架空索道等。图 4-131 为自动扶梯。

（2）传送装置的创新案例

传送装置由于其适应场合广泛，实现对物料以及对人的传送工作方便，结构原理简单，在现代机械的发展中，常常在一些场合与其他机构进行组合使用，下面结合一些实例进行分析。

① 电梯门板喷涂传送装置。电梯作为日常生活中多层建筑必不可少的交通运输工具，对于人和物起到重要的传送作用，电梯作为国家特种设备，有其严格的制造标准，其中，对于电梯门板制造，包含对门板进行喷涂这一项工序，以达到对门板表面进行保护，提高抗氧化能力的作用。日常加工中，多采用人工对门板进行上下料，使得工人劳动强度大，劳动效率低，成本高和喷涂后产生的有害气体对人体伤害大；故设计了一种电梯门板喷涂自动上下料装置，其总体结构图如图 4-132 所示。

在本案例中，为实现电梯门板喷涂自动上下料的过程，由图 4-132 进行过程分析，门板传送带 1 通过传送带电机 3 带动，门板传送带 1 将电梯门板 2 传送至高低立起挡板 4 处，将电梯门板 2 在水平面内向垂直面内翻转 90°，电梯门板 2 呈图中高低立起挡板 4 所呈现的位置状态，电梯门板 2 通过高低立起挡板 4 中的门板立起传送带 5 传送至夹取装置处被机械手夹取，通过可转位同步电机 8 带动可转位立柱 9 转动 180°，机械手夹持电梯门板 2 沿夹取装置滑动轨道 7 移动至吊钩架 11，根据传感器进行识别信号，将电梯门板 2 挂至吊钩架 11 上。

在本设计中，在对于电梯门板 2 翻转的过程中，对电梯门板 2 从水平面到垂直面的立起工序做了特殊设计，其中对电梯门板 2 的传送工作，利用了门板立起传送带电机 6，带动门板

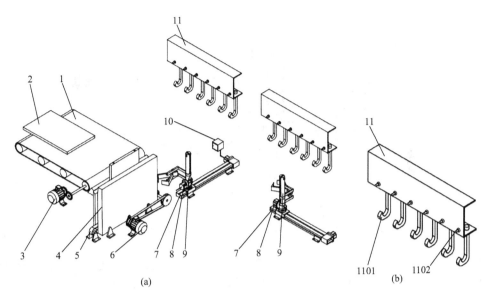

图 4-132　电梯门板喷涂自动上下料

1—门板传送带；2—电梯门板；3—传送带电机；4—高低立起挡板；5—门板立起传送带；
6—门板立起传送带电机；7—夹取装置滑动轨道；8—可转位同步带电机；9—可转位立柱；
10—电气控制柜；11—吊钩架；1101—感应吊钩；1102—感应传感器

立起传送带 5 进行运动，达到将门板立起传送带 5 上的电梯门板 2 传送至夹取装置处的目的，为传送装置在本设计方案中的创新组合应用，如图 4-133 所示门板立起装置结构示意图。

　　② 电梯门板贴膜传送装置。对于电梯门板的加工，除上述的电梯门板喷涂工序之外，为防止加工好电梯门板表面被划伤，常对电梯门板进行贴膜处理，可以达到对电梯门板表面保护的作用，下面涉及的一种电梯门板进行贴膜的装置，其中的传送装置结合电梯门板贴膜的工作要求进行了创新设计。如图 4-134 所示的一种电梯门板贴膜装置结构示意图。图 4-135 为上料部分装置示意图。

　　如图 4-135 所示，本方案中，通过以下工作过程实现对电梯门板的贴膜，带定位筋的传送带 2 通过上料电机 1 对需贴膜的电梯门板进行传送，电梯门板经过防尘帘 301 时，门板上的灰尘被清扫干净，当门板到达气压支撑座 4 上的光电传感器 402 时，光电传感器 402 发出信号，气压缸 401 进气推动助推杆 403 向前移动，同时通过助推杆 403 内部气孔，对 T 形撑板 404 进行加压，将 T 形撑板 404 上部撑起，推动电梯门板内表面，带动电梯门板贴附保护膜。

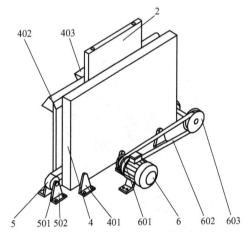

图 4-133　门板立起装置结构示意图

2—电梯门板；4—高低立起挡板；401—高低立起挡板支架；402—圆弧下滑块；403—圆弧下滑块托架；5—门板立起传送带；501—门板立起传送带滚轮；502—门板立起传送装置支架；6—门板立起传送带电机；601—门板立起传送小带轮；602—V 型带；603—门板立起传送大带轮

　　在本设计方案中，为保证气压助推组件对电梯门板进行助推工作时不造成干涉，以及为保证电梯门板在传送进贴膜装置时，始终保持与传送带两边平行，故设计的传送装置如

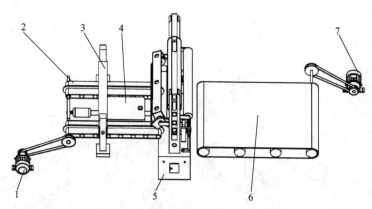

图 4-134　电梯门板贴膜装置结构示意图

1—上料电机；2—带定位筋的传送带；3—防尘帘支座；4—气压支撑座；5—贴膜装置；6—下料传送带；7—下料电机

图 4-135所示，为两个窄面传送带，通过一根传动轴进行连接，通过电机和带轮进行传动，并将两窄面传送带做成带定位筋样式，达到对门板定位的作用，且两窄面传送带之间可以进行调整间距。

4.3.2　工业机械手创新方案设计

机械手能模仿人手和臂的某些动作功能，用以按固定程序抓取、搬运物件或操作工具的自动操作装置。机械手是最早出现的工业机器人，也是最早出现的现代机器人，它可代替人的繁重劳动以实现生产的机械化和自动化，能在有害环境下操作以保护人身安全，因而广泛应用于机械制造、冶金、电子、轻工和原子能等部门。如图 4-136 所示自动上下料机械手。

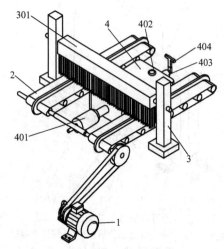

图 4-135　上料部分装置示意图

1—上料电机；2—带定位筋的传送带；3—防尘帘
支座；301—防尘帘；4—气压支撑座；
401—气压缸；402—光电传感器；
403—助推杆；404—T 形撑架

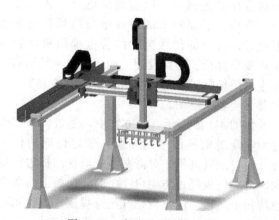

图 4-136　自动上下料机械手

机械手可以减省工人、提高效率、降低成本、提高产品品质、安全性好、提升工厂形象。在生产实际中，为实现某些特殊用途，常常需要制造的机械手符合相关工序场合，下面通过具体设计案例进行相关说明。

(1) 电梯门板喷涂上下料机械手

如图 4-132 所示的电梯门板喷涂自动上下料结构图，其对门板进行上下料，利用机械手进行对门板加持，达到对门板进行上下料的工作，机械手指关节采用简易的指板式，利用可转位立柱和转位圆盘完成机械臂的转位和上下移动动作，实现对电梯门板进行上下料的工作。如图 4-137 所示门板夹取装置局部图。

通过图 4-132 与图 4-137 所示，本设计中主要通过以下实施过程实现对电梯门板的夹持工作的，当电梯门板触碰到夹手装置支架 901 上的夹手自控按钮 903 时，夹手装置 902 夹紧电梯门板，夹取装置滑动导轨电机 702 与可转位同步带电机 8 正转，可转位立柱支座 701 沿夹取装置滑动导轨 7 移动，可转位立柱 701 将电梯门板夹送至吊钩架设定距离时，光电传感器检测信号，并发出一次信号，转位圆盘 904 带动可转位立柱 9 转动至吊钩架相平行的角度，可转位同步带电机 8 带动夹手装置支架 901 沿可转位立柱 9 上移，光电传感器发出二次信号，感应吊钩 1101 钩取电梯门

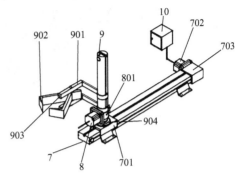

图 4-137　门板夹取装置局部图

7—夹取装置滑动轨道；701—可转位立柱支座；702—夹取装置滑动轨道电机；703—滑动轨道电机支座；8—可转位同步带电机；801—可转位同步带电机滑动轴承；9—可转位立柱；901—夹手装置支架；902—夹手装置；903—夹手自控按钮；904—转位圆盘；10—电器控制柜

板 2，夹手装置 902 松开电梯门板，夹取装置滑动导轨电机 702 与可转位同步电机 8 反转，复位至起始位置。

(2) 电梯扶手带的接头用机械手创新设计

自动扶梯与自动人行步道作为常见的交通运输工具，对于电梯扶手带的加工，需要按照相关加工标准进行加工。在日常加工过程中，电梯扶手带要进行头部对接，以形成封闭环状，常采用人工对电梯扶手带接头进行加工，加工过程需经过对切割好的环形接头进行初步拼合连接、贴附塑料薄片和贴附橡胶层三个阶段，加工效率低，劳动强度大，橡胶制品产生的有害气体对工人造成伤害；同时，在对橡胶层进行贴附时，需要人工对缺口进行测量尺寸，效率低，对扶手带的加工浪费过多的工时。如图 4-138 所示为电梯扶手带结构图。

由图 4-138 可见，扶手带由滑动层、抗拉层、帘布和装饰胶面（橡胶层）四层组成，根据其结构特点设计了一种电梯扶手带的接头装置，如图 4-139 所示为扶手带接头装置总体结构示意图。

由图 4-139 所示，扶手带接头装置是由传送系统 1、圆环接口系统 2、塑料薄片贴附系统 3、测试系统 4 和橡胶层贴附系统 5 组成的，通过传送系统 1 完成对扶手带的传送工作，利用圆环接口系统 2 实现环形切口两窄边的拼合连接工作，塑料薄片贴附系统 3 可完成贴附塑料薄片的工作，测试系统 4 可根据接触扶手带表面高低的极限值测定扶手带缺口的尺寸，以便对所需橡胶层尺寸加以限定，橡胶层贴附系统 5 完成贴附橡胶

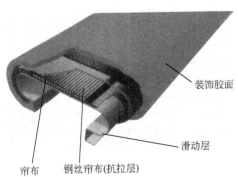

图 4-138　电梯扶手带结构图

装饰胶面

滑动层

帘布　　钢丝帘布(抗拉层)

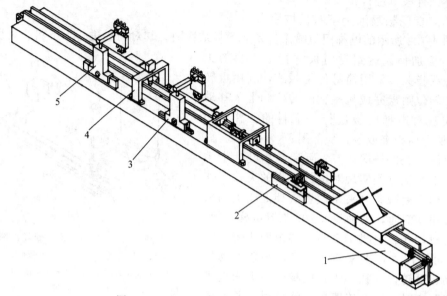

图 4-139　扶手带接头装置总体结构示意图

1—传送系统；2—圆环接口系统；3—塑料薄片贴附系统；4—测试系统；5—橡胶层贴附系统

层的工作。

　　在本方案中，为实现贴附塑料薄片和贴附橡胶层的工作，在传统气压机械手的基础上进行了改进，如图 4-140 所示为塑料薄片气压机械手装置结构示意图，如图 4-141 所示为橡胶层贴附气压机械手装置结构示意图。

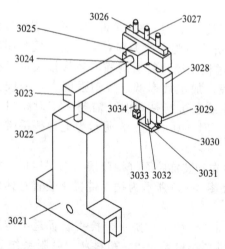

图 4-140　塑料薄片气压机械手装置结构示意图

3021——一号气缸支架；3022——一号竖气杆；3023——一号气缸臂；3024——一号横气杆；3025——一号 T 形接头；3026——一号气垫板；3027——一号气嘴；3028——一号气板；3029——一号小气枪杆；3030——一号小热气枪；3031——一号吸手；3032——一号吸手气杆；3033——一号小滚轮；3034——一号小滚轮气杆

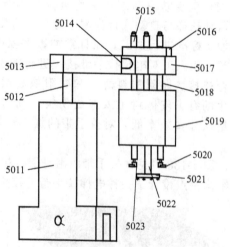

图 4-141　橡胶层贴附气压机械手装置结构示意图

5011—二号气缸支架；5012—二号竖气杆；5013—二号气缸臂；5014—二号横气杆；5015—二号气嘴；5016—二号气垫板；5017—二号 T 形接头；5018—二号小气枪杆；5019—二号气板；5020—二号右热气枪；5021—二号吸手；5022—二号吸手气杆；5023—二号左热气枪

如图 4-140 所示，塑料薄片气压机械手其动作过程如下，塑料薄片气压机械手是塑料薄片贴附系统 3 的主要部件，通过一号吸手气杆 3032 带动一号吸手 3031 吸取塑料薄片，通过一号小热气枪 3030 对薄片下表面进行加热处理，利用一号吸手气杆 3032 带动一号吸手 3031 将塑料薄片贴附在扶手带接头位置，通过一号小气枪杆 3029 和一号吸手气杆 3032 带动一号小热气枪 3030 和一号吸手 3031 上移，通过一号小滚轮气杆 3034 带动一号小滚轮 3033 下移，对贴附好的塑料薄片进行滚压，以保证塑料薄片的贴附牢固。

如图 4-141 所示，橡胶层贴附气压机械手是橡胶层贴附系统 5 的主要部件，通过二号吸手气杆 5022 带动二号吸手 5021 吸取橡胶，通过二号右热气枪 5020 和二号左热气枪 5023 对扶手带接头处进行加热处理，通过二号吸手气杆 5022 带动二号吸手 5021 将橡胶层贴附在扶手带接头位置，完成橡胶层贴附工作。

4.3.3　直线滑台创新方案设计

直线滑台是一种能提供直线运动的机械结构，可卧式或者立式使用，也可以组合成特定的运动机构使用——即自动化行业中通常称为 XY 轴、XYZ 轴等多轴向运动机构。这个机构细分到不同的行业中有不同的名称，比较常见的名称有：直线滑台、线性滑台、电动缸、电动滑台、机械手臂、机械手等。直线滑台通常配合动力马达使用，在其滑块上安装其他需求工件组成完整输送运动设备以及设定一套合适的马达正反转的程序，即可实现让工件自动循环往复运动的工作，从而达到设备大批量生产和密集生产的目的。如图 4-142 所示为直线滑台示意图。

图 4-142　直线滑台示意图

直线滑台发展至今，已经被广泛应用到各种各样的设备当中。为我国的设备制造发展贡献了不可缺少的功劳，减少对外成套设备进口的依赖，为热衷于设备研发和制造的工程师带来了更多的机会。直线滑台当前已普遍运用于测量、激光焊接、激光切割、涂胶机、喷涂机、打孔机、点胶机、小型数控机床、雕铣机、样本绘图机、裁床、移载机、分类机、试验机及适用教育等场所。下面根据电梯扶手带的接头用直线滑台进行创新设计案例分析。

根据图 4-138 和 4.3.2 中对于电梯扶手带的接头装置的介绍，其涉及的加工工序较多，因此需要一种行程长，且满足扶手带接头过程中的每道工序的要求的直线滑台，根据上述情况，设计了一种直线滑台如图 4-143 所示。

结合图 4-139 对图 4-143 所示的电梯扶手带接头用直线滑台进行结构概述，电机托架101 为一号电机 102 提供支撑，大底板 103 为本直线滑台主要支撑部件，滑台装置 104 安装

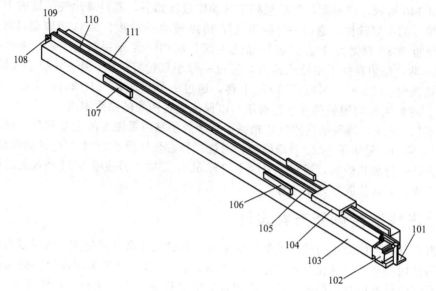

图 4-143　电梯扶手带接头用直线滑台结构示意图

101—电机托架；102——号电机；103—大底板；104—滑台装置；105—滑台导轨；106——号矩形台；

107—二号矩形台；108—同步带轴；109—同步带轮；110—同步带；111—传感器

在滑台导轨 105 上，滑台导轨 105 安装在大底板 103 上，一号矩形台 106 安装在大底板 103 上，对圆环接口系统 2 提供支撑平台，橡胶层贴附系统 5 安装在二号矩形台 107 上，为保证滑台的每道工序定位准确，在滑台上安装有传感器，加装移动滑台导轨 105，实现带动滑台装置 104 的移动，将同步带 110 安装在滑台装置 104 的下部，通过一号电机 102 进行带动，滑台大底板 103 中部为凹面设计，不会对同步带 110 带动滑台装置 104 造成干涉。

4.3.4　电梯轿厢的创新方案设计

轿厢是电梯用以承载和运送人员和物资的箱形空间。轿厢一般由轿底、轿壁、轿顶、轿门等主要部件构成，其内部净高度至少应为 2m。图 4-144 为电梯轿厢结构示意图。

以上为对传统电梯轿厢的介绍，根据现在实际生活中，对于人流大的商场，建筑的物越来越高，以及建筑物的外形更加多样性等问题，传统的电梯轿厢已不能满足人们的需求，下面通过三开门嵌套式电梯轿厢进行相关创新设计方案分析。

电梯的载人运动都是在同一楼体间运行，若想到达另外一栋楼，需在建筑物外进行绕行，既浪费了时间又消耗了体力，特别是在高层建筑中给人们带来极大的不便，现在没有出现一种可进行楼体间相互移动的电梯，更没有一种轿厢嵌套式的电梯，嵌套的技术在生活中应运很广泛，但在电梯领域的应用上面较少，更缺少在楼体之间的电梯应用。

根据以上不足，设计了一种三开门嵌套式的直行电梯，其整体结构图如图 4-145 所示。

图中，利用对电梯轿厢的嵌套，可达到以下目的：

① 电梯轿厢采用双轿厢，进行轿厢嵌套，可使内部轿厢脱离外部轿厢，完成乘客的楼体间转移工作。

② 节省了大量的时间，乘客不必走出电梯轿厢，就可从一栋建筑物到达另外一栋建筑物。

③ 充分利用楼体间的空间，节省了电梯井道的空间布置，降低了电梯井道成本，并充分利用了电梯井道空间。

图 4-144　电梯轿厢结构示意图

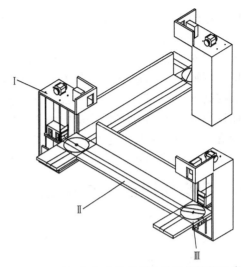

图 4-145　三开门嵌套式的直行电梯整体结构示意图

如图 4-146 为本设计双轿厢系统结构图，图 4-147 为外部轿厢结构图，图 4-148 为外部轿厢中 $A—A$ 的剖视图，图 4-149 为嵌套式内部轿厢系统结构图。

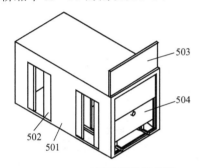

图 4-146　双轿厢系统结构图
501—外部轿厢；502—轿门；503—侧轿门；
504—嵌套式内部轿厢系统

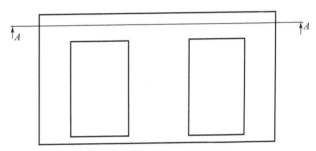

图 4-147　外部轿厢结构图

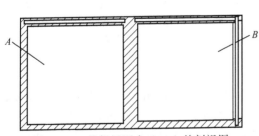

图 4-148　外部轿厢中 $A—A$ 的剖视图

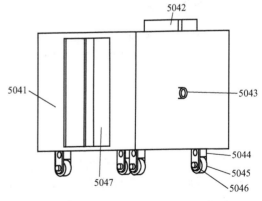

图 4-149　嵌套式内部轿厢系统结构图
5041—嵌套式内部轿厢；5042—内部轿厢控制器；
5043—红外传感器；5044—滚轮支架；5045—滚轮；
5046—滚轮销；5047—内部轿门

其中所述的 4-148 中外部轿厢分为 A 轿厢空间，B 轿厢空间，嵌套式内部轿厢安装在带侧轿门的 B 轿厢空间内，侧轿门安装在外部轿厢上。

乘客可进入外部轿厢 501 的 A 轿厢空间进行同楼体楼层间的传送工作，若乘客想进入其他楼层，可乘坐 B 轿厢空间，当到达指定楼层时，侧轿门 503 打开，红外传感器 5043 向内部轿厢控制器 5042 发出信号，内部轿厢控制器 5042 驱动控制嵌套式内部轿厢系统 504，内部轿厢控制器 5042 驱动控制嵌套式内部轿厢系统 504 沿过道系统 Ⅱ 运动，进入目的电梯的停留台进行等待，待目的电梯的嵌套式内部轿厢 5041 驶出后，等待的嵌套式内部轿厢 5041 进入，执行先出后进的工作原则，让电梯工作有序进行。

4.3.5　电梯轨道创新方案设计

由 4.3.4 所述电梯相关问题，由于为了实现建筑物间对于轿厢的传送工作，以及根据建筑物的外形以及格局，设计符合相应情况的电梯轨道，完成对轿厢更高效的传送工作。下面是对三开门嵌套式电梯轨道进行的创新设计。

根据图 4-145 三开门嵌套式的直行电梯整体结构示意图，以及上述轿厢工作过程的论述，可知，实现电梯轿厢的转移传送工作，还需铺设相关的电梯轨道，如图 4-145 所示。其中 Ⅱ 和 Ⅲ 过道系统、转向台系统，作为本设计主要的轨道创新设计。如图 4-150 所示为转向台系统结构图，图 4-151 所示为转向装置结构图。

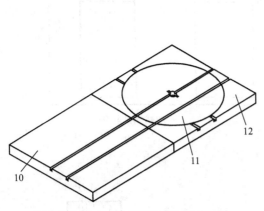

图 4-150　转向台系统结构图
10—停留台；11—转向装置；12—转向台

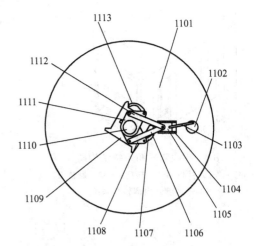

图 4-151　转向装置结构图
1101—转盘；1102—转轮；1103—小连杆；1104—滑槽；
1105—滑块；1106—一号大连杆；1107—一号拨爪；
1108—一号连板；1109—棘轮；1110—转轴；
1111—二号连板；1112—二号大连杆；
1113—二号拨爪

根据图 4-145 三开门嵌套式的直行电梯整体结构示意图，以及图 4-150 和图 4-151 所示，现对其电梯轨道结构进行分析，当嵌套式内部轿厢驶入转向台 12 上的转向装置 11，转盘 1101 安装在转向台 12 上，转轮 1102 安装在转盘 1101 上，小连杆 1103 安装在转轮 1102 与滑块 1105 之间，滑块 1105 安装在滑槽 1104 内，一号大连杆 1106 安装在滑块 1105 与一号连板 1108 之间，一号拨爪 1107 安装在一号连板 1108 上，一号连板 1108 安装转轴 1110 上，二号连板 1111 安装在转轴 1110 上，二号大连杆 1112 安装在二号连板 1111 上，二号拨爪

1113 安装在二号连板 1111 下部，其中转轴 1110（如图 4-152 所示），上部开槽部分与棘轮 1109（如图 4-153 所示）相连接，下部与转向台 12 相连接；通过转轮 1102 带动小连杆 1103，通过小连杆 1103 和滑块 1105 带动一号大连杆 1106 和二号大连杆 1112，通过一号大连杆 1106 和二号大连杆 1112 带动一号连板 1108 和二号连板 1111，通过一号连板 1108 和二号连板 1111 带动一号拨爪 1107 和二号拨爪 1113，将棘轮 1109 转动 90°，使得内部嵌套轿厢驶入Ⅱ或者Ⅲ过道，若有其他内部轿厢驶出，为防止轿厢之间不干涉行程，特设置停留台 10，等待内部轿厢驶出，完成轿厢交换工作。

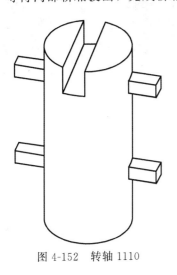

图 4-152　转轴 1110

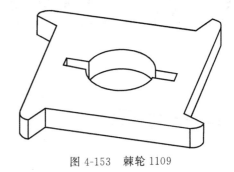

图 4-153　棘轮 1109

第5章

基于TRIZ的创新设计

5.1 TRIZ 概述

5.1.1 TRIZ 的定义

TRIZ 的涵义是"发明问题解决理论",由俄文"теории решения изобретательских задач",按 ISO/R9—1968E 规定,转换成拉丁文"Teoriya Resheniya Izobreatatelskikh Zadatch"的词头缩写,其英文全称是 Theory of the Solution of Inventive Problems(TIPS)。

TRIZ 是由前苏联科学家根里奇・阿奇舒勒(G. S. Altshuller)创立的,始于 1946 年。他从 20 万份专利中筛选出符合要求的 4 万份作为各种发明问题的最有效的解,然后从中抽象出了解决发明问题的基本方法,这些方法可普遍的适用于新出现的发明问题,帮助人们获得这些发明问题的最有效的解。目前,已对超过 250 万项专利进行过研究,并大大充实了 TRIZ 的理论和方法体系,如最终理想解、技术系统进化法则、40 个发明原理、冲突矩阵、物场分析、76 个标准解、科学效应、ARIZ 等。

TRIZ(发明问题解决理论)已经在世界上很多知名的大企业获得了很大的成功,比如三星、GE、浦项制铁、神华集团、北京低碳清洁能源研究所等,已经成为一种被工程师广泛应用于解决工程问题重要方法,解决了大量技术难题,产生了大量的专利申请,成为工程师开展创新活动的重要方法,并最终形成了一种独特的企业文化。它被广泛应用于解决企业的技术问题、专利布局、专利规避、技术预测等各个方面。

TRIZ 是基于知识的、面向人的发明问题解决系统化方法学。

① TRIZ 是基于知识的方法。TRIZ 是发明问题解决启发式方法的知识,这些知识是从全世界范围内的专利中抽象出来的,TRIZ 仅采用为数不多的基于产品进化趋势的客观启发式方法;TRIZ 大量采用自然科学及工程中的效应知识;TRIZ 利用出现问题领域的知识,这些知识包括技术本身、相似或相反的技术或过程、环境、发展及进化。

② TRIZ 是面向人的方法。TRIZ 中的启发式方法是面向设计者的。TRIZ 理论本身是

基于将系统分解为子系统、区分有用及有害功能的实践，这些分解取决于问题及环境，本身就有随机性。计算机软件仅起支持作用，而不能完全代替设计者，需要为处理这些随机问题的设计者们提供方法与工具。

③ TRIZ 是系统化的方法。在 TRIZ 中，问题的分析采用了通用及详细的模型，该模型中问题的系统化知识是重要的；解决问题的过程系统化，以方便的应用已有的知识。

④ TRIZ 是发明问题解决理论。为了取得创新解，需要解决设计中的冲突，但解决冲突的某些步骤是不知道的；未知的解往往可以被虚构的理想解代替；通常理想解可通过环境或系统本身的资源获得；通常理想解可通过已知的系统进化趋势推断。

5.1.2　TRIZ 对发明问题的分级

G. S. Altshuler 通过分析大量专利发现，各国家不同的发明专利及其所解决的科学技术问题，内部蕴含的科学知识、技术水平都有很大的区别和差异。以往，在没有分清这些发明专利或发明问题的具体内容时，很难区分出不同发明专利的知识含量、技术水平、应用范围、重要性、对人类的贡献大小等问题。因此，应该把发明专利或发明问题依据其对科学的贡献程度、技术的应用范围以及为社会带来的经济效益等情况，划分一定的等级加以区别，以便更好地推广应用。TRIZ 理论将发明专利或发明问题按照创新程度从低到高依次分为以下五个等级。

第 1 级：最小型发明，属于通常的设计问题，或对已有系统的简单改进。在单独的组件中进行少量的变更，这些变更不会影响到系统的整体结构。查找解决方案时，并不需要任何相邻领域的专门技术或知识。特定专业领域的任何专家，基本都能找到这样的解决方案。如用厚隔热层减少建筑墙体的热量损失；用承载量更大的重型卡车替代轻型卡车，以实现运输成本的降低。

第 2 级：小型发明，通过解决一个技术冲突对已有系统进行少量改进。系统中一个组件发生部分变化，通过与同类系统的类比可找到该解决办案。这一类问题的解决主要采用行业内已有的理论、知识和经验即可实现。解决这类问题的传统方法是折中法。如在焊接装置上增加一个灭火器、可调整的方向盘等。

第 3 级：中型发明，对已有系统的根本性改进。系统中几个组件可能出现全面变化，而其他组件只发生部分改变。这一类问题目的解决主要采用本行业以外的已有方法和知识解决该问题，设计过程中要解决冲突。如汽车上用自动传动系统代替机械传动系统、电钻上安装离合器、计算机上用的鼠标等。

第 4 级：大型发明，采用全新的原理完成对已有系统基本功能的创新。这一类问题的解决主要是从科学的角度而不是从工程的角度出发，充分控制和利用科学知识、科学原理实现新的发明创造。如第一台内燃机的出现、集成电路的发明、充气轮胎、记忆合金制成锁、虚拟现实。

第 5 级：特大型发明，罕见的科学原理导致一种新系统的发明、发现，并由此催生了全新的工程领域。这一类问题的解决主要是依据自然规律的新发现或科学的新发现。如计算机、形状记忆合金、蒸汽机、激光的首次发明。

发明创造的级别越高，获得该发明专利时所需的知识就越多，这些知识所处的领域就越宽，搜索有用知识的时间也越长。同时，随着社会的发展、科技水平的提高，发明创造的等级随时间的变化而不断降低，最初的最高级别的发明创造逐渐成为人们熟悉和了解的知识。发明问题的等级划分及知识领域见表 5-1。

表 5-1　发明问题的等级划分

发明创造级别	创新的程序	比例	知识来源	参考解的数量
1	明确的解	32%	个人的知识	10
2	少量的改进	45%	公司内的知识	100
3	根本性的改进	18%	行业内的知识	1000
4	全新的概念	4%	行业以外的知识	10000
5	发现	<1%	已知的所有知识	100000

由表 5-1 可以发现：95% 的发明专利是利用了行业内的知识；只有少于 5% 的发明专利是利用了行业外的及整个社会的知识。因此，如果企业遇到技术冲突或问题，可以先在行业内寻找答案；若不可能，再向行业外拓展，寻找解决方法。若想实现创新，尤其是重大的发明创造，就要充分挖掘和利用行业外的知识。

5.1.3　TRIZ 理论体系的主要内容

TRIZ 包含着许多系统、科学而又富有可操作性的创造性思维方法和发明问题的分析方法与解决工具。经过半个多世纪的发展，TRIZ 形成了九大经典理论体系。

① 技术系统进化法则。揭示系统发展变化的规律与模式是 TRIZ 的理论基础，可以直接用来帮助解决新产品研发中的问题，可以预测技术和产品的未来发展，并对产品的技术成熟度进行评价，是企业进行专利布局和实施专利战略的有效工具。

② 最终理想解（IFR）。TRIZ 理论在解决问题之初，首先抛开各种客观限制条件，通过理想化来定义问题的最终理想解（Ideal Final Result，IFR），以明确理想解所在的方向和位置，保证在问题解决过程中沿着此目标前进并获得最终理想解，弥补了传统创新涉及方法中缺乏目标的弊端，提高了创新设计的效率。

③ 40 个发明原理。TRIZ 基于 250 万份世界高水平专利总结出的发明背后所隐藏的共性发明原则。这 40 个发明原理都可以直接用于解决各类技术和管理中的冲突问题。

④ 39 个工程参数和阿奇舒勒冲突矩阵。在对专利的研究中发现，仅用 39 个工程参数即可表述各领域存在的形形色色的技术冲突，而这些专利都是在不同的领域上解决这些工程参数的冲突与矛盾。这些冲突彼此相对改善和恶化，它们不断地出现，又不断地被解决。阿奇舒勒在总结了解决这些冲突的 40 个发明原理之后，将这些冲突与发明原理组成了著名的阿奇舒勒冲突矩阵。阿奇舒勒冲突矩阵为问题解决者提供了一个可以根据系统中产生冲突的两个工程参数，从矩阵表中直接查找化解该冲突的发明原理的途径与方法，阿奇舒勒总结了 1263 对典型冲突。

⑤ 物理冲突和分离原理。当技术系统的某一个工程参数具有不同属性的需求时，就出现了物理冲突，分离原理是针对物理冲突的解决而提出的。

⑥ 物场模型分析。阿奇舒勒认为，每一个技术系统都可由许多功能不同的子系统所组成，所有的功能都可以由两种物质和一种场，即物场模型来表示。产品是功能的一种实现，物场模型的存在具有普遍性，因而通过物场分析解决问题是 TRIZ 中的一种有效的分析工具。

⑦ 发明问题的标准解法。阿奇舒勒将发明问题分为标准问题与非标准问题，针对标准问题总结了 76 个标准解法，分成 5 级，各级中解法的先后顺序也反映了技术系统必然的进化过程和进化方向。利用标准解法可以将标准问题在一两步中快速进行解决，标准解法是阿奇舒勒后期进行 TRIZ 理论研究的最重要的课题，同时也是 TRIZ 高级理论的精华。

⑧ 发明问题解决算法（ARIZ）。ARIZ 是发明问题解决过程中应遵循的理论方法和步骤，ARIZ 是基于技术系统进化法则的一套完整问题解决的程序，是针对非标准问题而提出的一套解决算法。应用 ARIZ 成功的关键在于，在没有理解问题的本质前，要不断地对问题进行细化，一直到确定了物理冲突。该过程及物理冲突的求解已有软件支持。

⑨ 科学效应和现象知识库。解决发明问题时会经常遇到需要实现的 30 种功能，这些功能的实现经常要用到 100 个科学效应和现象。阿奇舒勒对此进行了系统的总结，实现了功能与效应的科学对接。科学效应和现象的应用，对发明问题的解决具有超乎想象的、强有力的帮助。效应知识库是 TRIZ 中最容易使用的一种工具。

经典 TRIZ 所包含内容的经典表述如图 5-1 所示。

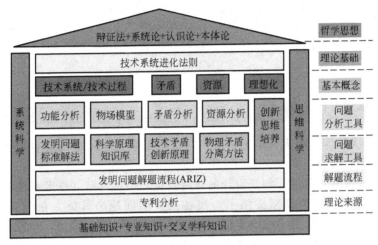

图 5-1　经典 TRIZ 所包含内容的经典表述

5.1.4　经典 TRIZ 的体系结构

解决问题的过程都包含两部分：问题分析和问题解决。问题分析和系统转换对于解决问题是非常重要的。因此，TRIZ 方法论包含用于问题分析的分析工具、用于系统转换的基于知识的工具和理论基础。图 5-2 所示为经典 TRIZ 的体系结构，其中分析工具模块包含物场分析、冲突分析、功能分析和 ARIZ 算法，主要用于问题模型的建立、分析和转换，即用于改变问题的描述方式；基于知识的工具模块包括发明原理、标准解和效应库，这些工具是积累前人创新经验和基于大量专利分析而发展起来的，主要用于指出解决问题的过程中系统转换的具体方式。

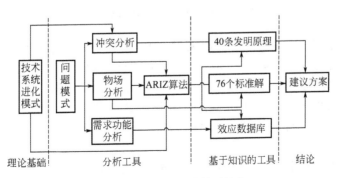

图 5-2　经典 TRIZ 的体系结构

5.1.5 TRIZ 解决问题的模式

正如图 5-3 所表示的那样，应用 TRIZ 解决发明问题时，首先应用分析工具建立 TRIZ

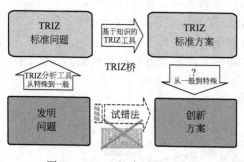

图 5-3 TRIZ 解决问题的模式

模型，把问题转换为 TRIZ 的标准问题；再利用基于知识的 TRIZ 工具，选定具体的转换方式，得到解决问题的一般方案，即 TRIZ 的标准方案；最后结合具体问题的领域知识与经验，得到具体的发明问题解决方案。TRIZ 这种解决问题的模式可以用图 5-3 来表示，相比于直接试错法，TRIZ 解题模式采用了"迂回策略"，也可以说是一种"过桥"的方式。在解决一个工程问题时，可能使用 TRIZ 的一个工具甚至多个工具。

5.2 TRIZ1141 体系

TRIZ 理论博大精深，给人们学习、应用与推广带来一定困难，山东建筑大学 TRIZ 研究所经过多年的潜心研究与实践，把 TRIZ 理论归纳总结为"1141"体系。如图 5-4 所示，一种思想（最终理想解）明确了创新设计的最终目标，一种法则（技术系统进化理论）指明了设计的方向和途径，四类模型提供了解决各类发明问题的具体方法与工具，一种算法（ARIZ）完善了解决复杂发明问题的步骤。"1141"体系形成了"七类 TRIZ 工具包"，涵盖了 TRIZ 的九大经典理论体系，层次分明、逻辑严密、相互关联、依次递进，便于学习、记忆、掌握与应用。

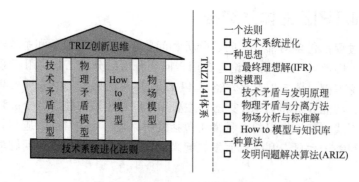

图 5-4 TRIZ1141 理论体系示意图

我们可以把创新解决问题的过程比喻做"渡河"，发明问题在河的一岸，发明问题的解决方案在河的另一岸。如图 5-5 所示，针对不同类型的问题，选择不同的 TRIZ 工具，分别给出解决问题的程式化流程，在两岸搭建起一座座桥梁，使得创新问题的解决可以用近乎逻辑推理的方式来进行，这种桥称之为"TRIZ 桥"。"TRIZ 桥"共有五"座"："思维桥""进化桥""参数桥""结构桥"和"功能桥"，在以下章节将分别予以介绍。

"五座 TRIZ 桥"与 TRIZ1141"七类工具包"一脉相承，是对 TRIZ 理论的高度概括、归纳与总结。

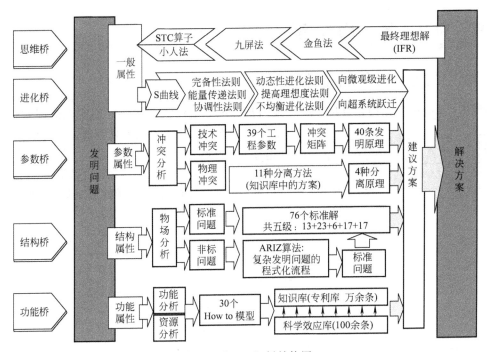

图 5-5　"TRIZ" 桥结构图

TRIZ 理论提供了图 5-5 所示的"五座创新桥""七类工具包"等相应的创新方法和工具支持。对于第一、二等级的简单发明问题，采用 40 个创新原理和 76 种标准解法一般即可解决；对于第三、四等级的发明问题，要应用 76 种标准解法、科学效应和发明问题解决算法（ARIZ）；如果是解决非常复杂的第五级的发明问题，尝试使用 ARIZ 并结合科学实验及其他研究方法。ARIZ 其实是对"TRIZ 桥"的综合应用，它提供了特定的算法步骤。无论针对哪一级别的发明问题，也无论采用哪种工具与方法，TRIZ 创新思维与技术系统进化法则的应用是必需的，应该贯穿始终。平时我们遇到的绝大多数发明问题都属于第一、二和三级，这些问题只要突破思维定势并把握技术发展变化的规律与方向常常即可获得满意的解决思路与方案。"TRIZ 桥"综合应用的方法如图 5-6 所示。

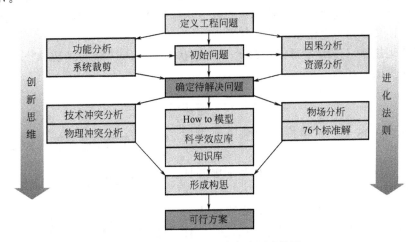

图 5-6　"TRIZ 桥" 综合应用路线图

5.3 TRIZ 的"思维桥"

5.3.1 "思维桥"的概念

所谓"思维桥"是指由 TRIZ 的五种创新思维方法组成的解决发明问题的程式化过程。

图 5-7　TRIZ 思维桥

如图 5-7 所示，这五种创新思维方法是：最终理想解（IFR）、九屏法、STC 算子、金鱼法、小人法。应用 TRIZ"思维桥"的分析问题模型与过程，即五种创新思维组合应用的详细流程如图 5-8 所示。

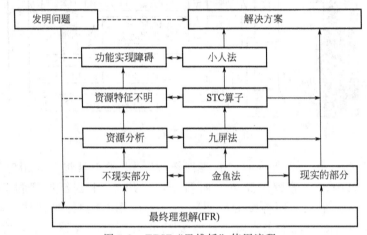

图 5-8　TRIZ"思维桥"使用流程

5.3.2 最终理想解

为了避免试错法、头脑风暴法等传统创新方法中思维过于发散、创新效率低下的缺陷，TRIZ 在解决问题之初，首先抛开各种客观限制条件，设立各种理想模型（即最优模型结构）来分析问题解决的可能方向和位置，并以取得最终理想解（Ideal Final Result，IFR）作为终极追求目标，从而避免了传统创新设计方法中缺乏目标的弊端，提升了创新设计的效率。因而，IFR 又被称为"创新的导航仪"。

所谓最终理想解（IFR），是使产品处于理想状态的解。产品的理想状态常常用理想度来衡量。理想度的公式为：

$$理想度 = \frac{\sum 有用功能}{\sum 有害功能 + 成本}$$

由理想度公式分析知，最理想的技术系统如图 5-9 所示：

即：作为物理实体它并不存在，但却能够实现所有必要的功能。

而技术系统进化理论的八大技术系统进化法则，可以有效地帮助设计人员在问题解决之初，首先确定"解"的方向。产品研发过程中沿着这个确

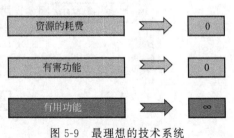

图 5-9　最理想的技术系统

定的方向进行就可以到理想解。

【案例 5-1】 解决熨斗问题：平时衣服起了褶皱需要用熨斗来熨烫平整。但是使用熨斗一直有这样一个问题，假如你在熨衣服的时候突然来了电话，或者有人敲门等事情打扰，可能你会离开熨衣板去处理这些事情，结果回来的时候发现熨斗就放在衣服上，衣服已经被熨斗烫坏。

在这种情况下，你一定会想，如果熨斗能自行站立起来该多好啊！这显然是熨斗设计的一个 IFR。

应用 IFR 的分析步骤如下：

① 设计的最终目的是什么？

衣服不会被熨斗烫坏。

② IFR 是什么？

熨斗能自行保持站立状态。

③ 达到 IFR 的障碍是什么？

熨斗无法自行站立，需要靠人来摆放成站立状态。

④ 出现这种障碍的结果是什么？

如果人忘记把熨斗摆放成站立状态，熨斗长时间与衣服接触，衣服被烫坏。

⑤ 不出现这种障碍的条件是什么？

有一个支撑力将熨斗从平行状态支起。

⑥ 创造无障碍条件的可用资源是什么？

熨斗的自重、形状。

我们可以思考有什么东西可以自行保持站立状态，小孩子也马上能够想到一种最常见的玩具—不倒翁。那么不倒翁是如何实现这种神奇的状态的？相同的原理是否可以应用在熨斗的设计上呢？

解决方案：把熨斗的尾部设计成圆柱面或者球面，让重心移到尾部，因此熨斗像不倒翁一样，平时保持自动站立的姿态。使用时，轻轻按倒即可；不使用时，只要你一松手，熨斗就会自动站立起来，脱离与衣服的接触。这样，你就可以放心地去做别的事情了。

5.3.3　九屏法

系统常常由多个子系统组成，同时它又常常隶属于一个更大的系统，即超系统。万事万物都是在发展变化的，一个系统也有它的过去与未来。一般，我们所要研究的问题在当前系统，但问题的解决常常需要用到子系统或超系统资源，或者需要考虑系统、子系统或超系统的过去与未来的发展变化。如果我们从时间与空间的二维角度去思考问题，可以"打开"如图 5-10 所示的九个屏幕，这种思考问题查找资源的方法形象地称之为"九屏幕法"，简称"九屏法"，也叫做"九宫格法"，如图 5-10 所示。

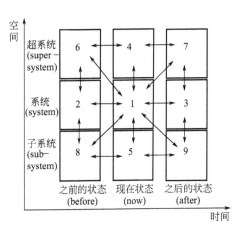

图 5-10　九屏法

【案例 5-2】 树木移栽机在国内外的总体发展已经相对成熟，为能够适应较大型树木的移栽工作，并且为了节省成本，移栽时均采用同一型号的树木移栽机，无法考虑到不同树木需要保留根系形状和大小，对树木根系伤害较大。

问题：树木移栽机重量大，灵活性差，使用范围小。

基于九屏法的设计方案如下：

① 制出九宫格，将要研究的技术系统填入格1。

② 根据技术系统的子系统和超系统填入5和4。

③ 根据技术系统的过去和未来填补2和3。

④ 根据子系统和超系统的过去和未来填入对应的格子。

超系统的过去： 空气、水	超系统： 气流，水流	超系统的未来： 高压气流体，水流
当前系统的过去： 铁锹	当前系统： 车载树木移栽机	当前系统的未来： 能够适应各种环境的树木移栽机
子系统的过去： 铁锹、汽车、液压装置	子系统的当前： 铲土挖掘装置、运输装置、液压装置	子系统的未来： 各种尺寸、形状的铲土挖掘装置、运输装置、起吊装置不同组合

⑤ 针对每个格子，考虑可以利用的资源。从上表中我们可以看出我们对子系统、系统、超系统的过去已经没有太多的选择，我们只能从系统的现在和未来出发寻找好的方案，

⑥ 利用资源的规律，解决相应的技术问题。我们可以不断尝试对树木移栽机各种尺寸、形状的铲土挖掘装置、运输装置和起吊装置进行不同组合，或者设计更加简便，更加快捷的挖掘装置。

当前系统的解决方案：

① 当前系统　方案：将挖掘装置独立出来，如利用人工气压装置挖掘或者独立添加其他装置以适应不同作业场合。如图5-11与图5-12所示。

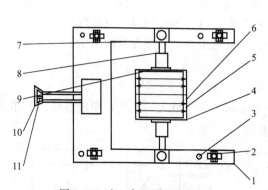

图 5-11　人工气压增压挖树机

1—支撑体；2—连接块；3—传感器；4—气压缸；5—下腔室；
6—活塞体；7—气缸连接块；8—导气管；9—垫片；
10—铲挖头；11—气压导气管

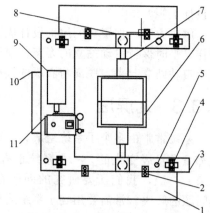

图 5-12　独立式多场合挖树机

1—支撑底座；2—定向块；3—支撑体；4—连接块；
5—传感器；6—气压缸；7—导气管；8—气缸
连接块；9—气压控制阀；10—铲挖头
连接块；11—电气控制阀

② 当前系统的未来　方案：车载、船载甚至是空载挖树机。

③ 当前系统的过去　方案：对铁锹增加振动装置。

子系统的解决方案：

① 子系统　方案：采用更省空间与能源的装置，一般挖树机多采用液压方式，可以将

其更改为采用气压方式或者电动方式，以减小其重量。

② 子系统的未来　方案：将铁锹增加振动装置，添加锯齿，使得其工作效率更加高效。

超系统的解决方案：

利用高压水流，气流进行切割、运输。

5.3.4　STC 算子

系统的尺寸（Size）、作用时间（Time）和成本（Cost）在现有状态下常常不能充分表现其固有特征，加之思维定势的影响，使得人们不能发现解决问题的资源。我们可以进行一种发散思维的想象实验，即将尺寸（S）、作用时间（T）和成本（C）这三个因素按照三个方向、六个维度进行变化，也就是将这三个因素分别逐步递增和递减，递增可以到最大，递减可以到最小，直到系统中有用的特性出现。这种分析问题、查找资源的方法叫做"STC 算子"法。"STC 算子"也被形象地称之为"特征检查仪"。它是一种让我们的大脑进行有规律的、多维度思维的发散方法，比一般的发散思维和头脑风暴，能更快地得到我们想要的结果。

【案例 5-3】　轴承圈取出问题：对于轴承圈的取出问题，可以沿着尺寸、时间、成本三个方向来进行六个维度的发散思维。即将这三个因素分别逐步递增和递减，递增可以到最大，递减可以到最小，直到找到系统的解决方案。

方案设计：

① 假设模具的尺寸趋于零。方案 1：采用一次性模具，铸造时将轴承圈与模具铸造为一个整体。轴承圈铸造完成后，再将模具部分切削加工去除。

② 假设模具的尺寸趋于无穷大。方案 2：增加模具的轴向尺寸，使一次铸造出若干个串联在一起的轴承圈，在采用切割方式分割为多个轴承圈。

③ 假设要求解决轴承圈取出的时间趋于零。方案 3：将轴承圈生产设备设计为含有多个模具并联的结构，且模具均由两个构件构成。当轴承圈铸造完成后，控制装置控制多个模具旋转到一定的角度，在电磁力的作用下将模具两构件分离，从而使轴承圈与模具分离。

④ 假设要求解决轴承圈取出的时间是不受限制的。方案 4：等待自然降温，根据热胀冷缩原理将轴承圈取出。

⑤ 假设用于解决取出轴承圈的费用必须是零。方案 5：用最廉价的方法，采用自然冷却，铸造完成后模具倾斜，在铸件和模具冷却后，因热胀冷缩让二者之间产生缝隙，轴承圈在重力作用下滑出。

⑥ 假设用以解决轴承圈取出的费用可以是无穷大。方案 6：将整个生产过程设计为流水线，实现全自动化生产。

5.3.5　金鱼法

搞研究发明需要"大胆设想，科学求证"，但大胆的"设想"常常表现为一种"幻想"，因不切实际而无法求证。阿奇舒勒从幻想式解决构想中区分出现实的部分和幻想的部分，然后再把幻想的部分通过附加一定条件进一步区分出现实的部分和幻想的部分。这样的划分不断地反复进行，直到确定问题的解决构想能够实现为止。如图 5-13 所示，阿奇舒勒形象地称这种方法为"金鱼法"。采用金鱼法，有助于将幻想式的解决构想转变成切实可行的构想，所以又叫做"梦幻分析仪"。

图 5-13　金鱼法

【案例 5-4】 一个移动机器人完成的动作，首先需要具备 2 个基本功能：移动功能和吸附功能，实现这 2 个基本功能都有多种形式。根据现有爬壁机器人实现的移动功能来看，目前球形壁面爬行机器人实现了移动式、腿足、轮子式、履带式四种移动方式。目前球形壁面爬行机器人较为普遍的吸附方式分 3 种，分别是真空吸附、磁吸附和推力吸附三种。壁面吸附功能是壁面移动类机器人特有的功能，其原理是在吸盘和工作壁面间产生一个合适的正压力，所产生的正压力确保了机器人可以在工作壁面上安全工作。但在吸附力太小时，爬壁机械人会从壁面滑落，应如何解决这个问题呢？

应用金鱼法分析爬壁机器人的方案设计：

① 将题目化为现实和幻想两部分

a. 现实问题：吸附力太小，爬壁机器人会从壁面滑落。

b. 幻想部分：机器人能够完成球形壁面前进，不会有掉落问题。

② 幻想部分为什么不现实？载荷如果很大，那么就会需求机器人拥有大动力和大推进力，并且，机器人进行移动和转弯动作，将导致吸附元件成本的提高。

③ 在怎样的条件下，想象的那一部分才有机会变为实际？在科学技术高度发展，制造水平非常高端的情况下，有可能生产出具有超轻吸附力和摩擦力的吸附装置。

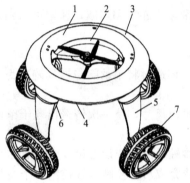

图 5-14 壁面爬行机器人

④ 列出子系统、系统、超系统的能够用来利用的资源

a. 子系统：控制装置、驱动机构、传动机构等；

b. 系统：能够满足圆形壁面前进的机器人；

c. 超系统：能在各种材料尺寸的壁面前进的机器人、空气负压壁面前进机器人等，如图 5-14 所示。

⑤ 从可以利用的资源出发，提出可行方案。利用现有的技术对爬壁机器人进行优化设计，整合，与此同时，解决普通吸附力不够的问题。

⑥ 想象中的方案不能实现，那么再一次跳到最初，不停的一遍又一遍的构思。

5.3.6　小人法

当系统内的某些组件不能完成其必要的功能时，我们用一组小人来代表这些不能完成特定功能的部件，然后通过能动的小人的重新排列组合（如图 5-15 所示），对结构进行重新设计，从而实现预期功能。这种方法，就是阿奇舒勒非常推崇的"小矮人法"，简称"小人法"。小人法能够描述技术系统中出现的问题，通过用小人表示系统，打破原有对技术系统的思维定势，更容易解决问题，获得理想解决方案。

【案例 5-5】 提出解决施工电梯层门安全系数的全新解决方案，以减少施工电梯高空坠落以及其他事故的发生。

下面通过小人法来解决这个问题。

方案设计：

① 分析系统和超系统的组成。在这个问题中子系统：驱动机构、传动机构等；系统：附加的安全装置；超系统：能够提供安全防护的各种装置。

② 确定系统存在的问题或矛盾。施工电梯附加安全装置，要结构尽可能简单，同样防护功能尽量好。

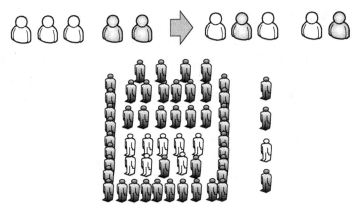

图 5-15　小人法

③ 建立问题模型，如图 5-15 所示。

④ 建立方案模型。

小人模型中，当电梯工作时，灰色小人（施工人员和物料）经过紫色小人（梯笼）移动，在短时间内会出现大量的灰色小人，由于灰色小人"人多势众"，使得底部的白色小人（重量）增加，有可能出现安全问题。在这里，矛盾表现在灰色小人和白色小人在紫色小人的区域发生对峙，一方想出去，一方想进来，矛盾的区域在紫色小人（梯笼）。如同在一条相向的单行道路上，当两方相遇时，都不能通过，最好的办法是运用交通警察，将两者分开，各行其路。在本问题中，能够承担交通警察的角色只有紫色小人（梯笼），而出现问题正是因为紫色小人的存在使得双方对峙。对峙的重要原因是双方在同一个平面上，无法实现两者的分离。如何通过改变紫色小人，来化解双方对峙呢？利用紫色小人疏导灰色小人和白色小人，使双方可行其道。可以考虑通过重组紫色小人，将紫色小人的排列由平面排列转化为"下凸"型排列，当灰色小人向下移动时，白色小人可以自觉的向上移动。

⑤ 从解决方案模型过渡到解决实际问题。

根据第四步中的方案模型，可以在梯笼以及导轨架上设计安装相应的安全防护装置，如梯笼的防护门板、安全防坠装置等。

5.4　TRIZ 的"进化桥"

所谓"进化桥"是指由 TRIZ 的技术系统进化法则与规律组成的解决发明问题的程式化过程，如图 5-16 所示。

图 5-16　TRIZ"进化桥"的构成

5.4.1　技术系统进化法则

G. S. Altshuler 通过大量专利分析发现：众多发明人作为一个整体是不可控的，每个人的工作似乎处于一种随机状态，通常也不知道其他人正在从事同样的发明创造，但一项发明最终被接受的原因是遵循了技术进化的逻辑。G. S. Altshuler 发现了这种逻辑——技术系统在结构上的进化趋势，即技术进化定律与进化路线。他还发现在一个工程领域中总结出的进化定律与进化路线可以在另一个工程领域实现，即技术进化定律与进化路线具有可传递、可复制性。利用这一特点可以对技术的发展进行预测，从而提前进行产品概念设计，加强技术储备，提高竞争力。

关于技术系统进化的定律，G. S. Altshuler 以及 Fry、Rivin 等在不同时期有不同版本的描述，目前比较通用且便于理解和掌握的是 S 曲线和下述八大进化法则：

法则一：完备性法则。一个完整的技术系统必须包含四个部分：动力装置、传输装置、执行装置、控制装置。

法则二：能量传递法则。技术系统要实现其功能的必要条件：能量能够从能量源流向技术系统的所有元件。

法则三：协调性法则。技术系统的进化，沿着整个系统的各个子系统互相更协调，与超系统更协调的方向发展。

法则四：提高理想度法则。技术系统是沿着提高其理想度，向最理想系统的方向进化。

法则五：动态性进化法则。技术系统的进化应沿着结构柔性、可移动性、可控性增加的方向发展，以适应环境状况或执行方式的变化。

法则六：子系统不均衡进化法则。任何技术系统所包含的各个子系统都不是同步、均衡进化的；这种不均衡的进化经常会导致子系统之间的矛盾出现，解决矛盾将使整个系统得到突破性的进化；整个系统的进化速度取决于系统发展最慢的子系统。

法则七：向微观级进化法则。技术系统沿着减小其元件尺寸的方向进化。

法则八：向超系统跃迁法则。技术系统的进化是沿着从单系统-双系统-多系统的发展方向；技术系统进化到极限时，实现某项功能的子系统会从系统中剥离，转移至超系统，作为超系统的一部分。

（1）应用动态性进化法则

根据动态性进化法则中的提高柔性子法则，解决轴颈磨损问题"不是提高硬度，而是提高柔性"。

根据动态性进化法则中的提高可控性的子进化法则，由"无控制的系统"进化到"直接控制"，然后进化到"间接控制"，再进化到"反馈控制"，最后进化到"自我调节自动控制的系统"。例如，建筑物照明控制技术：最初采用人工开关控制是否照明→发展到感应运动物体的控制开关（如远红外电子节能开关）→感应动、静物体的控制开关（如新型热释电开关)→自动识别人数来控制亮灯数量的智能装置。

TRIZ 理论中有八大技术系统进化法则，每种法则下对应多条进化路线，总共有 300 余条进化路线。如图 5-17 根据进化路线确定产品的发展方向，也是确定 IFR 是常用方法之一。

（2）应用能量传递法则

技术系统实现其基本功能的必要条件之一是"能量能够从能量源流向技术系统的所有元件"。换言之，如果技术系统的某个元件不接受能量或者接受不到能量，那么该系统应有的功能就会不足或者不具备。遇到的问题是处理如何选择能量的有效传递方式，有效地控制能源的传递，避免能量在转换中的损耗。反过来想，对于有害的功能，可以通过消除或者控制能量源、切断能量的传递路径等方式阻碍有害功能的发生。

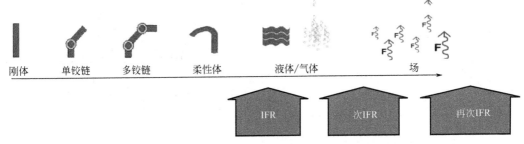

图 5-17　进化路线

（3）应用子系统不均衡进化法则

一个系统由若干子系统组成，它的每个子系统有不同的生命周期，都是沿着自身的 S 曲线进化。大多数技术系统中，系统的各部分没有均衡的发展。首先达到极限的子系统就抑制了整个系统的发展，成为设计中最薄弱的环节。整个系统伴随着薄弱环节的解决而演化。子系统不均衡进化法则要求系统中各个子系统之间的结构、性能、频率等属性要协调，要求子系统或者各个部件充分发挥各自的功能，以保持整个系统的协调。

（4）应用向超系统进化法则

内部进化资源的局限性导致一个技术系统必须被包容在一个超系统之中，作为该超系统的一个组成部分。向超系统进化法则指出：包含在一个超系统中的技术系统，由于系统内部进化资源的有限性，要求技术系统的进化沿着与超系统中的资源相结合的方向发展。

在系统自身进化资源受到限制时，系统转向超系统，即同其他系统联合，使资源进一步发展。主要有两种方式：一是使技术系统和超系统的资源组合；二是让系统的某子系统，被容纳到超系统中。

（5）应用向微观级进化法则

技术系统的进化首先是在宏观级别进化，然后在微观级别进化。在微观级别，技术系统及其子系统在进化发展过程中，其路径是向着减少它们尺寸、增加离散度、向高效可控性场、引入空洞的方向进化。进化的终点是技术系统元件作为实体已经不存在，是通过场来实现其必要的功能，达到其最终理想解。

（6）应用提高理想度法则

任何技术系统，在其生命周期中，是沿提高其理想度向最理想系统的方向进化的，技术系统的发展方向是提高理想度，理想化是推动系统向更高级进化的主要推动力。提高理想度法则代表所有技术系统进化法则的最终方向。最理想的技术系统应该是：作为实现功能的物理实体并不存在，也不消耗任何的资源，但是却能够实现所有必要的功能，即"功能俱全，结构消失"。

5.4.2　技术进化的 S 曲线

S 曲线的概念是哈佛大学教授 Vernon 提出来的。1966 年他首次提出了产品生命周期（Product Life Cycle，PLC）理论，如图 5-18 所示。

一个新产品由多种不同的技术来实现，其核心技术的发展变化决定产品的生命周期。技术的变化过程不是随机的，数据表明，技术的性能随时间变化的规律可以用增长函数来描述，增长函数用图表示即为图 5-19 中的"S 曲线"。

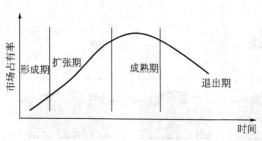

图 5-18 产品生命周期示意图

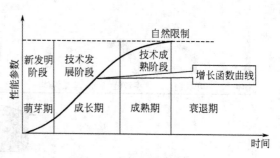

图 5-19 技术进化的 S 曲线

G. S. Altshuler 通过对大量专利的分析研究，发现产品的进化规律满足 S 曲线，但其进化过程依赖设计者对新技术的引入。G. S. Altshuler 用图 5-20 所示的分段线性 S 曲线更加明确地把产品进化分为婴儿期、成长期、成熟期和衰退期四个阶段。

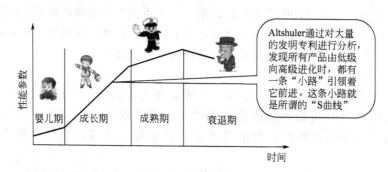

图 5-20 分段线性 S 曲线

5.4.3 雷达图

进化潜力就是在某一进化方向上技术系统当前状态与其进化极限状态之间存在的差距，差距越小表明进化潜能越小，即技术系统已接近其进化极限；差距越大则进化潜能越大。为表达技术系统或元素在各个进化路线上的进化潜力，图形化的进化潜能力图——"雷达图"应运而生，雷达图从多进化方向或者进化模式来描绘技术系统的进化潜力。如图 5-21 所示，图中有多条辐射线，每一条都是从圆心出发向外辐射，每一条辐射线代表一种进化方向，终点代表该技术系统或元素在该进化方向上的进化极限，图中靠近原点的阴影部分表示技术系统或元素已达到的技术水平，阴影部分与进化极限之间的部分表示该技术系统或元素进化的潜能。

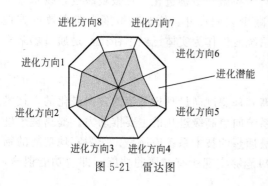

图 5-21 雷达图

【案例 5-6】 飞机的隐形设计

飞机的隐身技术，即设法降低飞机的可探测性，使之不易被敌方发现、跟踪和攻击的专门技术，当前的研究重点是雷达隐身技术和红外线隐身技术。早在第二次世界大战中，美国便开始使用隐身技术来减少飞机被敌方雷达发现的可能。

由于一般飞机的外形比较复杂，总有许多部分能够强烈反应雷达波，如发动机的进气道和尾喷口、飞机上的凸出物和外挂物、飞机各部分的边缘和尖端以及所有能产生镜面反射的表面，因此早期的隐身技术是对飞机的外形和结构做较大的改进。所以我们可以看到一些现役飞机的外形十分独特，如美国的 F117 隐身战斗机，其隐身的主要原理是依靠奇特的外形设计、特种材料及特种涂料的共同作用。F117 采用隐身外形，造成许多难以改变的缺陷，如空气动力性能不好、飞行不稳定、机动性较差、飞行速度低、作战能力低下等。1999 年 3 月 27 日，一架 F117 误入敌方的探测和攻击范围，结果被老式的萨姆 3 导弹击落。随后另一架 F117 也被击伤。

目前，俄罗斯、美国等国家已经相继开始试验研究，利用在飞机周围产生等离子云的原理实现战斗机的隐身。例如，利用放射性同位素发射 α 粒子将周围空气电离，形成等离子体，吸收电磁波的能量，从而达到隐身的目的。

5.5　TRIZ 的"参数桥"

如图 5-22 所示，表示了 TRIZ "参数桥"的构成，即解决冲突问题的"逻辑化"步骤。当发明问题呈参数属性时，通过冲突分析确定冲突性质，对于技术冲突和物理冲突分别应用发明原理和分离原理来解决，解决过程遵循 TRIZ 解题模式，即"三部曲"的模式。其中用到了运动物体的重量、静止物体的重量、运动物体的长度、静止物体的长度等 39 个工程参数，以及分割原则、拆出原则、局部性原则、不对称原则和联合原则等 40 个发明原理。

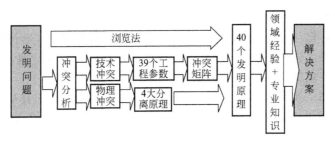

图 5-22　TRIZ 的"参数桥"

产品创新设计的核心是解决冲突，但在解决冲突之前，必须要发现冲突。发现冲突的方法有多种，但传统的 TRIZ 理论中没有提出操作性很强的方法。近年来，冲突的发现方法已经成为研究的热点之一。在工程实际中发现冲突常用的方法包括：在因果分析链中找到问题入手点，提炼技术冲突；从质量功能配置（QFD）的质量屋中发现冲突；利用公理设计（AD）发现冲突；基于物场分析发现冲突等。例如，质量功能配置（QFD）通过质量屋建立用户需求与设计要求之间的关系，设计人员根据这些需求明确设计要求。每一个质量屋都有一个敏感矩阵，如果在该矩阵中的某元素出现负相关，就可能存在冲突。

确定技术冲突主要包括三个步骤，如图 5-23 所示。在确定了改进参数和恶化参数后，由改进的参数和恶化的参数构成技术冲突。

找到冲突参数是确定物理冲突的关键。确定物理冲突主要包括两个步骤，如图 5-24 所示。首先确定冲突参数，如果一个系统对同一个参数有相反的需求时，那么这个参数就是冲突参数；然后弄清对这一参数的两种相反特性的需求。找到该参数及其对应的两种需求，就

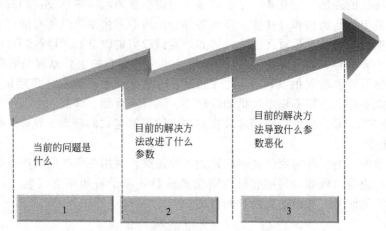

图 5-23　确定技术冲突的步骤

当前的问题是什么

目前的解决方法改进了什么参数

目前的解决方法导致什么参数恶化

物理冲突的确定

冲突参数P $\begin{array}{l} \diagup P+ \\ \diagdown P- \end{array}$

图 5-24　确定物理
冲突的步骤

确定了物理冲突。

　　技术冲突是指系统的一个方面得到改进时，削弱了另一方面。技术冲突的表现形式为一个系统中两个子系统之间的冲突，一般涉及两个参数 A 和 B，即当 A 得到改善时，B 则变得恶化。解决技术冲突的方式有两种：一是直接应用 40 个发明原理来解决，第二种方法是将所遇到的问题的技术冲突用 39 个通用工程参数进行描述，然后利用冲突矩阵选择可用的发明原理来解决。40 个发明原理可解决常见的典型冲突。

　　相比技术冲突，物理冲突问题是更尖锐的问题，更不容易解决。解决物理冲突的关键是实现冲突双方的分离。阿奇舒勒通过对解决物理冲突的方法的总结，提出了四个分离原理。物理冲突问题的解决模型就是四个分离原理或知识库。

　　不利用冲突矩阵，而采用浏览发明原理，选择原理的方法，即直接从 40 个发明原理中选择其中的一个或几个发明原理来解决问题，对于有经验的技术人员是非常方便、有效的。

　　物理冲突是指当一个系统的技术参数有相反的需求时，就构成了物理冲突。即为了满足某种需求，一个系统或物体应该具有某种参数特性，但另一个需求要求不能有这样的参数特性。解决物理冲突的方法为四大分离原理，分别是空间分离、时间分离、基于条件的分离、整体和部分的分离。

　　【案例 5-7】 十字路口交通问题

　　由于人们交通意识的淡薄，闯红灯等现象屡见不鲜，为了规范交通，现在很多城市在每个十字路口都设有协警，协助规范交通。目前协警一般手持小旗，口含口哨，还需要经常以吼叫的方式阻拦人们闯红灯，导致协警们嗓音沙哑，疲惫不堪。在协警如此劳累的情况下，依旧会出现很多听不到协警警示和车辆鸣笛的闯红灯者，这一类闯红灯者主要是"手机族"和"耳机族"。

　　系统冲突分析：将通过在因果分析链中找到问题入手点，提炼技术冲突。

　　确定技术冲突主要包括三个步骤：

　　① 当前的问题是什么？十字路口行人不看红绿灯。

　　② 问题的解决需改进什么参数？可靠性、光照度、运动物体的作用时间、自动化程度。

③ 改进上述参数将对应导致什么参数恶化？物体产生的有害因素、可靠性、运动物体的作用时间。

确定物理冲突主要包括两个步骤：首先要确定冲突参数，如果一个系统对同一个参数有相反的需求时，那么这个参数就是冲突参数；然后弄清对这一参数的两种相反特性的需求。找到该参数及其对应的两种需求，就确定了物理参数。通过分析得出两个冲突参数：运动物体的作用时间和光照度。

冲突参数一：运动物体的作用时间。

一方面希望运物体的作用时间短，行人快速地通过十字路口，加快交通运行，减少交通堵塞；另一方面希望运动物体的作用时间长，行人慢速地按照规定通过十字路口，避免闯红灯发生交通事故。

冲突参数二：光照度。

一方面希望光照度强，在各种恶劣、能见度低的天气里可以让行人看清红绿灯；另一方面希望光照度弱，以防影响驾驶员的视线。

图 5-25 所示为物理冲突。

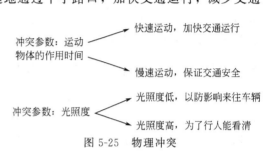

图 5-25　物理冲突

5.6　TRIZ 的"结构桥"

在创立了发明原理及冲突矩阵后，阿奇舒勒发现对于有些技术系统来说并不适用。这些技术系统的技术冲突或物理冲突常常并不明显，冲突参数也不好找，而问题还在。这类问题常常表现为系统中某两个部分（物质）之间的相互作用不能达到预期的效果，比如表现为作用不足、作用过度或作用有害等，致使系统功能不能完好地实现。一般这类问题可以用简练的语言加以描述，问题的约束或限制性条件也比较清楚，此时可以通过转换系统的组成结构，即通过"结构桥"求解此类问题。

"结构桥"是针对具有结构属性的创新问题的解决而构建的。它是应用标准解系统来解决问题的一系列程式化步骤，如图 5-26 所示。首先进行物质-场（substance-field）分析（简称物场分析），建立物质-场模型（简称物场模型），根据问题的约束性条件判断属于哪一类标准问题，然后利用 76 个标准解系统作为解决问题的模板，在三两步之内快速解决问题。

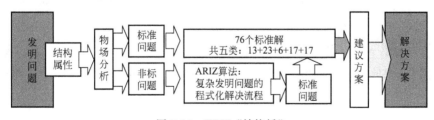

图 5-26　TRIZ "结构桥"

5.6.1　功能模型分析

功能是物体作用于其他物体、并改变其参数的行为，功能描述了系统或组件是用来做什么的。顾客需要的是功能。功能分析的目的是优化技术系统功能并减少实现功能的消耗，使技术系统以很小的代价获得更大的价值，从而提高系统的理想度。

功能模型是一种基于结构的模型，它采用规范化的功能描述方式清晰地表述组件对之间的相互作用关系，揭示系统功能的实现机理。在功能模型图中，用不同线型的箭头表示各功能的类型：直线表示充分的功能；虚线表示不足的功能；＋号线表示过度的功能；波浪线表示有害的功能。

功能模型的分析可以为物场模型的建立提供方便，物场模型分析是在 TRIZ1141 理论体系中是四类模型中的第三类模型，物场模型分析的思路是首先建立与已存在的系统或新技术系统问题相联系的功能模型，然后查找相对应的解的模型，最后用解的模型得到解决方案。在解决问题时，重点关注的是三类模型：不完整模型、效应不足的完整模型、有害效应的完整模型。TRIZ 为这三类模型提供一些一般的解法和 76 个标准解法。

5.6.2　从功能模型到物场模型

物场模型分析是 TRIZ 理论中的一种重要的问题描述和分析工具，在应用时，可以通过建立与已存在的系统或新技术系统问题相联系的功能模型，由功能模型导出物场模型，然后根据物场模型所描述的问题，来查找相对应的一般解法和标准解法。

5.6.3　一般解法

G. S. Altshuler 总结了 76 个标准问题的物场模型及其解决模型，太多的模型在选择和使用时很难快速选用，为此，提炼出了最常用的 6 个一般解法。如图 5-27～图 5-31 所示。

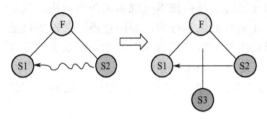

图 5-27　"效应有害的完整模型"的一般解法一

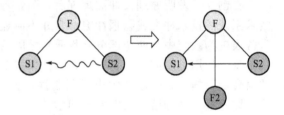

图 5-28　"效应有害的完整模型"的一般解法二

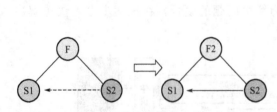

图 5-29　"效应不足的完整模型"的一般解法一

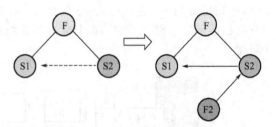

图 5-30　"效应不足的完整模型"的一般解法二

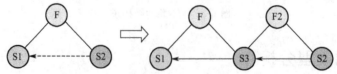

图 5-31　"效应不足的完整模型"的一般解法三

利用 6 个一般解决方法解题相对比较简单，读者可尝试自行练习。

5.6.4 标准解法系统

G. S. Altshuler 对大量的专利进行分析，把不同领域的技术问题和相应的解决方案用物场模型表示，他发现只要问题模型相同，解决方案的模型也相同，而无论问题来自哪个领域。

G. S. Altshuler 不仅提出了物场模型的 6 个一般解法，他一共总结了 76 个标准问题的物场模型并给出相应的解决模型，称其为标准解系统，共分如下五类：

第一类——基本物场模型的标准解系统，共 13 个；

第二类——强化物场模型的标准解系统，共 23 个；

第三类——向双、多、超系统和微观类系统进化的标准解系统，共 6 个；

第四类——测量与检测的标准解系统，共 17 个；

第五类——简化与改善策略标准解系统，共 17 个。

5.7 TRIZ 的"功能桥"

所谓"功能桥"是针对呈现功能属性的发明问题寻求解决方案的程式化步骤，如图 5-32 所示，所体现的解题步骤如下：

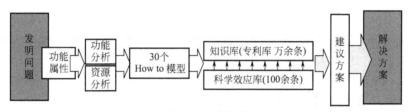

图 5-32　功能桥

第 1 步：分析待解决问题，明确要实现的功能；

第 2 步：用标准表达形式"如何做"描述问题，从 30 个标准"How to"模型中选择其一构建问题模型；

第 3 步：根据"How to"问题模型查找所对应的科学效应和现象；

第 4 步：根据科学效应及其应用示例，结合专业知识与领域经验得到问题解决方案，如图 5-33 所示。

运用科学效应和现象解决实际问题的 5 个步骤：

第 1 步：首先根据所要解决的问题，定义并确定解决此问题所要实现的功能；

第 2 步：根据功能从《功能代码表》，确定与此功能相对应的代码，此代码是 F1～F30 中的其中一个；

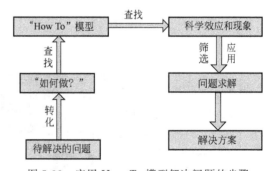

图 5-33　应用 How To 模型解决问题的步骤

第 3 步：从《功能与科学效应和现象对应表》查找此功能代码下 TRIZ 所推荐的科学效应和现象，获得 TRIZ 推荐的科学效应和现象的名称；

第 4 步：筛选所推荐的每个科学效应和现象，优选适合解决本问题的科学效应和现象；

第 5 步：查找优选出来的每个科学效应和现象的详细解释，并应用于问题的解决，形成解决方案。

5.8 发明问题解决算法（ARIZ）

如前所述，对于高级别的发明问题常常应用发明问题解决算法（ARIZ）来求解。ARIZ（Algorithm for Inventive-Problem Solving）是 TRIZ 中最强有力的工具，由 Altshuler 于 1956 年提出，之后经过近 40 年的不断完善，形成了比较完整的体系。

ARIZ 是发明问题解决的完整算法，是 TRIZ 理论中的一个主要分析问题、解决问题的方法，其目标是为了解决问题的物理矛盾。该算法主要针对问题情境复杂、矛盾及其相关部件不明确的技术系统。它是一个对初始问题进行一系列变形及再定义等非计算性的逻辑过程，实现对问题的逐步深入分析和转化，最终解决问题。

ARIZ 算法主要包含以下六个模块：

第一个模块：情境分析，构建问题模型；

第二个模块：基于物场分析法的问题模型分析；

第三个模块：定义最终理想解与物理矛盾；

第四个模块：物理矛盾解决；

第五个模块：如果矛盾不能解决，调整或者重新构建初始问题模型；

第六个模块：解决方案分析与评价。

ARIZ 有多个不同的版本，目前最新版本为 ARIZ-96，而经典的、最常用的版本为 ARIZ-85。如图 5-34 所示，ARIZ-85 共有九个步骤，每一个步骤又由一些子步骤组成。

ARIZ 算法具有优秀的易操作性、系统性、实用性以及易流程化等特性，尤其对于那些问题情境复杂，矛盾不明显的非标准发明问题，它显得更加有效和可行。在经历了不断完善和发展的过程后，目前 ARIZ 已成为 TRIZ 的重要支撑和高级工具。

目前应用最为广泛的 ARIZ-85，共有九个步骤，在解决实际问题过程中，并不一定要求将九个步骤按顺序走完。而是一旦在某个步骤中获得了问题的解决方案，就可跳过中间的其他几个无关步骤，直接进入后续相关步骤，如图 5-35 所示。

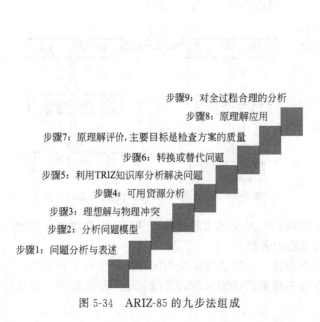

图 5-34 ARIZ-85 的九步法组成

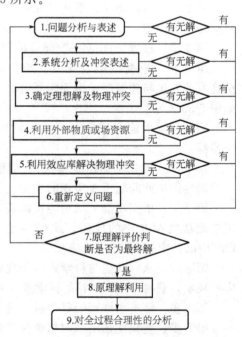

图 5-35 ARIZ-85 的九步法应用

ARIZ 解决该问题的过程如下：

① 最小问题：对已有设备不做大的改变而实现…；

② 系统矛盾；

③ 问题模型；

④ 对立领域和资源分析；

⑤ 理想解；

⑥ 物理矛盾；

⑦ 物理矛盾的去除及问题的解决对策。

5.9 运用 TRIZ 解决冲孔机钢珠脱落问题

5.9.1 项目背景与问题描述

（1）项目背景

冲孔是某产品生产关键工序和设备，冲孔中的导套裂开导致的钢珠脱落、保持架损坏成为主要失效形式之一，钢珠脱落会造成冲针对中不良，对中不良会形成冲孔缺陷（压痕、扭力小）导致产品报废，需要攻关解决。

（2）问题描述

如图 5-36 和图 5-37 所示，当预压机构下压冲针连接杆复位时，连接杆完全脱离保持架，当冲针连接杆再次冲孔时会进入保持架，对保持架产生冲击，时间长了会导致导套钢珠脱落，导向功能失效。

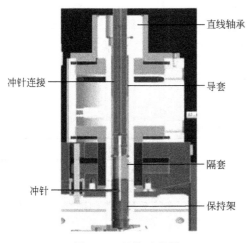

图 5-36 机构示意图

图 5-37 保持架损坏

5.9.2 TRIZ 解决问题设计的步骤

（1）问题识别——功能分析

对组件进行了功能模型分析。将功能模型用图示的方式表示出来，这样可以对系统有一个整体的了解。

通过功能模型分析，发现存在以下系统功能缺点（如表 5-2 所示）。

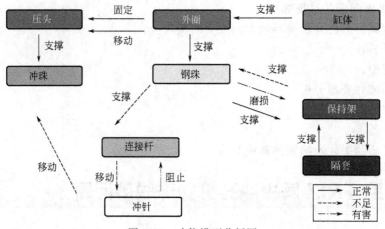

图 5-38　功能模型分析图

表 5-2　系统功能缺点

组件	功能	性能水平
钢珠	支撑连接杆	不足 I
	磨损保持架	有害 H
保持架	支撑钢珠	不足 I
连接杆	移动冲针	不足 I
冲针	阻止连接杆	有害 H
	移动冲珠	不足 I

（2）问题解决

方法一：剪裁

裁剪是一种分析问题的工具，指的是将一个及以上组件去掉，而将其所执行的有用功能利用系统中其他组件来代替的方法。

裁剪组件：钢珠，钢珠的功能是支撑保持架、支撑连接杆。

应用裁剪产生如表 5-3 所示的 2 个可能的解决方案。

表 5-3　剪裁解决方案

序号	关键问题	可能解决方案
1	钢珠脱落	无油衬套取代钢珠滑套（裁剪）
2	钢珠脱落	滚针导向组件取代钢珠滑套（裁剪）

方案示意图如图 5-39 和图 5-40 所示。

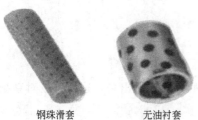

钢珠滑套　　　　无油衬套

图 5-39　无油衬套取代钢珠滑套

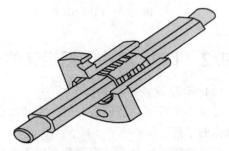

图 5-40　滚针导向组件取代钢珠滑套

方法二：因果链分析

因果链分析是对每一层进行分析时，找到影响本层的根本原因，将大的原因分解成小的原因，原因找到的越多，解决问题的思路也越多。

因果链分析的结束条件：

① 当不能继续找到下一层原因时；

② 当达到自然现象时；

③ 当达到制度、法规、权利、成本等极限时；

④ 与本项目无关时。

通过关键问题因果分析，初步确定了如表 5-4 的 3 个可能的解决方案。

表 5-4 因果链分析解决方案

序号	关键问题	可能解决方案
3	连接杆与保持架不同心	内嵌隔套增加精孔长度
4	连接杆冲击保持架	连接杆前细后粗
5	连接杆与钢珠脱离	冲针与预压机构分离

方法三：发明原理运用

运用物理矛盾分析产生如表 5-5 的 3 个解决方案。

表 5-5 发明原理解决方案

序号	关键问题	可能解决方案
6	连接杆冲击保持架	冲击速度先慢后快(物理矛盾)
7	连接杆与钢珠脱离	保持架随连接杆运动(物理矛盾)
8	连接杆与钢珠脱离	冲针收缩凸轮(物理矛盾)

5.9.3 解决方案分析与评估及其方案验证

（1）解决方案分析（表 5-6）

表 5-6 解决方案分析

物理矛盾	冲针连接杆行程应该短,因为钢珠不能脱落,但是冲针连接杆行程应该长,因为要避开下冲珠孔
分离原理	时间分离
对应的发明原理	15 动态化
发明原理描述	使不动的物体可动或自适应
具体的解决方案	钢珠及保持架随冲针连接杆一起上下运动

以表 5-5 中的方案 7 为例：保持架随连接杆运动。

关键问题分析：连接杆不脱离钢珠。

（2）方案评估

通过上面 TRIZ 解决问题的方法，得出了 8 种可能的解决方案，通过对这些方案的可行性评估，发现方案 7 的可行性最大，其余方案或不是最优选项，或者有限制条件不适合本项目，下面列出几个方案评估，以作参考。如表 5-7 所示。

表 5-7　方案评估

序号	关键问题	可能解决方案	可能方案评估
1	钢珠脱落	无油衬套取代钢珠滑套（裁剪）	无油衬套材质是铜禁止使用，聚氨酯材质精度低不能满足使用要求
2	钢珠脱落	滚针导向组件取代钢珠滑套（裁剪）	滚针导向组件对结构空间要求比较大，现有机器无法满足
3	连接杆冲击保持架	冲击速度先慢后快（物理矛盾）	影响机器 UPH
4	连接杆与钢珠脱离	保持架随连接杆运动（物理矛盾）	可充分利用现有结构，改善成本低，实现时间短。选用此方案

（3）方案验证

对最适合本案的方案 7 进行验证后发现：完成 100000 次跑机验证，保持架没有损坏，钢珠未脱落，连接杆表面没有擦痕，验证结果表明此方案可推广使用，投入到正常生产机器进行进一步验证发现，使用半年未出现故障。

（4）总结与启发

利用 TRIZ 工具全面透彻的分析和应用，能够全面的分析问题，找到多种可能解决问题的思路和方案，再选用合理的方案进行验证并予以实施，从而找到最佳解决方案。

第6章

专利信息检索技术

6.1 常用专利文献检索资源简介

6.1.1 主要专利局提供的专利文献数据库

各国（地区）专利局网站上一般都会提供本国自己出版的专利文献，而且通常更新非常及时。此外，各国（地区）专利局网站上还会提供一些具有地区特色的专利检索方式，例如，USPTO 提供美国专利分类（UC）的检索，JPO 提供有日本专利分类（FI/FT）的检索，EPO 网站上提供有欧洲专利分类（ECLA）的检索等。下面介绍一些主要专利局网站上提供的专利文献检索库。

（1）中国国家知识产权局网站检索

中国国家知识产权局（SIPO）网站（www.sipo.gov.cn）是由中国国家知识产权局设立的政府官方网站，它既是国内外了解中国专利制度、专利法律法规以及国家专利工作动态的窗口，也是国家知识产权局进行专利信息传播和专利信息服务的窗口。利用互联网提供实时的专利信息，更新速度快，并且提供了简单检索方法、高级检索方法和 IPC 检索三种检索方法以及其他专利检索入口。在其他检索入口中提供了集成电路布图设计检索、国外以及港澳台专利检索和重点产业专利信息服务等检索。在中文版面中，页面右侧可看到"专利检索"项，可以选择相应检索入口，直接输入相应检索式进行检索，中国国家知识产权局网站如图 6-1 所示。

中国国家知识产权局网站的数据库收录了自 1985 年 9 月 10 日以来公布的全部中国专利信息，包括发明、实用新型和外观设计 3 种专利的著录项目及摘要，并可浏览到各种说明书全文及外观设计图形，且提供专利全文说明书的下载，该网站数据库每周更新一次。

中国国家知识产权局网站提供"常规检索"和"高级检索"。点击图 6-1 所示的"专利检索"，进入专利检索页面如图 6-2 所示。

点击"专利检索及分析入口"后的网址，进入专利检索及分析页面如图 6-3 所示。

图 6-1　中国国家知识产权局网站

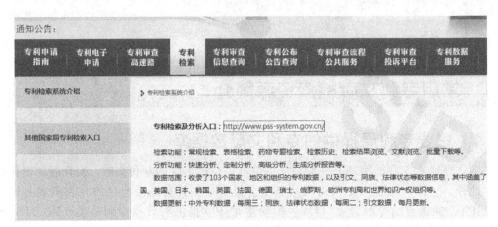

图 6-2　专利检索页面

图 6-3　专利检索及分析页面

　　在该页面中，主要为用户提供专利检索和分析，点击"专利检索"下的"常规检索"进入常规检索页面。在进行检索时，用户也可通过页面上的"分类导航"进行相关领域的检索，专利检索及分析页面在"专利导航"中分出 A～H 八个部分，方便用户的检索工作。

　　"常规检索"可以实现直接在网页上进行申请号、申请日、公开号、公开日、申请人、发明人、名称、摘要或者主分类号的检索。

"常规检索"项的下方设置了"高级检索"的按钮，点击后可进入"高级检索"界面，如图 6-4 所示。

图 6-4　中国国家知识产权局网站"高级检索"界面

在"高级检索"界面左侧有"中国发明申请"、"中国实用新型""中国外观设计"等选项，可对检索对象的范围进行筛选工作，以达到检索范围更小，检索精度更准确的目的。"高级检索"界面提供"申请号""公开（公告）号""发明名称""IPC 分类号""优先权号""摘要"等 14 个字段的检索入口，用户可以选择一个或多个字段进行检索。各字段间可以进行复杂的逻辑运算，并且部分字段支持模糊检索，例如，字符"?"代表一个字符，字符"％"代表 0～n 个字符。

以上字段的具体输入格式如下：

① 申请号。该字段可对申请号和专利号进行检索。申请号和专利号由 8 位或 12 位数字组成，小数点后的数字或字母为校验码。

申请号可实行模糊检索。模糊部位位于申请号起始或中间时应使用模糊字符"?"或"％"，位于申请号末尾时模糊数字可省略。

② 申请日。申请日由年、月、日 3 个部分组成，各部分之间用圆点隔开；"年"为 4 位数字，"月"和"日"为 1 或 2 位数字。

③ 公开（公告）号。公开（公告）号由 7 位或 8 位数字组成。公开（公告）号可实行模糊检索。模糊部分位于公开号起始或中间时应使用模糊字符"?"或"％"，位于公开（公告）号末尾时模糊字符可省略。

④ 公开（公告）日。公开（公告）日由年、月、日 3 个部分组成，各部分之间用圆点隔开；"年"为 4 位数字，"月"和"日"为 1 或 2 位数字。

⑤ 发明名称。专利名称的键入字符数不限。专利名称可实行模糊检索，模糊检索时应尽量选用关键字，以免检索出过多无关文献。模糊部分位于字符串中间时应使用模糊字符"?"或"％"，位于字符串起始或末尾时模糊字符可省略。字段内各检索词之间可进行 and、or、not 的逻辑运算。

⑥ IPC 分类号。专利申请的分类号可由《国际专利分类表》查得，键入字符数不限（字母大小写通用）。分类号可实行模糊检索，模糊部分位于分类号的起始或中间时应使用模糊字符"?"或"％"，位于分类号末尾时模糊字符可省略。

⑦ 申请（专利权）人。申请（专利权）人可为个人或团体，键入字符数不限。申请人可实行模糊检索，模糊部分位于字符串中间时应使用模糊字符"?"或"％"，位于字符串起

始或末尾时模糊字符可省略。

⑧ 发明人。发明人或设计人可为个人或团体，键入字符数不限。发明人可实行模糊检索，模糊部分位于字符串中间时应使用模糊字符"?"或"％"，位于字符串起始或末尾时模糊字符可省略。

⑨ 优先权号。优先权号可实行模糊检索，模糊部分位于字符串中间时应使用模糊字符"?"或"％"，位于字符串起始或末尾时模糊字符可省略。

⑩ 优先权日。优先权日可实行模糊检索，模糊部分位于字符串中间时应使用模糊字符"?"或"％"，位于字符串起始或末尾时模糊字符可省略。

⑪ 摘要。专利摘要的键入字符数不限。专利摘要可实行模糊检索，模糊检索时应尽量选用关键字，以免检索出过多无关文献。模糊部分位于字符串中间时应使用模糊字符"?"或"％"，位于字符串起始或末尾时模糊字符可省略。字段内各检索词之间可进行 and、or、not 的逻辑运算。

⑫ 权利要求。权利要求的键入字符数不限。权利要求可实行模糊检索，模糊检索时应尽量选用关键字，以免检索出过多无关文献。模糊部分位于字符串中间时应使用模糊字符"?"或"％"，位于字符串起始或末尾时模糊字符可省略。字段内各检索词之间可进行 and、or、not 的逻辑运算。

⑬ 说明书。说明书的键入字符数不限。说明书可实行模糊检索，模糊检索时应尽量选用关键字，以免检索出过多无关文献。模糊部分位于字符串中间时应使用模糊字符"?"或"％"，位于字符串起始或末尾时模糊字符可省略。字段内各检索词间可进行 and、or、not 的逻辑运算。

⑭ 关键词。关键词的键入字符数不限。关键词在进行检索时如果输入有空格，则需要加英文的双引号。例如，"手机电脑"，若不加双引号系统会按照手机 or 电脑检索。

(2) 其他国家局专利检索入口

在专利检索页面图 6-2 的左侧，"专利检索系统介绍"按钮的下方设有"其他国家局专利检索入口"按钮，点击按钮进入图 6-5 所示其他国家局专利检索入口页面。在该页面中提供了美国专利商标局网上专利检索、日本特许厅网上专利检索（英文版）、韩国知识产权局网上专利检索、欧洲专利局网上专利检索、世界知识产权组织网上专利检索五个入口。点击相关超链接可进入以上国家局专利的网站，进行相关的检索工作。

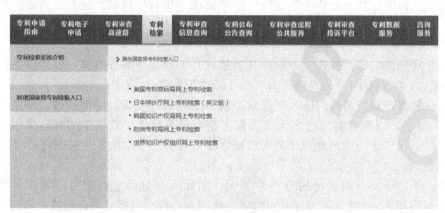

图 6-5　其他国家局专利检索入口页面

下面对以上五个国家局专利检索网站做简要介绍。

① 美国专利商标局网站。美国专利商标局网站（USPTO）网站（www.uspto.gov）是

政府性官方网，该网站中的"专利电子商务中心"为用户提供美国授权专利和美国专利申请公布的检索，US 专利分类查询、美国专利权转移查询以及美国专利法律状态等多项服务。其检索页面如图 6-6 所示。

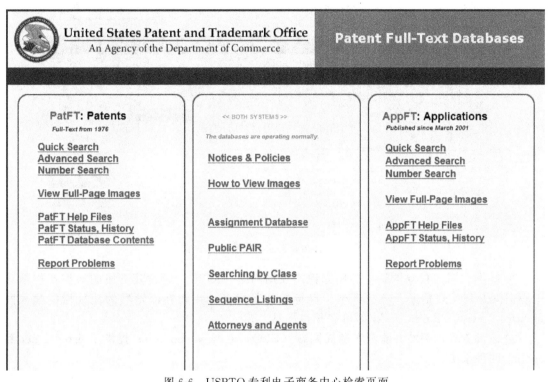

图 6-6 USPTO 专利电子商务中心检索页面

② 日本特许厅网站。日本特许厅（JPO）政府网站（http：//www.jpo.go.jp/）提供了工业产权数字图书馆（Industrial Property Library）。工业产权数字图书馆分英文版和日文版。英文版面工业产权数字图书馆在如图 6-7 所示网页上，提供专利与实用新型公报数据库、专利与实用新型对照索引、FI/F-term 分类检索、日本专利英文摘要、FI/F-term 分类表以及外观设计公报数据库。日文版面工业产权数字图书馆在如图 6-8 所示网页上，提供初学者检索、专利与实用新型检索、法律状态信息检索、商标检索、外观设计检索和复审信息检索等。

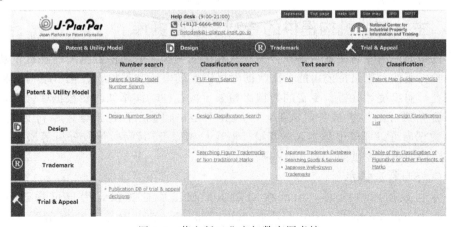

图 6-7 英文版工业产权数字图书馆

进入英文版工业产权数字图书馆后，点击页面右侧上方的"Japanese"后即可进入日文版工业产权数字图书馆。

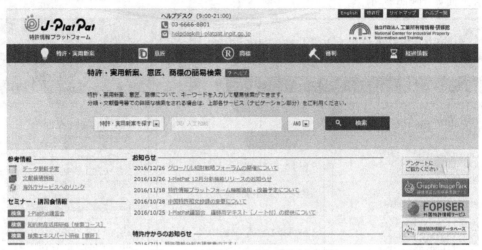

图 6-8　日文版工业产权数字图书馆

③ 韩国知识产权局网站。韩国知识产权局网站（KIPO）通过其下属的知识产权信息中心提供专利文献检索、项目评估、商标检索等服务。用户在浏览器的地址栏中输入网址 http：//www. kipris. or. kr 即可登录该网站。

④ 欧洲专利局网站。欧洲专利局网站（EPO）（www. epo. org）提供了 esp@cenet 和 epoline 两种系统。

esp@cenet 系统为满足一般公众的检索需求而设计，其中包括 3 个数据库：EP 数据库、WIPO 数据库和 Worldwide 数据库。用户在浏览器的地址栏中输入网址 http：//www. espacenet. com/index. en. htm/进入 esp@cenet 系统。

epoline 系统为专利申请人、代理人和其他用户提供提交申请、接收专利局信件、检索和浏览专利文献、监控审批过程以及网上付费等服务。用户在浏览器的地址栏中输入网址 http：//www. epoline. org/portal/public/进入 epoline 系统。

⑤ 世界知识产权组织网站。世界知识产权组织（WIPO）的官方网站（http：//www. wipo. int）提供知识产权数字图书馆。通过该网站可以免费检索 PCT 专利申请的相关信息。该网站中收录了自 1978 年以来公布的国际专利申请，可进行全文检索。

6.1.2　主要商业机构提供的专利文献数据库

商业机构提供的专利文献数据库分为收费和免费两类。收费的数据库往往提供功能强大的检索手段。例如，德温特公司的 DII 数据库可以实现引证文献检索、化学结构式检索，并能对结果进行初步统计分析。免费的数据库检索手段往往功能不如收费数据库强大，但有些数据库却提供独特的检索服务，例如，Google Patents 提供了全部美国专利文献的检索；Patentics 数据库可以提供中英文双语互检、概念检索以及新颖性/侵权分析等服务。本文介绍一些主要商业机构提供的专利文献数据库。

（1）中外专利数据库

中外专利数据库由国家知识产权局知识产权出版社提供，用户可通过登录网址 http：//www. cnipr. com 或 http：//zhuanli. eol. cn/cnipr 进入中外专利数据库。该专利数据库的检索界面如图 6-9 所示。

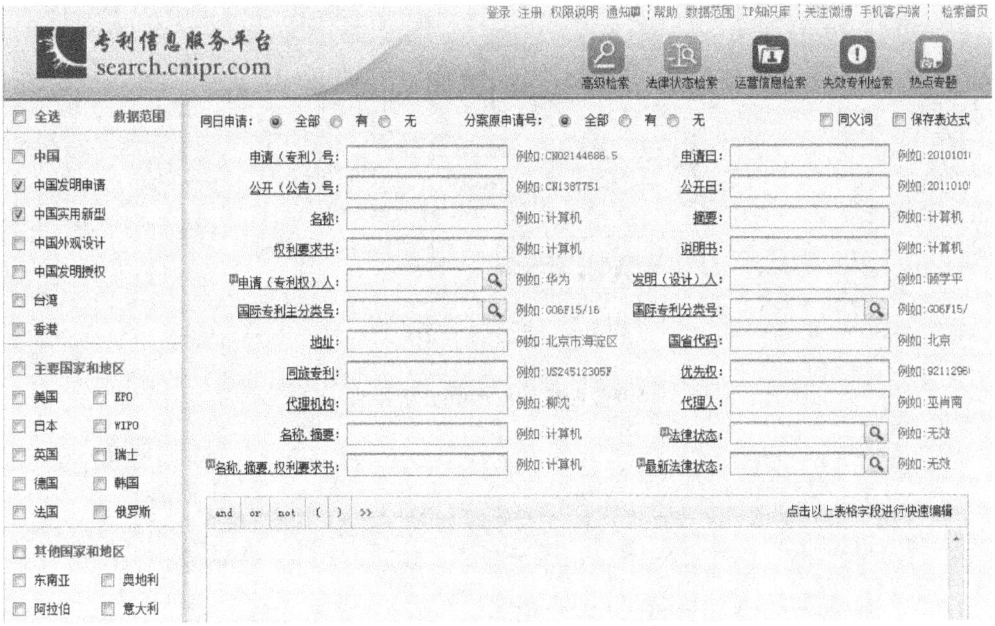

图 6-9　中外专利数据库检索界面

对于中国的专利文献，该数据库提供专利著录项目、摘要、主权利要求、法律状态以及说明书全文；对于其他专利文献，该数据库提供专利著录项目、摘要和摘要附图。

（2）台湾专利数据库

台湾财团法人亚太智慧财产权发展基金会（APIAP）的网站（http：//www. apiap. org. tw）提供台湾专利公报资料库。

进入 APIAP 网站后，在页面左侧选择"專利公報资料库"，申请使用账号或者使用试用账号登录，即可检索台湾专利相关信息；或者在 IE 浏览器的地址栏中直接输入网址 http：//twp. apipa. org. tw/，也可进入该检索系统。

（3）DII 数据库

DII 数据库〔Derwent Innovations Index（德温特创新索引）〕数据库是 Thomson Scientfic 公司基于 ISI Web of Knowledge 网站检索平台推出的专利信息检索产品，该数据库将 DWPI〔Derwent World Patents Index（德温特世界专利索引）〕与 PCI〔Patents Citation Index（专利引文索引）〕有机地整合在一起。通过网址 http：//isikonwledge. com 可访问 ISI Web of Knowledge 网站检索平台，点击链接"选择一个数据库"后可以看到所有数据库，从中选择"Derwent Innovations Index"数据库即可。

（4）Soopat 数据库

Soopat 是一个免费的专利搜索引擎（见图 6-10），其中收录中国、美国、欧洲、日本等多个国家的专利文献，可对其进行摘要检索。用户可以通过网址 http：//www. soopat. com 访问。

除了对专利文献的检索外，Soopat 的主要特色在于可以对专利文献进行分析。点击页面中的连接"分析"，即可切入 Soopat 的分析界面。

在 Soopat 分析界面中，输入待分析的技术主题，例如，"液晶面板"，即可直接得到相关分析结果。Soopat 能够根据申请日、公开日进行分析，并可制作按年或按月统计图（见图 6-11）。

Soopat 可以根据技术主题的分类进行统计汇总，并按照大类、小类、大组、小组、外观等分析汇总，使得检索人可以对技术主题在 IPC 分类中的位置一目了然（见图 6-12）。

图 6-10　Soopat 检索页面

图 6-11　按申请日的分析结果

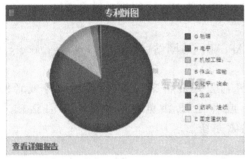

图 6-12　按分类位置的分析结果

同时，Soopat 还提供申请人和发明人的分析，可以了解该技术领域中主要的申请人和发明人，以及技术合作相关信息，是方便快捷的专利分析工具（见图 6-13）。

专利数 10581	申请人数 1615	发明人数 10281	大组数 789	当前总百分比 55.35%
占百分比：100.00%	平均专利数：6.55件	平均专利数：1.03件	平均专利数：13.41件	

申请人	专利数	百分比
1. 深圳市华星光电技术有限公司	1028	8.45%
2. 京东方科技集团股份有限公司	872	7.17%

图 6-13　按申请人的分析结果

6.2　检索对象与检索范围

检索时检索者根据特定的检索目的，在充分理解检索对象之后在一定范围内的信息查询过程。可见，对检索对象的恰当理解是准确、高效地执行检索的前提。不同类型的检索对象，其检索范围不尽相同。

6.2.1　主要检索类型的检索对象和检索范围

（1）查新检索

查新检索用于为科研立项、成果、专利、发明等的评价提供科学依据，其目的在于为评价检索对象的新颖性、创造性和实用性提供文献依据，是科研工作的重要环节，也是申请专利之前的必要工作之一。查新检索可能针对预立项的科研课题、已完成的科研成果和发明、专利申请等，因此，检索对象可能包括研究课题、技术方案、权利要求等。对于未立项或已完成的科研课题而言，其检索对象的理解重点在于课题的研究思路、研究方法和研究手段方面，同时也要兼具其预期的效果和目的方面。对于欲申请专利权的发明而言，其检索对象为权利要求书以及可能作为权利要求修改依据的内容，因此检索对象可能还要扩展至说明书等申请文件的其余部分。

（2）专利性检索

专利性检索的检索对象一般是权利要求书，但在考虑修改等情况下，其检索的对象有时还包括说明书的相关内容。

权利要求的新颖性和创造性是针对公众可以获知的已公开现有技术而言的，因而其检索范围具有一定的时间限制。《专利法》所称的现有技术是指在申请日以前在国内外公众所指的技术（所述的"申请日"在相关的专利文献享有优先权时，则指其优先权日），因此，在进行专利性检索时，可将检索范围限定在检索所针对的专利文献的申请日之前。但是由于通常需要对优先权进行核实，并且对于新颖性，《专利法》还对"抵触申请"的情形做了规定，因此，在实践中一般不对检索范围做时间上的限定，而是在找到内容相关的专利文献后，再考虑其公开的时间。

（3）侵权检索

侵权检索分为防止侵权检索和被控侵权检索，二者检索目的不同，因而对检索对象的理解和检索范围也有不同。防止侵权检索的目的在于找出受该新技术/新产品侵害的专利权，因此，其检索的对象为可能的侵权客体，而检索范围则为具有有效专利权的权利要求。被控侵权检索的目的是要找出被控侵权的专利权无效的证据（例如，公知技术抗辩的证据）。

在检索时应尽量涵盖如下内容：

① 针对出口产品进行全面检索。针对要出口的国家的专利法规定，对出口产品进行相关技术的全面检索，用于评估该产品是否存在其他侵权风险。

② 专利有效性检索。专利有效性检索是指对一项专利或专利申请当前所处的状态进行的检索，用于判断当前该项专利是否是已授权专利，该专利是否在有效期内；该专利侵权后是否因侵权而被撤销专利权或因未交年费而自动放弃专利权等。

③ 专利地域性检索。专利地域性检索是指对一项发明创造都在哪些国家和地区申请了专利进行检索，其目的是确定该专利申请的国家范围，用于判定该专利权对哪些国家有效。

④ 现有技术检索。针对该专利对现有技术进行检索，用于判断本领域中还存在哪些与该专利最接近的现有技术，是否能够构成该专利无效理由，即现有技术是否存在影响其新颖性、创造性的文献。

【案例 6-1】 中国 A 公司生产的某设备一直出口日本，某日 A 公司收到日本 B 公司的律师函，告知其产品侵犯李该公司 5 项专利权，中国公司应采取何种对策？

案例分析：

该案例涉及出口贸易中的知识产权纠纷，应当进行专利有效性检索、专利地域性检索、现有技术检索以及针对出口产品进行全面检索。

检索思路：

① 进行专利有效性检索。根据提供的专利号检索该 5 项专利的授权文本，以专利号为入口，在日本专利数据库中检索该 5 项专利，得知其中 3 项专利还在审查阶段，未获得专利权，另外两项获得专利权，其中一项专利在有效期内，另一项专利授权后年费终止。

② 进行专利地域性检索。经检索同族专利，得知这 5 项专利中有 1 项有 US 和 EP 的同族专利。

③ 进行现有技术检索。针对有效专利，检索现有技术中是否存在影响其新颖性、创造性的文献，即通过检索确定能否找到用于无效该专利的现有技术文献。经检索，检索到一篇能够影响该申请部分权利要求的新颖性的现有技术文献。

④ 针对出口产品进行全面检索。检索到两篇已授权的美国专利文献，提示该产品如果出口美国可能会遭遇专利权纠纷，该美国专利文献还具有 EP 同族文献，该文献还未授权，提示如果今后该产品需要出口欧洲，则需要关注该 EP 同族文献是否授权。

（4）技术贸易检索

技术贸易检索的目的在于评估技术贸易收益，规避贸易风险，是一种综合性的检索，其检索对象为被交易的技术，检索范围包括所有专利文献。

（5）专利战略检索

专利战略分为宏观和微观两种，其中运用最多的是微观专利战略，是指运用专利及其专利制度的特性和功能区寻求市场竞争有利地位的战略。根据实验专利战略的策略方式可分为进攻型和防御型两种。不同的专利战略对于检索策略具有不同的要求。

进攻型专利战略是指企业积极主动地将开发出来的技术及时申请专利并取得专利权，利用专利权保护手段抢占和垄断市场的战略，它是企业利用专利制度建立并扩大自己的专利阵地、取得市场竞争主动权、避免受制于人的前提和条件。实施进攻型专利战略时，检索主要是针对基础专利的研发、专利网络的构建等方面进行。

防御型专利战略是指企业在市场企业竞争中受到其他企业或单位的专利战略进攻或者竞争对手的专利对企业经营活动构成威胁时，采取的打破市场垄断格局、改善竞争被动地位的战略。实施防御型专利战略是，检索主要是围绕无效对方专利、扩大专利公开、专利交叉许可等方面进行。

6.2.2 权利要求的理解

每一项权利要求都确定了一个保护范围，该范围由记载在该权利要求中的所有技术特征来界定，这些技术特征的总和构成了该权利要求所要求保护的技术方案。正确理解权利要求请求保护的技术方案，并确定合适的检索目标，是进行有效检索的前提。

（1）一般权利要求的理解

通常，针对权利要求的检索目标应当是最宽泛理解该权利要求时所概括的所有技术方案。例如，"一种钢笔，其特征在于包括一个发光装置"。由于权利要求中没有限定该发光装置的类型和结构，因此应当理解为该钢笔包括任意一种能够发光的装置，例如，包括灯泡、二极管等任意光源；由于权利要求中也没有限定该发光装置的设置位置，因此该发光装置可以设置在钢笔的任意位置上。检索时，权利要求的术语一般应当理解为相关技术领域通常具有的含义，除非在特定情况下，说明书通过明确的定义或者其他方式给予该术语以特定的含义。当权利要求中的术语在说明书中被赋予不同于通常含义的特定含义时，对该权利要求的检索范围应当包括将权利要求中的术语理解为具有相关领域通常含义时所确定的范围，以及将权利要求中的术语理解为说明书中赋予特定含义时所确定的范围。

对于通常含义的理解，可以借助教科书、技术词典、技术工具书、百科其权属、通用词典、以公开发表的论文等工具辅助理解。

【案例 6-2】 一种脉射收听式电子物品保安（EAS）系统……

案例分析：

权利要求中使用了"脉射"一词，属于自造词，而根据说明书的内容，所述领域技术人员可以确定该词应为"脉冲"的含义。则检索时，将该"脉射"理解为相关领域的规范名词"脉冲"来确定检索目标。

当权利要求中存在商标或商品时，如果该商标或商品名具有公知的确切技术含义，则检索时将其理解为该确切含义进行检索。

（2）具有特定权利要求的理解

① 包含功能和效果特征的权利要求。对于权利要求中以达到的功能或者效果特征进行限定的，需要结合权利要求书和说明书，以及所属领域的技术知识，判断该功能或效果对该权利要求的主题是否有限定作用。判断的具体因素可以从两个方面考虑：

a. 该功能或效果是否是产品的固有特性；

b. 该功能或效果是否导致产品的结构或组成不同。

例如，对于包括功能或效果限定的产品权利要求，当所使用的功能或效果描述是产品的固有特性时，其功能或效果并不导致产品的结构或组成不同时，该功能或效果描述对产品不起实质的限定作用，检索时可不考虑该功能或效果的限定作用。

【案例 6-3】 一种润肤的化妆品组合物……

案例分析：

如果该化合物的组成决定了其具有"润肤"的功能或效果时，该功能限定并不导致该组合物的组成或结构不同，因此该功能或效果描述对产品不起实质限定作用，检索时可不考虑该功能或效果的限定作用。当然，如果该功能或效果相对于产品结构而言对检索更为有利时，也可以从功能、效果的角度入手选择关键词。

【案例 6-4】 一种用于钢水浇铸的模具……

案例分析：

其中"用于钢水浇铸"的用途对主题"模具"具有限定作用。其表明该模具所选用的材料熔点应当足够高，能够用于钢水浇铸，该功能或效果直接导致了产品所选用材料的不同，例如，该模具选用的材料不同于"用于制作冰块的塑料模具"所选用的材料。

② 包含方法特征的产品权利要求。当权利要求中通过制备方法或使用方法限定产品时，如果制备方法或使用方法使产品具有使产品区别于现有技术的产品的结构和/或组成时，制备方法或使用方法对产品具有实质的限定作用。如果用其他方法不能得到与通过权利要求中所述的制备方法得到的产品相同结构的产品，那么，该制造方法对该权利要求的技术方案有限定作用，反之则该制造方法对该权利要求的技术方案没有限定作用。

【案例 6-5】 双层结构的嵌板，由一块铁和一块镍的分板焊接制成。

案例分析：

采用"焊接"方法将制造出不同于采用其他方法。例如，"粘接"方法制造出来的"嵌板"，即，对于最终产品"嵌板"的物理特性有影响。因此，检索时必须考虑"焊接"对该权利要求技术对方案的限定作用。

③ 包含产品特征的方法权利要求。对于方法权利要求，所有特征的限定作用应当最终体现在对该权利要求的保护主题产生了何种影响。当方法权利要求中出现的产品特征实际上隐含了对方法使用的条件和/或步骤的限定时，检索时必须考虑该产品特征的限定；反之，如果方法权利要求中出现的产品特征是方法本身必然具备或带来的特征，即，该产品特征并不意味着对权利要求的主题产生新的限定条件时，则检索时可以不考虑该产品的特征。

【案例 6-6】 权利要求是"一种物质 A 的制备方法，其包括下列步骤……最后由物质 D 和物质 E……条件下反应，得到纯度为 95％以上的物质 A。"

案例分析：

所属领域技术人员根据掌握的技术知识可知，根据上述权利要求中的工艺步骤并不必然得到纯度为 95％的物质 A，该权利要求中的产品特征——"纯度为 95％以上的物质 A"实际上隐含了可能存在的分离、提纯步骤，即上述产品特征对该权利要求请求保护的方法有实际的限定作用。检索时，应优先检索含有该产品特征的技术方案或者具有实现该特征的步骤的技术方案；如果所属领域技术人员根据掌握的技术知识很容易推知实现该特征的步骤，则检索还可以扩展到不含该特征的技术方案。

④ 包含用途和目的特征的权利要求。下面举例说明包含用途和目的特征的权利要求的类型：

a. "由……组成的催化剂""由……组成的装饰材料"中，"催化剂""装饰材料"的限定即属于用途限定，产品本身即代表其用途。

b. "具有抗癌作用的化合物"或"具有抗癌性化合物"中，"抗癌作用"或"抗癌性"属于用途限定，其描述产品的特性时采用的性质上是用途特性。

c. "用于……的装置"：如起重用吊钩、琴弦用合金、水上起飞和降落型水用飞机。

对于权利要求中含有用图限定的产品权利要求，如果用途限定对所要求保护的产品或设备本身没有带来影响，只是对产品或设备的用途或使用方法描述，则其对产品或设备不起实质的限定作用，检索时可不考虑上述用途或使用方法。

【案例 6-7】 一种治疗高血压的药物组合物，包含积雪草苷和芍药苷。

案例分析：

权利要求的主题是保护"药物组合物"，属于产品权利要求，治疗高血压是用途特征，用于限定药物组合物。新颖性检索时，产品不应因具有新的用途而具有新颖性，因此查新检索时，只需要考虑含"积雪草苷"和"芍药苷"两种成分的药物组合物即可，不论该组合物是以什么形式，例如，片剂、胶囊、注射等，也可以不论该组合物中是否还含有其他成分。

【案例 6-8】 一种包装酒的蛋壳工艺酒器，其特征是在鹅蛋蛋壳上开有开口制成。

案例分析：

权利要求的主题名称中含有用途限定"用于包装酒"，由于该用途限定对所要求保护的产品本身没有带来影响—即所限定的产品"蛋壳工艺酒器"不仅可以用于包装，也可以用于盛放其他事物或饮料，该用途并不影响产品本身的结构，因此对产品没有实质的限定作用，检索时可不考虑该用途。

6.2.3 常用检索字段介绍

一般地，专利文献检索系统通常包括如下几种类型的检索字段：

① 申请号、文献号（通常是公开号或公告号）、优先权号；

② 主题词（或标引词）、发明名称、摘要、权利要求、说明说、分类号；

③ 申请人、发明人、公司代码；

④ 其他字段，例如，引用文献、申请人地址、代理机构等。

第①类字段均涉及文献号码检索，比较简单。第②类涉及文献技术内容的检索，是检索中使用频率最高的检索字段。第③类涉及申请人和发明人的追踪检索。第④类涉及引文等其他内容的检索。

下面针对公众通常检索的需求从分类号和关键词检索、申请人和发明人追踪检索、引文追踪检索和专利族检索分别进行简要介绍。

（1）关键词和分类号检索

① 关键词。关键词检索的优点在于直观，能够直接选取所需的技术要点，但存在的问题是，由于专利文献的用词与文献撰写者的用词习惯有很大的关系，因此很难找全，而且选择某一技术要点作为关键词的技巧性也比较强。

不同的互联网网站有不同的要求，一般情况下，对于各个网站的高级检索来说，都允许运用一些逻辑算符，比如 and、or、not 或者一些布尔算符 ＊、＋、－，这种情况可以直接按照这些网站的示例使用。使用互联网检索时，关键词的使用大都是针对主题、摘要进行的检索，当有全文数据库的时候当然也包括对于全文的检索。下面简要说明常用的专利文献检索网站中涉及关键词检索的一些手段。

a. 中国国家知识产权局专利检索系统。在高级检索中提供了同义词检索方式，可将名称或摘要中含有输入的关键词及该关键词的同义词的所有专利检索出来，还可以选择按字检索还是按词检索。该检索系统的多个字段支持模糊检索，"?" 代替单个字符，"％" 代替多个字符，位于字符串末尾时的模糊字符可省略。

b. 中国知识产权网专利数据库。支持模糊检索，"?" 代替单个字符，"％" 代替多个字符，位于字符串起始或末尾时的模糊字符可省略，另外还可以选择按字检索还是按词检索。

c. 中国专利信息网。在逻辑组配检索中，可以选择检索式内部和检索式之间的逻辑关系：检索式内部表示"且"的组培关系，可采用"空格""、""＊"或"＆"；表示"或"的组配关系，可采用"＋"或"｜"；表示"非"的关系，可采用"－"；括号可限定逻辑关系间的优先级。

d. 欧洲专利局网站。esp@cenet 的高级检索界面提供了标题、文摘等检索入口。在检索字段中截词符"＊"代表任意长度的字符，"?"代表 0 或 1 个字符，"♯"分别代表 1 个字符，其中"?"和"♯"分别最多只能使用 3 次，前面至少需要输入 1 个字符，"＊"前面至少需要输入 3 个字符，输入字母时不区分大小写。

关键词主要通过以下工具进行查找：

利用待检索对象本身提供的相关信息、利用分类表、利用字典、利用互联网上的资源、利用学术论文或期刊数据库和建立个人关键词库。

② 分类号。各种专利文献分类体系都是按照一定规则对文献进行分类，以便于对文献进行检索。因此，分类号是检索的重要工具。

③ 关键词与分类号的组合关系。关键词和分类号是表达检索要素的两种最基本的方式。在检索过程中，不同检索要素的关键词和分类号之间通常有如下 3 种最基本的组合方式："分类号 and 分类号"、"分类号 and 关键词"和"关键词 and 关键词"。

（2）申请人和发明人追踪检索

查新检索、专利性检索、侵权检索、专利战略检索等类型的检索都可能需要对掌握相应主题关键技术的申请人或者发明人进行追踪检索。

对于在某个技术领域占有重要地位的大公司的申请人，一般都会针对某个技术主题提交一系列专利申请，这些专利申请在技术上存在千丝万缕的联系，通过将申请人或者发明人作为检索手段，很容易检索出全部专利申请。

一般来说，可以在针对如下对象进行申请人或发明人追踪检索：待检索文献本身的申请人或发明人；待检索文献中记载的重要申请人或发明人；检索过程中获得的重要的相关文献的申请人或发明人。

（3）引文追踪检索

引文追踪检索是指以说明书中引用的在先文献信息或者在专利审批其至无效过程中引用的各种文献信息为线索进行的追踪检索。申请人在撰写专利申请人时，通常会在说明书的背景技术部分描述作为发明基础的在先文献；审查员在专利审查过程中通常会引用在先文献以作为评判专利是否具备新颖性或创造性的依据；无效请求人若以无新颖性或创造性为理由无效某专利时也必须提供现有的文献，所有这些被引用的文献都与其对应的专利文献本身的技术内容密切相关，是专利文献检索的一种重要途径。

在专利审查过程中，引用的文献信息一般都记载在专利检索报告中或者授权的专利说明书的扉页上。

（4）专利族检索

根据 WIPO 在《工业产权信息与文献手册》中的解释，专利族包括如下 6 种类型：简单专利族（Simple Patent Family）、复杂专利族（Complex Patent Family）、扩展专利族（Extended Patent Family）、本国专利族（National Patent Family）、内部专利族（Domestic Patent Family）和人工专利族（Artificial Patent Family）。

6.2.4 特殊领域的检索

一些特殊领域，例如，化合物、基因序列以及有关保密内容的检索，往往无法使用前文所述的一些检索资源和检索策略，因此有必要对这些特殊领域的检索进行单独的介绍。

（1）化合物的检索

化合物的检索，按照检索主题的不同，可以大致分为两类：一类是涉及确定、具体地单一化合物的检索；另一类是涉及取代基可变的通式化合物的检索。

① 名称简单的化合物。对于这类化合物，可以利用多种方式获得其相应的 CAS 登记号，通过该登记号进行检索。

【案例 6-9】 待检索的化合物为水杨酸苯酯。

a. 可以利用搜索引擎（Google，百度）或一些网站获得 CAS 登记号。例如，直接在百度中输入化合物名称以及 "CAS Rn"（大小写字母不限）。从检索的结果中可以获得该化合物的 CAS 登记号为 118-55-8，如图 6-14 所示。

图 6-14　利用 Baidu 获得 CAS 登记号

获得如下结果如图 6-15 所示。

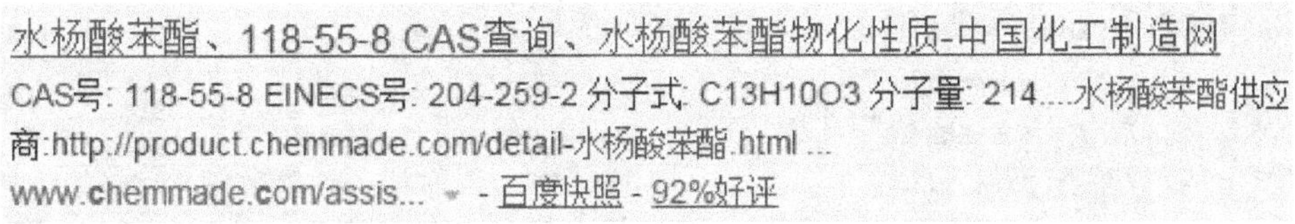

水杨酸苯酯、118-55-8 CAS查询、水杨酸苯酯物化性质-中国化工制造网

CAS号: 118-55-8 EINECS号: 204-259-2 分子式: C13H10O3 分子量: 214....水杨酸苯酯供应

商:http://product.chemmade.com/detail-水杨酸苯酯.html ...

www.chemmade.com/assis... ▾ - 百度快照 - 92%好评

图 6-15　利用 Baidu 获得 CAS 登记号

b. 利用获得的 CAS 登记号在化学文摘数据库中进行检索。

对于获得了 CAS 登记号的化合物，可以进入标引了 CAS 登记号的数据库进行检索，例如，CA on CD、CHEMICAL ABSTRCTS WebEdition 等进行检索。

② 名称复杂的化合物。对与化合物名称较复杂的具体化合物，无法直接通过化学名称搜索到其相应的 CAS 登记号。可以利用一些数据库的结构式检索功能进行检索。

③ 通式化合物。对于通式化合物，由于无法利用常规的检索入口，如关键词等进行检索，也无法利用具体化合物检索时，可以利用的 CAS 登记号以及分子式等，最有效的检索入口就是直接使用通式的结构式进行检索。

（2）生物序列的检索

生物序列主要包括核酸序列和蛋白质序列，可以在互联网上进行生物序列的检索，美国国家生物技术信息中心 NCBI 网站（http：//www.ncbi.nlm.nih.gov）和欧洲生物信息学中心 EBI 网站（http：//www.ebi.ac.uk）提供了常见的互联网检索资源。

6.3　案例检索及陈述意见书或权利要求书查询

6.3.1　案例检索

【案例 6-10】　坐便器水箱

（1）案例介绍

本案涉及查新检索。

待检索的技术主题涉及一种带有储物功能的坐便器水箱，例如，水箱的形状设计为带有储物空间。

（2）案例检索

该查新检索涉及的是对坐便器水箱的改进，检索领域主要涉及坐便器水箱，所解决的技术问题为放置物品。

进入中外专利检索系统（http：//zhuanli.eol.cn/cnipr），查询该查新检索所涉及的技术领域：E03D，进一步查阅 IPC 分类表，确定其 IPC 分类为 E03D1/01（以形状为特征的坐便器水箱）；该 IPC 下没有专门的带有储物功能的坐便器水箱的进一步分类，因此可以用关键词表大概检索要素，采用的关键词除了存储之外，还可以扩展到存储的对象作为关键词，最后确定的关键词为"存储""放置""容纳""物"等（"物"是对"物品""物件"和"杂物"等用语的概括，下面的检索中没有考虑可能存储的具体物件名称的扩展，例如，报纸、书、手纸等）。

① 在中外专利检索系统检索中国专利文献。使用上述关键词和分类号，进行如下表格检索，得到 100 多篇文献（见图 6-16）。

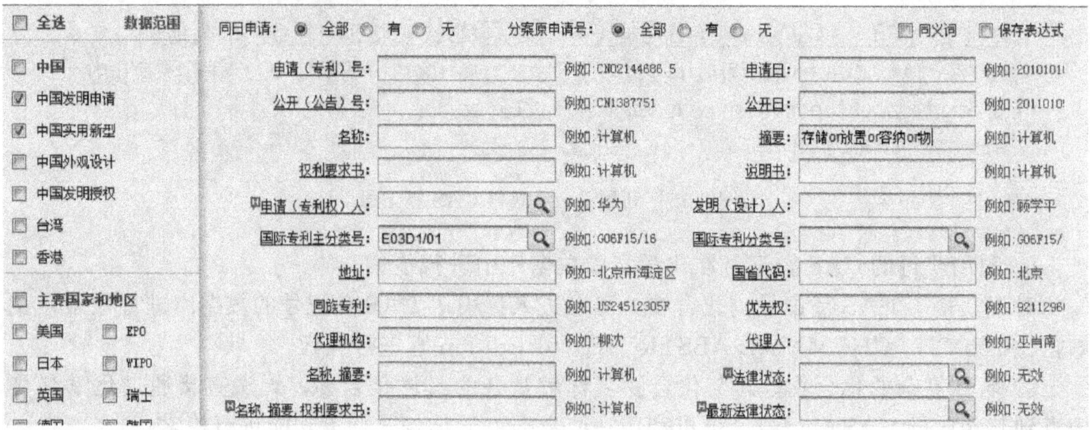
全选
数据范围
中国
中国发明申请
中国实用新型
中国外观设计
中国发明授权
台湾
香港
主要国家和地区
美国
EPO
日本
WIPO
英国
瑞士
同日申请：全部 有 无
分案原申请号：全部 有 无
同义词
保存表达式
申请（专利）号：
例如：CN02144686.5
申请日：
例如：2010101
公开（公告）号：
例如：CN1387751
公开日：
例如：2011010
名称：
例如：计算机
摘要：
存储or放置or容纳or物
例如：计算机
权利要求书：
例如：计算机
说明书：
例如：计算机
申请（专利权）人：
例如：华为
发明（设计）人：
例如：顾学平
国际专利主分类号：
E03D1/01
例如：G06F15/16
国际专利分类号：
例如：G06F15/
地址：
例如：北京市海淀区
国省代码：
例如：北京
同族专利：
例如：US24512305F
优先权：
例如：9211296
代理机构：
例如：柳沈
代理人：
例如：巫肖南
名称，摘要：
例如：计算机
法律状态：
例如：无效
名称，摘要，权利要求书：
例如：计算机
最新法律状态：
例如：无效

图 6-16

通过对检索到的文献进行浏览，发现很多文献与储物并不相关，而是涉及存储废水的功能，为过滤掉这些文献，将关键词修改为：

“存储”or“放置”or“容纳”or“物”not“废水”。得到 10 篇文献，其中有两篇比较相关的文献。

② 在 esp@cenet 上检索外文专利文献。选择“坐便器水箱”“物品放置”作为检索要素在 esp@cenet 检索专利文献，其中，检索要素“坐便器水箱”使用 IPC 分类号“E03D1/01”进行表达，选择使用表述“物品”和“放置”的关键词组合表达检索要素“物品放置”，具体表述为“（item? or article?）AND（stor * or plac *）”。利用分类号和关键词组合在 esp@cenet 的高级检索页面中检索，可得到数篇相关文章，如图 6-17～图 6-19所示。

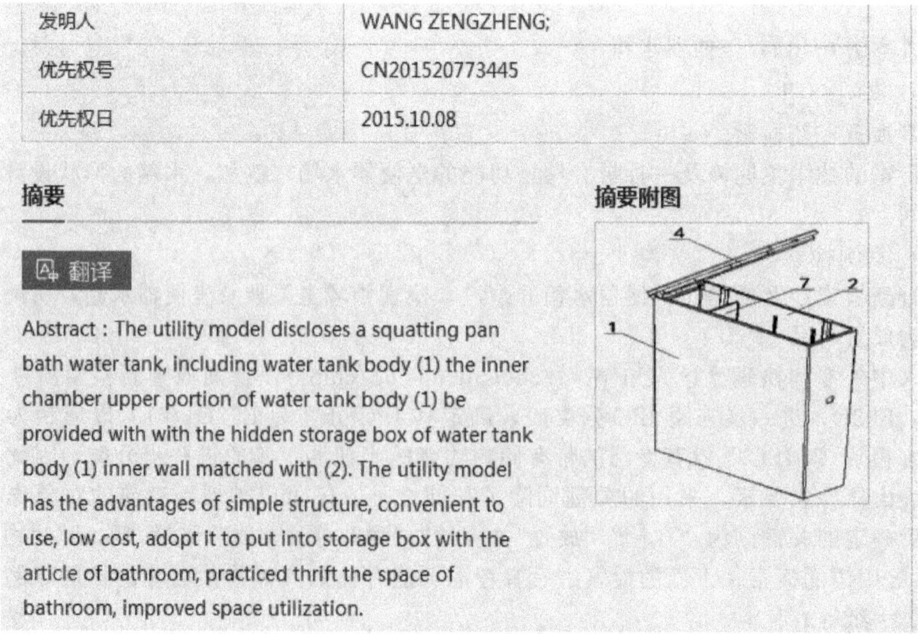
发明人
WANG ZENGZHENG;
优先权号
CN201520773445
优先权日
2015.10.08
摘要
翻译
Abstract : The utility model discloses a squatting pan bath water tank, including water tank body (1) the inner chamber upper portion of water tank body (1) be provided with with the hidden storage box of water tank body (1) inner wall matched with (2). The utility model has the advantages of simple structure, convenient to use, low cost, adopt it to put into storage box with the article of bathroom, practiced thrift the space of bathroom, improved space utilization.
摘要附图
4
7
2
1

图 6-17

摘要　　　　　　　　　　　　　　摘要附图

A中 翻译

Abstract :

The utility model provides a flushing water tank, comprising a water storage tank provided with a tank cover, a player for playing music is installed on the water tank, a player display screen and a player operational key are connected to the surface of the water tank, the water tank is also provided with a clock, which is connected to the display screen, besides, the water tank is provided with an article placing slot, a time trigger switch connected with the audio frequency time system of the clock, and a radio. The flushing water tank in the utility model is advantaged by many convenient toilet functions of playing music, listen to the broadcast, timing and placing articles.

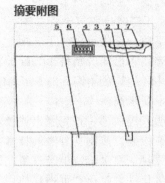

图 6-18

A中 翻译

Abstract_Original:To enable a user to take an article stored in a storage apparatus for toilet easily irrespective of his/her posture without obstructing the ordinary motion of user's body even in a narrow space in a toilet by mounting and dismounting the storage apparatus for toilet at a predetermined position of a main body part of a stool system. ! A stool system provided with a towel hanger 10 consists mainly of a stool 11, a low tank 12, a hand washer 14, etc., and knotched sections 12a, 12b are provided at an upper end of the low tank 12. On the other hand, the towel hanger 10 is L-shaped and is provided with hook-shaped engaging parts 10a, 10b at both ends thereof. When the engaging parts 10a, 10b are engaged with the knotched sections 12a, 12b and the hand washer 14 is put on the low tank 12, the towel hanger 10 is fixed to an upper part of the low tank 12. If the hand washer 14 is not used, a top plate 15 is used instead of it. ! (C)1999,JPO

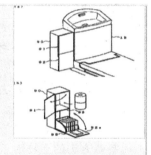

图 6-19

【案例 6-11】 乙偶姻氧化制丁二酮的方法

本案例设计化学领域的查新检索。

（1）案例介绍

现有技术中早已存在多种制备丁二酮的方法，例如：

甲乙酮→亚硝化→丁二酮

2,3-丁二醇→脱氢→丁二酮

异丁醇→氧化重排→丁二酮

现有技术已知的制备丁二酮的方法，都存在一些缺陷，例如，甲乙酮法废水量大，产品难以纯化，生产成本高；2,3-丁二醇法的原料难得，难以工业化生产；异丁醇法设备投入费高，技术要求高。

发明人提供了一种克服上述技术缺陷的替代的丁二酮的制备方法，希望在申请专利之前进行查新检索。该制备方法的技术方案为：一种乙偶姻氧化制丁二酮的方法，其特征是以乙偶姻为原料，在水溶液中经三氯化铁氧化合成丁二酮，氧化后生成的二氯化铁经硝酸氧化还原为三氯化铁，氯化剂可循环使用。

（2）案例检索

本案例涉及已知化合物合成方法的检索。技术方案涉及的反应式为：

$$CH_3C(O)CH(OH)CH_3 + 2FeCl_3 \longrightarrow CH_3C(O)C(O)CH_3 + 2FeCl_2 2HCl$$

$$3FeCl_2 + HNO_3 + 3HCl \longrightarrow 3FeCl_3 + H_2O + NO$$

该技术方案中的技术特征有反应原料乙偶姻、反应的氧化及三氯化铁、反应产物丁二酮，以及为了再生三氯化铁而使用的氧化剂硝酸。

从检索的角度分析基本检索要素：对于化合物制备方法的技术方案，作为原料的乙偶姻和产物的丁二酮必然首先作为两个基本的检索要素；其次，作为参与反应的氧化剂三氯化铁也可以作为一个基本检索要素。

经查阅相关 IPC 分类号，发现 C07C45/00 涉及的是"含有酮基，只连接碳或氢原子的化合物的制备；此类化合物的螯合物的制备"，也即丁二酮的制备方法的分类号应当位于此大组内。进一步根据所使用的反应原料乙偶姻包含羟基，以及该反应为氧化乙偶姻等因素可确定准确的分类号，由上述制备方法的特点可在该大组下确定两个检索用分类号 C07C45/27 及其下位分类号 C07C45/29，前者涉及使用氧化的方法，后者为其中涉及羟基的方法。因此，可以使用这两个分类号表述以该制备方法为特点的检索要素。

同时，上述制备方法的产物为丁二酮，因此将"丁二酮"作为另一个检索要素，并用关键词进行表达。考虑到丁二酮具有多种不同的表达方式，固将该检索要素表述为"butandione or diacetyl"。

在确定了上述两个检索要素后，在 esp@cenet 检索专利文献如图 6-20 所示：

Enter keywords	
Title: ⓘ	plastic and bicycle
Title or abstract: ⓘ	hair
butandione OR diacetyl	
IPC ⓘ	H03M1/12
C07C45/27 OR C07C45/29	

图 6-20

通过上述检索方法可得到数篇结果文献，经浏览，其中一篇专利文献 SU825489B 为非常相关的文献。如图 6-21 所示。

图 6-21

6.3.2 查询陈述意见书或权利要求书等文件

本节通过实例，对如何在网站上查询自己的意见陈述书或权利要求书等文件是否提交的过程进行简要说明。

① 打开公众专利查询网：http：//cpquery．sipo．gov．cn/

界面如图 6-22 所示。

图 6-22 公众专利查询网

② 点击"点击进入"，出现如下界面，如图 6-23 所示。

③ 点击同意以上声明后，点击右下角的"继续"进入如下界面，如图 6-24 所示。

④ 可在此输入专利号或者名字，比如"赵海铭"，会出现如下界面，如图 6-25 所示。会显示赵海铭为权利人有一个发明。

⑤ 然后点击专利号，进入下一个界面，如图 6-26 所示。

上面的界面中，红色横线下有状态，若看详细的可点击"审查信息"，然后会出现如图 6-27 所示界面。

看你的文件是否交上，点击中间文件，中间文件是我们提交的文件，如图 6-28 所示。

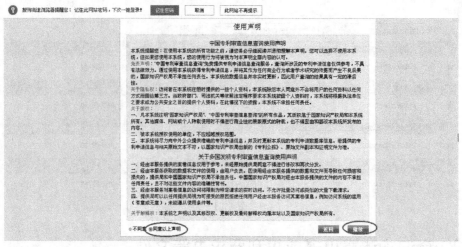

图 6-23

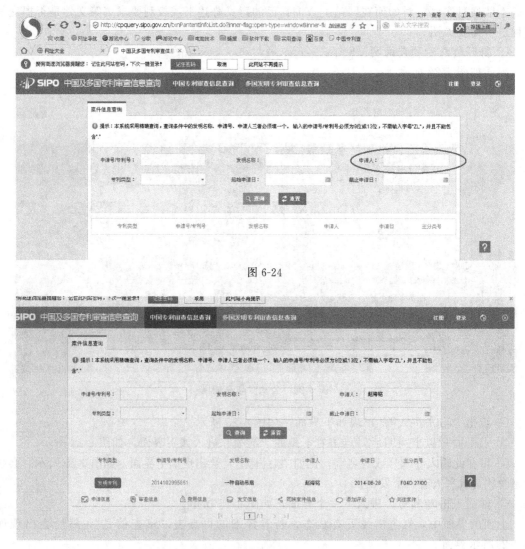

图 6-24

图 6-25

图 6-26

图 6-27

图 6-28

如果这里面没有你最近的文件，证明你没有交上。如图 6-29 所示。

⑥ 同时，在这儿也可以看何时下发的通知。

图 6-29

也可以用鼠标点击着图 6-29 中 A 处的文件，将其拖到窗口外，从而把审查意见下载下来。

第7章

专利撰写与实例分析

7.1 基础知识

7.1.1 可授予发明专利权的保护客体

发明是指对产品、方法或者其改进所提出的新的技术方案。如中国的指南针、火药、造纸和印刷术，就是我国古代著名的四大发明。随着人类知识的发展和科技的进步，经过两次工业革命，各种发明不断涌现。从火车、汽车、飞机等运输工具，到电报、电话、卫星等通信设备，以至收音机、电视机、计算机之类，形成一系列的现代发明。

（1）专利法意义下的发明

发明的法律概念比起一般意义上的发明要严格得多、狭窄得多。专利法所称的发明是指对产品、方法或者其改进提出的新的技术方案。

【案例7-1】 夜光乒乓球

乒乓球运动是常见的体育锻炼项目。如果光线暗淡，由于小球运动快速，人们看球易产生拖影现象，这样就会对球定位不准，不易接球，这时不得不终止运动。本发明是一种夜光乒乓球，其特征在于，所述球体表层涂有荧光粉。本发明的乒乓球上由于涂有荧光粉，利用荧光粉吸光后缓慢释放能量的特点，乒乓球在光线变暗后都会很亮。这样可以方便打球的人员在黄昏或其他灯光暗淡的情况下一展球技。

案例分析：该发明涉及一种夜光乒乓球，技术特征是在乒乓球体表层涂有荧光粉，这些特征构成的技术手段使该发明利用荧光粉吸光后缓慢释放能量的特点，乒乓球在光线变暗后都会很亮，从而解决了人们在光线暗淡的条件下可以继续打乒乓球的技术问题，实现了打球的人员可以在黄昏或其他灯光暗淡的情况下一展球技的技术效果。一般来说，通过技术手段解决的问题都是技术问题，通过技术手段实现的效果都是技术效果。

【案例7-2】 足球

一种足球，在球体表面印有"2010世界杯"标志。

案例分析：由于它与现有技术中的足球相比，印有"2010世界杯"解决的问题不是技术问题，不能构成技术手段，因此其采取的措施不是一种技术方案，即其相对于现有技术中的足球来说不是一项新的技术方案。由此可知，这种表面印有"2010世界杯"标志的足球不属于可授予发明专利权的保护客体。

（2）发明的类型

可授予发明专利权的保护客体可以是产品，也可以是方法。

① 产品发明。产品发明是指经过人工劳动，以有形形式出现的一切发明。它们是通过发明人的创造性智力劳动产生的，如机器、仪器、设备、装置、用具和物质等。这种发明可以是一件独立的产品，也可以是其他产品的一部分。产品发明又可具体分为制造品的发明和材料的发明。对于产品来说，它必须是由人类技术生产制造出来的物品，未经过人的加工而属于自然状态的东西不能称为产品发明，如野生药材、天然宝石、矿物质等。

【案例7-3】 气囊加腹压助产装置

妇女在分娩时需要子宫收缩力来推动，如果产力不足会发生难产，出现第二产程延长，胎儿宫内窘迫等情况，对母婴有产生不良后果的可能性。由于产力不足引起的难产在临床上是颇为常见的。发明提供一种气囊加腹压助产装置，有一条腹带，腹带的两端有腰带式的系紧部分，在腹带的中部有一个气囊袋与腹带固结，一个进排气机构和一个能显示气压的压力测量器并联，通过软管与气囊进排气口相通。

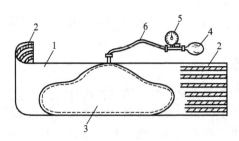

图 7-1　气囊加腹压助产装置示意图

1—腹带；2—尼龙搭扣；3—气囊袋；4—进排气
机构；5—压力表；6—软管

使用时将腹带通过尼龙搭扣固定在腹部，进排气机构向气囊袋充气，使其增大体积，从而增加腹压，起到增加产力，促进分娩，缩短第二产程的作用；且助产装置在加腹压时，压力均匀，着力部位适宜，压力可以随时调整。如图 7-1 所示。

② 方法发明。方法发明是利用自然规律系统地作用于一个物品或物质，使之发生新的质变或成为另一种物品或物质的方法的发明，它是为解决某一特定技术问题所采取的手段、步骤，如制造照相胶片、合成维生素 B2、酿造啤酒的方法。产品的用途属于方法发明。

方法发明可以是全过程，也可以只涉及其中某一个步骤。但是，那些纯属于智力或精神活动的方法，如数学方法、密码编制法，或者完全是人为的规定及经济学的规律，如比赛规则、交通规则、经济的组织和管理方案等，都不是利用自然规律作出的成果，不是《专利法》上所说的发明，所以，不能受到《专利法》保护。

【案例7-4】 茶叶成型的方法

一种将茶叶进行成型的方法，将加工后的成品茶叶进行加热 40~60℃，控制含水率 6%~16%，将加热后的茶叶用压机进行压制，压力为 50~100MPa，压制后的茶叶块密封包装。

7.1.2　可授予实用新型专利权的保护客体

实用新型是指对产品的形状、构造或者其结合所提出的适于实用的新的技术方案，又称小发明或小专利。也就是说，其实质上也是一种发明，以保护那些创造高度尚达不到发明专利要求的一些简单的小发明创造。例如，在结构上作了改进的台灯，既可以申请发明专利，也可以申请实用新型专利。

（1）实用新型的定义

根据《专利法》第 2 条第 3 款的规定，实用新型是指对产品的形状、构造或者其结合所提出的适于实用的新的技术方案。

（2）实用新型专利只保护产品

实用新型专利权保护的产品是经过工业方法制造的，有确定形状和构造，且占据一定空间的实体，如仪器、设备、日常用品或其他器具。一些不具备固定的形状，或者说形状结构不是需要保护特征的客体，不能申请实用新型专利，例如，粉末类、气体、液体物品等。一切方法以及未经人工制造的自然界存在的物品不属于实用新型专利保护的客体。

（3）产品的形状

产品的形状指产品具有的可以从外部观察到的确定的空间形状，如"五角形饼干""立体形帽子"。对产品形状作出的改进的技术方案可以是针对产品的三维空间形态的空间外形作出的改进，如扳手形状、电梯轿厢形状，也可以是针对产品的二维形态作出的改进，如型材的截面形状。

某种特定情况下产品可具有的确定的空间形状。例如，一种多色脆皮雪糕，虽然在常温下会融化，没有固定的形状，但在特定温度以下，该雪糕仍具有确定的空间形状，因此仍属于实用新型专利保护的客体。

产品的形状不是装饰的外表，而应是能使产品在使用中具有特定的技术功能或技术效果的形状。若产品的形状不是为了实现技术功能，而只是为了美观，则不要申请实用新型专利，可以考虑申请外观设计专利。

（4）产品的构造

产品的构造是指产品的各个组成部分的安排、组织和相互关系。产品的构造可以是机械构造，也可以是线路构造。机械构造是指构成产品的零部件的相对位置关系、连接关系和必要的机械配合关系等；线路构造是指构成产品的元器件之间的确定的连接关系。

产品的复合层，其层状结构可以认为是产品的构造，如三角带是由包布、顶胶、抗拉体和底胶四部分组成。另外，对于产品的用肉眼无法区分层间界面的情况，如产品的渗碳层、教化层等，只要在产品的构造中能分出不同的层，就可认为构成复合层产品，这种复合层仍属于产品的构造，可以作为产品的构造特征，如现有自行车车架表面外增加一层保护镀膜；内表面进行了渗氮处理的轴套。

（5）实用新型保护的客体应当注意的问题

① 粉末类物品、气体、液体和方法因为不具备固定的形状，或者说其形状结构不是需要保护的特征，因此不能申请实用新型专利，如一种可以清洁空气的气体。

② 物质的分子结构、组分、金相结构等不属于实用新型专利的保护客体。例如，一种眼镜，其特征在于镜架经过高温处理。又如，一种豆腐皮，其特征是，在豆腐皮表面上均匀黏合有经烘烤干燥而形成的混合浆层，该混合浆层是由食用植物碎粒、豆浆稠浆、牛奶和食用色素组成的混合物。

③ 如果权利要求中既包含形状、构造特征，又包含对方法本身提出的改进，例如，含有对产品制造方法、使用方法或计算机程序进行限定的技术特征，则不属于实用新型专利保护的客体。例如，一种抗菌织物，包括织物和无机抗菌剂，其特征在于，所述织物由纯棉织层和涤纶织层两层粘贴而成：首先将无机抗菌剂喷淋在织物上，然后依次浸轧、干燥和烘焙。由于该权利要求包含了对方法本身提出的改进，因而不属于实用新型专利保护的客体。

④ 将现有技术中已知材料应用于具有形状、构造的产品上，如复合地板、塑料杯、记忆合金制成的心脏管支架等，不属于对材料本身的技术方案，属于实用新型保护的客体。但

"一种用新鲜反光材料替换现有材料制成的汽车车罩""一种新型布料制作的可提高紫外线效果的遮阳伞"就不属于实用新型保护的客体。

⑤ 产品的形状以及表面的图案、色彩或者其结合的新方案，没有解决技术问题，不属于实用新型专利保护的客体，例如，以十二生肖形状为装饰的开罐刀。再如一种眼镜，其特征在于镜架上粘贴有北京奥运会标志。但是既对形状或结构进行了改进，又对装饰性外表进行了改进，仍属于实用新型保护的客体。例如，改变了电脑键盘的按键位置及结构外，还改变了按键表面的文字、符号等。

⑥ 不能以生物的或自然形成的形状作为产品的形状特征。例如，不能以盆景中植物生长形成的形状作为产品的形状特征，也不能以自然形成的假山形状作为产品的形状特征。

⑦ 不能以摆放、堆积等方法获得的非确定形状作为产品的形状特征。例如，仓储物料堆积的形状。

⑧ 允许产品中某个技术特征为无确定形状物质，如气态、液态、粉末状物质，只要其在产品中受该产品结构特征的限制即可，例如，温度计中的形状构造所提出的技术方案允许写入无确定形状的酒精。

⑨ 从实践中大量的实用新型申请案例来看，实用新型一般也都是具体、确定的结构和构造的空间形体，以非立体的平面形态表现出来的产品，尽管有一定的形状、构造，也不受实用新型专利保护。

(6) 实用新型专利与发明专利保护客体异同

发明专利保护的客体可以是产品或方法，但实用新型专利只保护产品，且该产品必须是具体、确定的结构和构造的空间形体。另外，实用新型专利只对产品的形状、构造或其结合进行保护。实用新型专利对创造性的要求低于发明专利对创造性的要求。

【案例 7-5】 按摩袜

本发明创造涉及一种按摩袜，包括袜体 1，其特征在于在袜体内壁上设有凸起的球冠状按摩颗粒 2，上述的球冠状颗粒内还可以设有起到防臭作用的药剂或香料。本发明创造由于在袜子内壁上设有均匀分布的球冠状颗粒，所以只要人们穿上它行走，就可达到对脚部全方位按摩的目的，如在球冠状颗粒中加入防臭作用的药剂或香料还可以起到防臭或治疗足病的作用。如图 7-2 所示。

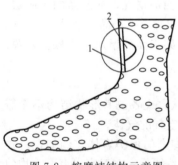

图 7-2 按摩袜结构示意图
1—袜体；2—按摩颗粒

案例分析：对于本发明创造，如果其权利要求为"一种按摩袜，包括抹体，其特征在于袜体内壁上设有凸起的球冠状按摩颗粒"，此权利要求涉及按摩袜的形状和构造进行改进技术方案，属于实用新型专利的保护客体。当然，如果该形状和构造的改进，与现有技术相比，具有突出的实质性特点和显著的进步，也可申请发明专利。如果其权利要求为"一种按摩袜，包括袜体，在于袜体内壁上设有凸起的球冠状按摩颗粒，其特征在于颗粒内设有药剂，药剂由 A、B 组成"，此权利要求涉及药剂组分，不属于实用新型关于产品形状、结构或其组合的保护客体，因此该权利要求不属于实用新型专利的保护客体，而是属于发明专利保护的客体。

(7) 用已知方法的名称限定产品的形状、构造，仍属于实用新型保护的客体

方法发明不属于实用新型专利保护的客体，但权利要求中可以使用已知方法的名称限定产品的形状、构造，但不得包含方法的步骤、工艺条件等。例如，以焊接、铆接等已知方法名称限定各部件连接关系的，不属于对方法本身提出的改进，属于实用新型保护的客体。

7.1.3　可授予外观设计专利权的保护客体

（1）外观设计的定义

依据我国《专利法》第 2 条第 4 款的规定，外观设计是指对产品的形状、图案或者其结合以及色彩与形状、图案的结合所作出的富有美感并适于工业上应用的新设计。与发明和实用新型不同，外观设计涉及的是一种设计方案，是一种工业品装饰性或艺术性外观或式样。

但大家注意以下外观设计的定义，外观设计是指产品的形状、图案或者其结合以及色彩与形状、图案的结合所作出的富有美感并适于工业上应用的新设计，而不是产品的形状、图案、色彩或者其结合所作出的富有美感并适于工业上应用的新设计。也就是说，单独色彩不是外观设计保护命客体。

（2）外观设计的保护客体

实际上外观设计以产品为依托；以产品的形状，图案和色彩等作为要素；以美感为核心，而不追求实用目的；应用于工业，通过工业手段批量复制。发明专利是指就产品、方法或者其改进所提出的新的技术方案。实用新型专利是指就产品的外形、构造或其结合所提出的适用于实用的新的技术方案。可以看出，发明或实用新型的归结点都落在了技术方案上，所谓技术方案是申请人对其要解决的技术问题所采取的利用了自然规律的技术特征的集合。而外观设计专利与上述两种专利有着质的不同，仅是对产品的形状、图案或者其结合以及色彩与形状、图案的结合所作出的富有美感并适于工业上应用的新设计。把握了上述产品的形状、图案、色彩的含义，便不难理解外观设计专利保护的是什么了，外观设计的归结点是新设计，与发明、实用新型专利相比，外观设计不是用来解决技术问题的，外观设计追求的是"美"，它的"美"是在产品的形状、图案、色彩或其结合体现出来的。技术方案不是外观设计保护的内容。

【案例 7-6】　立体贺年卡

A 是"立体贺年卡"外观设计专利权利人，该外观设计专利申请公告上图形为一白色正十四面体的三维视图和展开图，在该专利实施中，其实际产品为一正十四面体的纸制品，此卡内部中间对角装有一根橡皮筋，橡皮筋的弹跳能使贺年卡成为立体（见图 7-3）。A 发现 B 制造、销售的"立体万年历"也使用了自己产品中的橡皮筋结构。A 认为，橡皮筋结构是其外观设计专利的保护点之一，B 使用了此结构侵犯了其外观设计专利权，便向法院提起侵权诉讼。

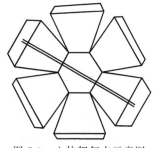

图 7-3　立体贺年卡示意图

案例分析：A 的上述主张的实质是认为其外观设计专利中"利用橡皮筋的弹跳性能，解决贺年卡从平面到立体"的技术方案是该外观设计的保护范围，这显然违反了《专利法》的有关规定，A 的诉讼请求不会得到法院的支持。

（3）外观设计与产品的关系

外观设计必须与产品有关，并与使用该外观设计的产品结为一体，即外观设计必须应用于产品之上。这种产品可以是立体形状的产品，也可以是平面形状的产品。

（4）外观设计的形状与实用新型的形状

外观设计和实用新型中都涉及产品的形状作为保护的对象，但实际上，《专利法》对两者的要求和保护的对象，存在一定的联系也存在区别。

① 外观设计只涉及直接观察到的形状。

【案例 7-7】 发电机后端盖

某申请人申请"发电机后端盖"外观设计专利权，其视图应能显示出产品的形状设计。但是，由于在该外观设计专利产品的主视图中的后端盖上安装有部分电器元件，使得发动机后端盖的部分形状被电器元件所遮盖，不能清楚显示，后视图亦不能清楚显示被电器元件遮盖的部分，故本申请不符合《专利法》第 2 条第 4 款的关于外观设计的规定。

② 外观设计与实用新型保护区别。外观设计的目的在于利用美学原理，借助产品的形状、图案或者它们结合，色彩与形状、图案的结合，达到使人对产品产生美感的效果；而实用新型是一种利用自然规律，通过产品的形状来解决一定问题的技术方案，它的目的不在于唤起人们视觉上的美感而是要取得一定的技术效果。

③ 外观设计与实用新型形状保护的选择。我国对实用新型和外观设计专利权的保护，实用新型强调在产品形状上的技术性创新，与强调产品外形和图案创新的外观设计有着本质上的区别，但两者的界线也并非绝对，有些专利既可作为实用新型也可作为外观设计来申请。若某一产品的形状特征既是富有美感的新设计又具有特定功能，如截面呈正多边形的铅笔，它与圆形铅笔相比，既有美感，也有不易在桌面上滚动的特征。对于这样的产品既可以申请外观设计专利又可以申请实用新型专利。

7.1.4　不授予专利权的客体

考虑到国家和社会的利益，《专利法》还对专利的保护范围作了某些限制性规定。这种限制主要体现在两个方面：一是《专利法》第 5 条规定不授予专利权客体；二是《专利法》第 25 条规定了不授予专利权的客体。

① 因违反法律、社会公德、妨害公共利益；依赖遗传资源完成的发明，遗传资源的获取或利用违反法律、行政法规，而不授予专利权。

a. 违反法律的发明创造，如用于赌博的设备、机器或工具，伪造国家货币、票据、印章等，不能被授予专利权。例如，电子游戏机本以娱乐为目的，但也可能被用于赌博，此电子游戏机仍可授予专利权。值得注意的是，电子游戏机专利申请中，若包含赌博这方面的用途，就应将其删除，如果申请人不同意删除违法的部分，即使它是一项新的有创造性的技术方案，也不能被授予专利权。

还应指出，发明创造的违法一般是针对发明创造的目的违背法律，而不是发明创造的使用和制造受到法律的限制或约束。例如，以国防为目的的各种武器的生产、销售和使用虽然受到法律的限制，但这些武器本身及其制造方法仍然可授予专利权。

b. 违反社会公德的发明创造。社会公德是公众普遍认为正当的，并被接受的伦理道德观念和行为准则。它随着时间的推移和社会的进步，不断地发生变化。《专利法》所称社会公德限于中国境内。发明创造与社会公德相违背的，不能被授予专利权。例如，非医疗目的的人造性器官或其替代物，克隆人或克隆人的方法，人胚胎的工业或商业目的的应用。

c. 妨害公共利益的发明创造。妨害公共利益，是指发明创造的实施或使用会给公众或社会造成危害，或会使国家和社会的正常秩序受到影响。例如，一种使盗窃者双目失明的防盗装置及方法，不能被授予专利权。但如果发明创造因滥用而可能妨害公共利益的，或发明创造在产生积极效果的同时存在某些缺点，例如，对人体有某种副作用的药品，则不能以"妨害公共利益"为理由拒绝授予专利权。

d. 对违反法律、行政法规的规定获取或者利用遗传资源，并依赖该遗传资源完成的发明创造，不授予专利权。

② 科学发现。

根据《专利法》第 25 条的规定，科学发现是指对自然界中客观存在的物质、现象、变化过程及其特性和规律的揭示。科学理论是对自然界认识的总结，是更为广义的发现。它们都属于人们认识的延伸。这些被认识的物质、现象、过程、特性和规律不同于改造客观世界的技术方案，不是专利法意义上的发明创造，因此不能被授予专利权。

值得注意的是，虽然科学发现不属于授予专利权的范围，但是根据该科学发现而进行的进一步的发明创造则是可以被授予专利权的。例如，发现卤化银在光照下有感光特性，这种发现不能被授予专利权，但是根据这种发现制造出的感光胶片以及此感光胶片的制造方法则可以被授予专利权。

③ 智力活动的规则和方法。

智力活动的规则和方法是指导人们进行思维、表述、判断、记忆的规则和方法。由于其没有采用技术手段或者利用自然规律，也未解决技术问题和产生技术效果，从而不构成技术方案。因此，指导人们进行这类活动的规则和方法不能被授予专利权。例如，审查专利申请的方法，仪器和设备的操作说明，计算机的语言及计算规则。在区分智力活动的规则和方法时，应以"技术"二字为核心。凡是对现有技术作出了技术上的贡献的发明创造，都可以成为专利保护的客体。相反，如果该方案不是"技术"的，则不能得到保护。

【案例 7-8】 高效促销方法

一种高效促销方法，其特征是，由销售者根据客户购买商品时间先后顺序，按照一定的排列编号，待购买商品客户人数积累满一定数量时，就随机抽取购买商品的客户，并通知领取所购商品价值数倍的奖金或物品，以达到促销的目的。

案例分析：该请求保护的是一种促销方法，其方案是通过采用对购买商品的客户编组的随机抽奖方式发放奖金或物品，利用赠送奖金或物品的方式达到促销的目的。该方案是人为设定领取奖金或奖品的条件，利用人们对可能满足设定条件而获得相应奖项的兴趣，借助人的思维运动及对社会现象的认识来增加商品销售量，是一种思维运动的结果，因而是智力活动的规则和方法，属于《专利法》第 25 条规定的不授予专利权的情形。

④ 疾病的诊断和治疗。

根据《专利法》第 25 条的规定，疾病的诊断和治疗方法，是指以有生命的人体或者动物体为直接实施对象，进行识别、确定或消除病因或病灶的过程。医生在诊断和治疗过程中应当有选择各种方法和条件的自由，但是，这类方法直接以有生命的人体或动物体为实施对象，无法在产业上利用，不属于专利法意义上的发明创造。因此疾病的诊断和治疗方法不能被授予专利权。

但是，用于实施疾病诊断和治疗方法的仪器或装置，以及在疾病诊断和治疗方法中使用的物质或材料属于可被授予专利权的客体。

⑤ 动物和植物品种。

根据《专利法》的规定，动物和植物品种不能被授予专利权。《专利法》所称的动物不包括人，所述动物是指不能自己合成，而只能靠摄取自然的碳水化合物及蛋白质来维系其生命的生物。《专利法》所称的植物，是指可以借助光合作用，以水、二氧化碳和无机盐等无机物合成碳水化合物、蛋白质来维系生存，并通常不发生移动的生物。动物和植物品种虽然不在《专利法》保护之列，但也可以通过其他法律法规得到保护。

根据《专利法》第 25 条第 2 款的规定，对动物和植物品种的生产方法，可以授予专利权。这里所说的生产方法是指非生物学的方法，不包括生产动物和植物主要是生物学的方法。

一种方法是否属于"主要是生物学的方法",取决于在该方法中人的技术介入程度。如果人的技术介入对该方法所要达到的目的或效果起了主要的控制作用或者决定性作用,则这种方法不属于"主要是生物学的方法"。例如,采用辐照饲养法生产高产牛奶的乳牛的方法;改进饲养方法生产瘦肉型猪的方法等属于可被授予发明专利权的客体。

微生物发明是指利用各种细菌、真菌、病毒等微生物去生产一种化学物质(如抗生素)或者分解一种物质等的发明。微生物和微生物方法可以获得专利保护。

⑥ 原子核变换方法和用该方法获得的物质。

原子核变换方法以及用该方法所获得的物质关系到国家的经济、国防、科研和公共生活的重大利益,不宜为单位或私人垄断,因此不能被授予专利权。

a. 原子核变换方法。原子核变换方法是指使一个或几个原子核经分裂或者聚合形成一个或几个新原子核的过程。例如,完成核聚变反应的磁镜阱法、封闭阱法以及实现核裂变的各种方法等,这些变换方法是不能被授予专利权的。但是,为实现原子核变换而增加粒子能量的粒子加速方法(如电子行波加速法、电子驻波加速法、电子对撞法、电子环形加速法等),不属于原子核变换方法,而属于可被授予发明专利权的客体。

b. 用原子核变换方法所获得的物质。用原子核变换方法所获得的物质,主要是指用加速器、反应堆以及其他核反应装置生产、制造的各种放射性同位素,这些同位素不能被授予发明专利权。

但是这些同位素的用途以及使用的仪器、设备属于可被授予专利权的客体。

⑦ 对平面印刷品的图案、色彩或二者的结合作出的主要起标识作用的设计。

该条款有三点。第一点是平面印刷品,主要是标贴或者瓶贴等。第二点,涉及图案、色彩或者结合的设计,还是定义在平面上,属于图案和色彩的结合,没有包括形状。第三个要点是非常重要的,就是标识作用。如果外观设计有一些设计,在平面印刷品上只涉及图案LOGO的设计,产品名称,这些设计排除在外观设计专利保护客体之外。

⑧ 其他不能获得专利权的客体。

一般而言,下列主题不能获得专利权的授权:

a. 未采用技术手段解决技术问题,以获得符合自然规律的技术效果的方案。

b. 气味。

c. 诸如声、光、电、磁、波等信号。

d. 能量等。

e. 图形、平面、曲面、弧线等本身。

但对于上述气体、能量、信号,如果是利用其性质解决技术问题的,则不排除其获得专利授权的可能性。具有图形、平面、曲面、弧线等产品属于可授予专利权的客体。

【案例 7-9】 眼药水瓶

一种使用安全的眼药水瓶,它包括瓶体和滴嘴,其特征在于,在滴嘴处的上端外周壁涂敷有一圈黑色。

【案例 7-10】 双色连体氧气乙炔气管

目前,熔焊切割金属时分别采用两根单管来输送氧气和乙炔气,操作时两根单管容易扭搅在一起。本发明创造涉及一种双色连体氧气乙炔气管,它是由两根单管在长度方向并排设置并连成一体组成。用于分别输送氧气和乙炔两种管子的颜色根据用户确定。一般采用红色和蓝色。使用时两根管子同时放出或收起,不会产生扭搅,快捷区分每根管子的气源性质,操作使用方便,高空作业时能同时拖上两根管,因此特别适用于高空作业。

案例分析：案例 7-9 中"在滴嘴处的上端外周壁涂敷有一圈黑色"但并未采用技术手段解决技术问题，以获得符合自然规律的技术效果的方案，因而案例 7-9 的权利要求不能获得专利权。案例 7-10 将两根单管在长度方向并排设置并连成一体，分别输送氧气和乙炔气。为分别氧气和乙炔气，将输送气体的单管分别采用红色和蓝色，解决了相应的问题，并获得了符合自然规律的技术效果，因而案例 7-10 可以获得专利权。

7.2　说明书的撰写

7.2.1　发明或者实用新型的说明书概述

（1）说明书的作用及总体组成部分（表 7-1）

说明书是专利申请文件中很重要的一种文件，其主要作用是公开发明的技术内容、支持权利要求的保护。

说明书主要有以下作用：

① 充分公开申请的发明，使所属领域的技术人员能够实施。

② 公开足够的技术情报，支持权利要求书要求保护的范围。

③ 作为审查程序中修改的依据和侵权诉讼时解释权利要求的辅助手段。

④ 作为可检索的信息源，提供技术信息。

表 7-1　说明书的组成部分

组成部分			内容
发明创造名称			该名称应当与请求书中的名称一致
正文	技术领域		要求保护的技术方案所属的技术领域
	背景技术		理解、检索、审查有用的背景技术；可以引证反映这些背景技术的文件
	发明内容	技术领域	所要解决的技术问题
		技术方案	解决其技术问题采用的技术方案
		有益效果	对照现有技术写明发明创造有益效果
	附图说明		对各幅附图作简略说明
	具体实施方案		实现发明创造的优选方式，必要时，举例说明；有附图的，对照附图说明
附图			用图形补充说明书文字部分的描述，使人能够直观地理解发明

说明书实例如下。

【案例 7-11】 一种面向双井道可水平和垂直运行的电梯

说明书

一种面向双井道可水平和垂直运行的电梯

技术领域

本发明涉及一种新型电梯，具体地说是一种面向双井道可水平和垂直运行的电梯，属于电梯技术领域。

背景技术

随着城乡一体化进程加快和高层建筑的增多，我国电梯保有量迅猛增长，升降电梯已经成为国民生活必不可少的交通工具。但是在面对楼与楼之间的人流运输时，现在的电梯已经满足不了具体的需求，城市楼房基本都配备了多台电梯，在高层建筑中，两栋楼房之间还配备有空中通道。传统升降电梯在面对乘客需要从一栋楼到达另一栋楼时，根本无法满足要求。

因此，现在迫切需要一种面向双井道可水平和垂直运行的电梯，来进行楼与楼之间的人流输送。

发明内容

针对上述不足，本发明提供了一种面向双井道可水平和垂直运行的电梯。

本发明是通过以下技术方案实现的：一种面向双井道可水平和垂直运行的电梯，包括曳引系统、T形导轨、水平导轨、旋转底盘、导靴、配重、主动轿厢、随动轿厢和移动轿厢，其特征在于：所述曳引系统位于电梯顶部，所述T形导轨安装在井道内，所述旋转底盘位于电梯井道的中下部和中上部，所述主动轿厢拉着随动轿厢，主动轿厢、随动轿厢、移动轿厢和配重通过导靴限制在T形导轨上；旋转底盘包括支撑架、旋转盘、旋转导轨、驱动电机一和轨道支撑块，所述支撑架上安装着旋转盘和轨道支撑块，所述旋转盘上安装着旋转导轨和驱动电机一；移动轿厢包括随动轿厢外壳、底盘架、轨道轮和驱动电机二，所述底盘架位于随动轿厢外壳下部，底盘架上安装着轨道轮和驱动电机二。

优选的，所述移动轿厢的尺寸小于随动轿厢的尺寸。

优选的，所述随动轿厢和移动轿厢都有轿门。

优选的，所述旋转底盘的安装高度，根据楼层高度而定。

优选的，所述旋转底盘通过安装在井道内的钢柱固定。

优选的，所述随动轿厢内还安装着两条轨道。

优选的，所述移动轿厢的轨道轮向内部凹20～30mm，宽度大于轨道宽度。

优选的，所述移动轿厢数量为两个。

该发明的有益之处是：一种面向双井道可水平和垂直运行的电梯，运输效率高，节约建筑物空间，实现人流多面输送；移动轿厢的尺寸小于随动轿厢的尺寸，便于随动轿厢拉着移动轿厢运动；随动轿厢和移动轿厢都有轿门，保证乘客不会上错轿厢，保证安全；旋转底盘的安装高度，根据楼层高度而定，适应广泛，便于推广；移动轿厢的轨道轮向内部凹20～30mm，宽度大于轨道宽度，使移动轿厢牢牢啮合在轨道上，保证水平运行安全。

附图说明

附图1为本发明的整体结构示意图；

附图2为本发明的旋转底盘结构示意图；

附图3为本发明的双轿厢连接结构示意图；

附图4为本发明的移动轿厢结构示意图。

图中，1—曳引系统；2—T形导轨；3—水平导轨；4—旋转底盘；401—支撑架；402—旋转盘；403—旋转导轨；404—驱动电机一；405—轨道支撑块；5—导靴；6—配重；7—主动轿厢；8—随动轿厢；9—移动轿厢；901—随动轿厢外壳；902—底盘架；903—轨道轮；904—驱动电机二。

具体实施方式

下面将结合本发明中的附图，对本发明中的技术方案进行清楚、完整地描述，显然，所描述的实施例仅仅是本发明一部分实施例，而不是全部的实施例。基于本发明中的实施例，本领域普通技术人员在没有做出创造性劳动前提下所获得的所有其他实施例，都属于本发明保护的范围。

请参阅附图1～附图4所示，一种面向双井道可水平和垂直运行的电梯，包括曳引系统1、T形导轨2、水平导轨3、旋转底盘4、导靴5、配重6、主动轿厢7、随动轿厢8和移动轿厢9，所述曳引系统1位于电梯顶部，所述T形导轨2安装在井道内，所述旋转底盘4位于电梯井道的中下部和中上部，所述主动轿厢7拉着随动轿厢8，主动轿厢7、随动轿厢8、移动轿厢9和配重6通过导靴5限制在T形导轨2上；旋转底盘4包括支撑架401、旋转盘402、旋转导轨403、驱动电机一404和轨道支撑块405，所述支撑架401上安装着旋转盘402和轨道支撑块405，所述旋转盘402上安装着旋转导轨403和驱动电机一404；移动轿厢9包括随动轿厢外壳901、底盘架902、轨道轮903和驱动电机二904，所述底盘架902位于随动轿厢外壳901下部，底盘架902上安装着轨道轮903和驱动电机二904；所述移动轿厢9的尺寸小于随动轿厢8的尺寸；所述随动轿厢8和移动轿厢9都有轿门；所述旋转底盘4的安装高度，根据楼层高度而定；所述旋转底盘4通过安装在井道内的钢柱固定；所述随动轿厢8内还安装着两条轨道；所述移动轿厢9的轨道轮向内部凹20～30mm，宽度大于轨道宽度。

工作原理：电梯开始运行之后，当一栋楼层的乘客想要到达本楼指定楼层，只需在等待楼层按下厅门召唤按钮，召唤主动轿厢7，进入主动轿厢7之后再选择楼层数；当一栋楼层的乘客想要到达另一栋楼层，需要在厅门外按下移动轿厢9的召唤按钮，曳引系统1工作，拖拽主动轿厢7运动，主动轿厢7拉着随动轿厢8到达召唤楼层，到达召唤楼层后，随动轿厢8和其内部的移动轿厢9的轿厢门同时打开，乘客进入移动轿厢9，然后选择到达对面的目标楼层，移动轿厢9通过最近的水平导轨3往对面楼层运动，同时对面楼层的移动轿厢9通过另一条水平导轨3往相反方向行驶，当乘客乘坐的移动轿厢9到达对面楼层，对面楼层的随动轿厢8会载着到达指定楼层，然后乘客到达目标楼层。

对于本领域的普通技术人员而言，根据本发明的教导，在不脱离本发明的原理与精神的情况下，对实施方式所进行的改变、修改、替换和变型仍落入本发明的保护范围之内。

（2）发明或者实用新型的名称

① 与请求书中的名称完全一致，一般不超过25个字；特殊情况下，例如，化学领域的某些申请，可以允许最多40个字。

② 采用所属技术领域通用的技术术语，不要使用杜撰的非技术名词或符号。如捏捏灵、老头乐等。但是不能机械理解，如鞋，不必写成用于人类行走与保护脚掌的设备。

③ 清楚、简明地反映发明或实用新型要求保护的技术方案的所有主题名称和类型。例如，包含装置和该装置制造方法的专利申请，名称应当写成"XX装置及其制造方法"。也就是说，有几项独立权利要求的，它们要求保护的技术方案的主题名称均应在名称中得到体现，如权利要求1是XX产品，权利要求4是该产品的生产方法，权利要求8是方法所使用的专用设备，那么应写成"XX产品、其生产方法及所使用的专用设备"。

④ 最好与国际分类表中的类、组相应，以利于专利申请的分类。

⑤ 不得使用人名、地名、商标、型号或者商品名称，也不得使用商业性宣传用语，如"新型租赁式自行车""MEC-5型家用电器遥控系统""XX凉茶"。最好前面不要加"一种XXX"，如"一种高黏度复合水凝胶及其制备方法"。

⑥ 有特定用途或应用领域的，应在名称中体现，如"用于灯的包装"。

⑦ 尽量避免写入发明或实用新型的区别技术特征。不少申请人希望写入区别特征，以反映它对现有技术作出的改进，不仅使发明名称过长，超过规定的25个字的要求，还会造成写权利要求书的困难，因为若将区别特征写入说明书的名称，为了使权利要求书中独立权利要求技术方案的主题名称与说明书名称一致，则独立权利要求的前序部分也就包含了区别特征。

名称如果单纯考虑回避区别特征，不利于宣传推广。为此，为了照顾推广的需要，在名称中可以稍灵活些，有时在名称中适当兼顾发明创造的某特殊功能效果。如果审查员认为不妥，可以修改。

⑧ 名称与说明书正文之间空一行。

7.2.2　技术领域

说明书应当写明要求保护的技术方案所属的技术领域。技术领域指发明或实用新型直接所属或直接应用的技术领域，既不是所属或应用的广义技术领域，也不是其相邻技术领域，更不是发明或实用新型本身。写明技术领域便于分类和检索。例如，一项关于挖掘机悬臂的发明，其改进之处是将已有技术中的长方形悬臂改为椭圆形截面。其所属技术领域可以写成："本发明涉及一种挖掘机，特别是涉及一种挖掘机悬臂"，而不是写成上位技术领域，"本发明涉及一种建筑机械"，也不宜写成发明本身，"本发明涉及一种截面为椭圆形的挖掘机悬臂"。

技术领域部分常用格式为"本发明涉及一种 XX，尤其是一种具有……的 XXX。"

技术领域特别需要注意的问题：

① 常见的技术领域存在问题的情况。领域过大，如"一种磁共振断层成像方法，属于物理领域"。一般可按国际分类表确定其直接所属技术领域，尽可能确定在其最低的分类位置上。例如，图像显示装置，把技术领域"写成本发明涉及广播电视领域"，应写成"本发明涉及一应用于广播电视的图像显示装置。"

② 应体现发明或实用新型的主题名称和类型。例如，主题只要求保护一种柱挂式广告板产品，这里不应当出现"固定到……支撑物上的方法"之类的描述。

③ 不应包括发明或实用新型的区别技术特征。例如，发明名称为"一种校正近视和老花眼的眼镜"，如果写成"本发明属涉及一种非球面的同心环复曲面透镜。"技术领域中包含了区别技术特征，适宜为：本发明涉及一种多焦点透镜，特别是校正近视和老花眼知多焦点透镜。

7.2.3　背景技术

背景技术对于理解发明非常重要，对背景技术的描述既可以直接记载技术内容，也可以引用其他文件的方式将其中的技术内容结合记载在说明书中。发明或者实用新型说明书的背景技术部分应当写明对发明或者实用新型的理解、检索、审查有用的背景技术。

通常对背景技术的描述应包括三方面内容。

① 尽可能引证反映背景技术的文件。背景技术部分应尽可能引证反映背景技术的文件，尤其要引证包含发明或者实用新型权利要求书中的独立权利要求前序部分技术特征的现有技术文件，即引证与发明或者实用新型专利申请最接近的现有技术文件。除开拓性发明外，至少要引证一篇与本申请最接近的现有技术，必要时可再引用几篇较接近的对比文件，但不必详细说明形成现有技术的整个发展过程。说明书中引证的文件可以是专利文件，也可以是非专利文件，例如，期刊、杂志、手册和书籍等。引证专利文件的，至少要写明专利文件的国别、公开号，最好包括公开日期；引证非专利文件的，要写明这些文件的标题和详细出处。

引证文件还应当满足以下要求：

a. 引证文件应当是公开出版物，除纸件形式外，还包括电子出版物等形式。

b. 所引证的非专利文件和外国专利文件的公开日应当在本申请的申请日之前；所引证的中国专利文件的公开日不能晚于本申请的公开日。

c. 引证外国专利或非专利文件的，应当以所引证文件公布或发表时的原文所使用的文字，写明引证文件的出处以及相关信息，必要时给出中文译文，并将译文放置在括号内。

② 简要说明该现有技术的主要结构和原理。特别是对最接近的现有技术，详细分析它的技术特征。

③ 客观地指出背景技术中存在的问题和缺点。但这仅限于该发明的技术方案所解决的问题和克服的缺点。在可能的情况下，说明存在这种问题和缺点的原因以及解决这些问题时曾经遇到的困难。切忌采用诽谤性语言，例如，"现有技术表明，设计人在磁路设计上的无知，其磁路设计极不合理，技术落后"。

本部分常用语句："XXXXXX（文献名称及出处等）公开了一种……装置（或方法），其构成（方法）是……不足之处（缺点）是……"

"中国专利公开号 CNXXXXXX，公开日 XX 年 XX 月 XX 日，发明创造的名称为 XXXXXX，该申请公开了……其不足之处是……"

背景技术不能写得太笼统，而无最接近的技术方案，未给出已知技术的主要技术特征。如申请一种改进的"叶轮式增氧机"，背景技术中写"在现有增氧机中有叶轮式、水车式、喷水式、涌水式、鼓风式、射流式，各有优点"。

7.2.4　发明或实用新型内容

发明或实用新型内容部分应清楚、客观地写明三部分内容，即发明所要解决的技术问题，解决技术问题的技术方案以及由此带来的有益效果。

（1）解决的技术问题

发明所要解决的技术问题，是指发明要解决的现有技术中存在的技术问题（即发明的目的）。专利申请的基础就是技术问题，无技术问题也就没有专利申请，而且权利要求中涉及的必要技术特征以及说明书是否支持权项与技术问题密切相关。因此，希望大家能够对这个给予足够的重视，如果能够很好地把握住技术问题这个舵，其他问题，如必要技术特征、较大的保护范围等问题，也就迎刃而解了。

采用的格式语句是："本发明要解决的技术问题是提供一种……""本实用新型要解决的任务是……"。所要解决的技术问题可能是一个，也可有几个。有多个时，最好一个问题一段。

通常在撰写说明书时，应当针对最接近的现有技术中存在的问题结合本发明所取得的效果提出本发明所要解决的技术问题。所要解决的技术问题在撰写时，应满足以下要求：

① 体现发明或实用新型的所有主题名称以及发明的类型。例如，一件发明申请中，包含三个主题，即一种陶瓷材料 M，一种陶瓷材料的制备方法和一种陶瓷材料的人造骨骼的用途。将本发明要解决的技术问题写成"提供一种陶瓷材料 M"是不妥当的，还应写明"提供陶瓷材 M 的制备方法和人造骨骼的用途"。当然，对于这种一件申请包含多项发明或实用新型的情况，所列的多个要解决的技术问题应当体现出它们与一个总的发明构思有关。

② 发明所要解决的技术问题应当针对现有技术中存在的缺陷或不足，用正面的、尽可能简洁的语言客观而有根据地反映发明要解决的技术问题，也可以进一步说明其技术效果。例如"本发明所要解决的技术问题是提供一种克服了上述问题的电梯轿厢"，这种表述方式，没有正面表述克服哪个或哪些缺陷，是不符合要求的。

③ 应具体体现出要解决的技术问题，但又不得包含技术方案的具体内容。例如"本发明所要解决的技术问题是降低发动机的能耗"。这种表述过于笼统，单纯用节能、环保等表述是不可以的，还是要指出具体技术问题。

再如"本发明所要解决的技术问题是改进现有技术中存在的缺点，从而获得高质量的图像显示"，这种写法不知道发明所要解决的技术问题是要解决现有技术的全部缺点还是部分缺点，因此要明确写明要解决什么技术问题，可以写成"本发明所要解决的技术问题是要提供一种与现有技术相比失真度小的图像显示装置，从而可获得高质量的图像。"

在所要解决的技术问题中不应包含技术方案的内容，例如，"本发明所要解决的技术问题是，提出一种加设了一条分流支路，并使分流电阻的一端与测试触头电连接，另一端有连接与断开两种工作状态的试电笔。"

④ 不得采用"如权利要求……所述的……"一类用语，也不得采用广告式宣传用语，来描述所要解决的技术问题。

⑤ 所要解决技术问题应与专利的类型相一致。

如申请一种家具台面的尖角改成圆角，如果将解决的技术问题写成是为了解决"美观"问题，因美观属外观设计专利保护范围，该专利申请将被驳回。可以将所要解决的技术问题改为"防止挂破衣服或伤人"。

（2）技术方案

技术方案是申请人利用了自然规律的技术手段对要解决的技术问题所采取的技术措施，表现为技术特征的集合，其描述应使所属技术领域的技术人员能够理解，并能解决所要解决的技术问题，是发明或者实用新型专利申请的核心。技术方案应当能够解决在"解决的技术问题"中描述的那些技术问题，所以，至少先写独立权利要求的技术方案。当然，还可以写明进一步改进的技术方案，也就是从属权利要求中的技术方案。

该部分的撰写最简便的办法是，将独立权利要求删除"其特征在于"的语句，并略加理顺语句即可。将从属权利要求部分可综合起来稍加修改另写一段。

本部分常用语句：为了解决上述技术问题，本发明（实用新型）是通过以下技术方案实现的：写入独立权利要求的内容；本发明（实用新型）还可以写入从属权利要求的内容。

如果一件申请中有几项发明或者几项实用新型，应当分段说明每项发明或者实用新型的技术方案。

撰写技术方案的具体要求：

① 清楚完整地写明技术方案，应包括解决技术问题的全部必要技术特征。

② 用语应与独立权利要求的用语相应或相同，以发明或实用新型必要技术特征的总和形式阐明其实质，删除附图标记、删除"其特征在于"这样的措辞。

③ 必要时可描述附加技术特征所对应的技术方案，为避免误解最好另起段描述。

④ 若有几项独立权利要求，这一部分的描述应体现出它们之间属于一个总的发明构思。

（3）有益效果

该部分应清楚、客观地写明发明与现有技术相比所具有的有益效果。有益效果是指由构成发明的技术特征直接带来的或者是由这些技术特征必然产生的技术效果。有益效果可以通过对发明结构特点的分析和理论说明相结合，或者通过列出实验数据的方式予以说明，不得只断言发明具有有益的效果。对总体方案具有创造性起支撑作用，也是具有实用性的判据之一，也是确定发明是否具有"显著的进步"的重要依据。

有益效果与解决技术问题之间既有联系又有区别。有益效果是通过分析，或者实验结果具体说明该发明技术方案带来的客观有益的效果，与发明或实用新型要解决的技术问题有关，有益效果一定体现所要解决的技术问题。但两者又不相同，要解决的技术问题是指发明或实用新型要解决现有技术中所存在的问题，有益效果是指本发明或实用新型与现有技术相比的优点，也就是构成本发明或实用新型技术方案的技术特征所带来的有益效果，其区别是有益效果比要解决的技术问题更具体。如水杯加盖，技术问题是解决防尘问题，但其效果可以拓展为保温。

【案例 7-12】 粉煤灰陶粒热窑烧结设备

该发明所要解决的技术问题是提供一种用燃煤烧结粉煤灰陶粒的热窑设备，它使边料层正常焙烧，从而实现用立窑生产粉煤灰陶粒。在有益效果部分不仅应反映出其能解决技术问题，而且还应当通过分析给出具体的优点和客观效果："由于本发明在热窑内、外层之间设置了可通高温烟气的通道，减少密壁附近陶粒的向外散热，致使炉内温度均匀，从而保证全窑均匀焙烧，烧结的陶粒强度差异不大，边料层不与内层壁粘接，产品合格率高。采用本发明热窑来烧结粉煤灰陶粒的投资少，与以重油为燃料的设备相比减少 50％；粉煤灰掺量大，由 80％提高到 90％。"

有益效果通常可以由产率、质量、精度和效率的提高，能耗、原材料、工序的节省，加工、操作、控制、使用的简便，环境污染的治理与根治，有用性能的出现等方面反映出来。

对于有益效果，只给出断言，不作具体分析，不能令审查员或公众信服。这一部分通常可采用"对结构特征或作用关系进行分析的方式、用理论说明的方式或者用实验数据证明的方式"来描述。

但是，无论用哪种方式说明有益效果，都应当与现有技术进行比较，指出发明或者实用新型与现有技术的区别。

机械、电气领域中的发明或者实用新型的有益效果，在某些情况下，可以结合发明或者实用新型的结构特征和作用方式进行说明。但是，化学领域中的发明，在大多数情况下，不适于用这种方式说明发明的有益效果，而是借助于实验数据来说明。

对于目前尚无可取的测量方法而不得不依赖于人的感官判断的，例如，味道、气味等，可以采用统计方法表示的实验结果来说明有益效果。在引用实验数据说明有益效果时，应当给出必要的实验条件和方法。

7.2.5　附图说明

说明书有附图的，应当写明各幅附图的图名，并且对图示的内容作简要说明。在零部件较多的情况下，允许用列表的方式对附图中具体零部件名称列表说明。

附图不止一幅的，应当对所有附图作出图面说明。

通常的格式起始句为："下面结合附图对本发明（实用新型）的具体实施方式作进一步详细的描述"。在这之后再给出各幅图的图名并说明。

【案例 7-13】 燃煤锅炉节能装置

发明的专利申请，其说明书包括四幅附图，这些附图的图面说明如下：

附图 1 是燃煤锅炉节能装置的主视图；

附图 2 是附图 1 所示节能装置的侧视图；

附图 3 是附图 2 中的各向视图；

附图 4 是沿附图 1 中 6 线的剖视图。

以下是说明书有关附图撰写几种常见的错误：

① 说明书有附图，但在说明书文字描述部分未集中给出附图的附图说明。

② 各幅附图的附图标记未统一编号。

③ 在流程图或者电路、程序方框图中，用附图标记代替必要的文字说明。

④ 说明书中具体实施方式的描述所提及的附图标记在所有附图中均未出现。

7.2.6 具体实施方式

实现发明或者实用新型的优选的具体实施方式是说明书的重要组成部分，它对于充分公开、理解和实现发明或者实用新型，支持和解释权利要求都是极为重要的。因此，说明书应当详细描述申请人认为实现发明或者实用新型的优选的具体实施方式。在适当情况下，应当举例说明；有附图的，应当对照附图进行说明。

在撰写发明或者实用新型的具体实施方式部分时应当注意下述几个方面：

① 通常这一部分至少具体描述一个优选的具体实施方式，这种优选的具体实施方式应当体现申请中解决技术问题所采用的技术方案，并应当对权利要求的技术特征给予详细说明，以支持权利要求，如任何一个具体实施方式应当包括一项独立权利要求的全部技术特征，而对于任何一项权利要求来说，至少有一个具体实施方式包括其全部技术特征（即体现该权利要求的技术方案）。

② 对优选的具体实施方式的描述应当详细，使所属技术领域的技术人员能够实现该发明或者实用新型，而不必再付出创造性劳动，如进一步的摸索研究或实验。实施例是对发明或者实用新型的优选的具体实施方式的举例说明。实施例的数量应当根据发明或者实用新型的性质、所属技术领域、现有技术状况以及要求保护的范围来确定。

③ 在权利要求，尤其是独立权利要求中出现概括性技术特征（包括功能性技术特征）而使其覆盖较宽的保护范围时，这部分应当给出多个具体实施方式，除非这种概括对本领域技术人员来说是明显合理的；当权利要求相对于背景技术的改进涉及数值范围时，常应给出两端值附近（最好是两端值）的实施例，当数值范围较宽时，还应当给出至少一个中间值的实施例。

④ 通常对最接近的现有技术或者发明或实用新型与最接近的现有技术共有的技术特征可以不作详细展开说明，但对发明或者实用新型区别于最接近的现有技术的技术特征，以及从属权利要求中出现的且不是现有技术或公知常识的技术特征应当足够详细地作出说明；尤其那些对充分公开发明或者实用新型来说必不可少的内容，不能采用引证其他文件的方式撰写，而应当将其具体内容写入说明书。

⑤ 对于产品的发明或者实用新型，实施方式或者实施例应当描述产品的机械构成、电路构成或者化学成分，说明组成产品的各部分之间的相互关系；对于除化学产品以外的其他产品，不同的实施方式是指几种具有同一构思的具体结构，而不是不同结构参数的选择，除非这些参数的选择对技术方案有重要意义；对于可动作的产品，必要时还应当说明其动作过程，以帮助对技术方案的理解。

⑥ 对于方法发明，应当写明其步骤，包括可以用不同的参数或者参数范围表示的工艺条件；方法发明可用工艺条件的不同参数或参数范围来表示不同实施方式。

如蛋糕的制作工艺，除了配料配置步骤次序之外，还应说明温度变化梯度、环境气压条件、持续时间长短等因素，及其相互关系。因为这些因素，可能对该方法的成败产生直接影响。

⑦ 对照附图描述发明或者实用新型的优选的具体实施方式时，使用的附图标记或者符号应当与附图中所示的一致，并放在相应的技术名称的后面，不加括号。例如，对涉及电路连接的说明，可以写成"电阻 3 通过三极管 4 的集电极与电容 5 相连接"，不得写成"3 通过 4 与 5 连接"。

⑧ 在发明和实用新型的内容比较简单的情况下，即权利要求技术特征的总和限定的技术方案比较简单的情况下，在说明书发明或者实用新型的内容部分已经对发明或者实用新型

专利申请所要求保护的主题作出清楚、完整的描述时，则在这一部分可以不必作重复描述。

7.2.7　说明书附图

说明书附图是说明书的一个组成部分，其作用在于用图形补充说明书文字部分的描述，使人能够直观地、形象化地理解发明的每个技术特征和整体技术方案。对于机械和电学技术领域中的专利申请，附图的作用尤其明显。

对于某些发明专利申请，例如，多数化学领域的专利申请，用文字足以清楚、完整地描述发明技术方案时，可以没有附图。对于说明书附图的具体要求如下：

① 实用新型的说明书中必须有附图，机械、电学、物理领域中涉及产品结构的发明说明书也必须有附图。

② 有几幅附图时，用阿拉伯数字顺序编图号，几幅附图可绘在一张图纸上，按顺序排列，彼此应明显地分开，并非将各个附图加上框线。

③ 图通常应竖直绘制，当零件横向尺寸明显大于竖向尺寸必须水平布置时，应当将图的顶部置于图纸左边。同一页上各幅图的布置应采用同一方式。

④ 同一部件的附图标记在同一实施例针对的前后几幅图中应一致，即使用相同的附图标记，同一附图标记不得表示不同的部件。

⑤ 说明书中未提及的附图标记不得在附图中出现，说明书中出现的附图标记至少应在一幅附图中加以标记。

⑥ 附图的大小及清晰度应当保证在该图缩小到 2/3 时仍能清楚地分辨出图中的各个细节。

⑦ 附图中除必需词语外，不应包含有其他注释。电路或程序的方框图、流程图中应注明各个方框的名称，此时可以没有附图标记，但涉及对某个方框的具体细节的说明时，应使用附图标记，这样比较方便。

附图集中放在说明书文字部分之后。

7.2.8　说明书具体实例

【案例 7-14】 一种菠萝自动加工装置

一种菠萝自动加工装置

技术领域

本发明涉及一种菠萝自动加工装置，属于食品自动化领域。

背景技术

近年来，随着菠萝种植面积的逐步扩大，菠萝已经成为一种各家各户都喜爱吃的一种水果。加工时，较厚的外皮及表面的"黑点"的处理方式依靠劳动者的熟练程度，生产率不高，而且当大规模的生产加工时，人力是完全达不到生产要求的，因此迫切需要一种菠萝自动加工装置。

发明内容

本次设计的目的在于针对市场上多种多样菠萝自动加工装置，以解决现实中的一些缺陷，针对上述不足，本发明提供了一种菠萝自动加工装置。

本发明是通过以下技术方案实现的：一种菠萝自动加工装置，涉及食品自动化领域，具有简洁、方便、节能、实用等功能，主要组成包括有控制切削外圆刀具丝杆步进电机、框架、上加紧盖、摄像头、外圆刀、下旋转底座、XY 移动工作台、X 方向刀具控制步进电机、钻孔特种刀具、控制上加紧盖丝杆步进电机、转轮、传送带、控制切块刀具丝杆步进电机、切块刀具、喷水装置、储藏盒、底座旋转电机、Y方向刀具控制步进电机、电机，其特征在于：在框架的上方安装控制切削外圆刀具丝杆步进电机、控制上加紧盖丝杆步进电机、控制切块刀具丝杆步进电机和喷水装置，在框架内部装有摄像头和XY移动工作台，在框架的中间部分安放传送带，在传送带上安装若干个下旋转底座，在传送带的头部下方安装储藏盒。

进一步，所述切削外圆刀支撑架为弹性结构，镶嵌在框架上，并由控制切削外圆刀具丝杆步进电机控制其上下运行。

进一步，所述的XY移动工作台，在摄像头的辅助下，在菠萝上钻孔可以实现上下左右对特种钻孔工具的控制，保证菠萝表面的"黑点"可以轻易地祛除。

进一步，所述的下旋转底座，安装在底座旋转电机上，底座旋转电机固定在传送带上，下旋转底座上开有十字槽，与切块刀具相配合。

进一步，所述的切块刀具，安装在框架上，由控制切块刀具丝杆步进电机控制其上下的动作。

本发明的有益效果是：

① 把菠萝放在下旋转底座上，实现了对菠萝的定位，使其可以实现流水化加工，简洁高效，易操作，减轻了劳动强度。

② 自动地进行菠萝外皮和"黑点"的祛除、切块、清洗。

③ 在清洗步骤结束后，传送带到达尽头，自动把菠萝放入储藏盒内，轻易地实现了菠萝的快速收集。

附图说明

附图1为该发明整体结构示意图。

附图2为该发明的XY移动工作台结构示意图。

附图3为该发明的传送带结构示意图。

附图4为该发明的切块刀具结构示意图。

附图5为该发明的钻孔特种刀具结构示意图。

附图6为该发明的下旋转底座结构示意图。

图中：1—控制切削外圆刀具丝杆步进电机；2—框架；3—上加紧盖；4—摄像头；5—外圆刀；6—下旋转底座；7—XY移动工作台；8—X方向刀具控制步进电机；9—钻孔特种刀具；10—控制上加紧盖丝杆步进电机；11—转轮；12—传送带；13—控制切块刀具丝杆步进电机；14—切块刀具；15—喷水装置；16—储藏盒；17—底座旋转电机；18—Y方向刀具控制步进电机；19—电机。

具体实施方式

请阅读附图1～附图6，本发明提供一种技术方案：一种菠萝自动加工装置，涉及食品自动化领域，具有简洁、方便、节能、实用等功能，主要组成包括有控制切削外圆刀具丝杆步进电机1、框架2、上加紧盖3、摄像头4、外圆刀5、下旋转底座6、XY移动工作台7、X方向刀具控制步进电机8、钻孔特种刀具9、控制上加紧盖丝杆步进电机10、转轮11、传送带12、控制切块刀具丝杆步进电机13、切块刀具14、喷水装置15、储藏盒16、底座旋转电机17、Y方向刀具控制步进电机18、电机19，其特征在于：在框架2的上方安装控制切削外圆刀具丝杆步进电机1、控制上加紧盖丝杆步进电机10、控制切块刀具丝杆步进电机13和喷水装置15，在框架2内部装有摄像头4和XY移动工作台7，在框架2的中间部分安放传送带12，在传送带12上安装若干个下旋转底座6，在传送带12的头部下方安装储藏盒16；所述切削外圆刀5支撑架为弹性结构，镶嵌在框架2上，并由控制切削外圆刀具丝杆步进电机 1 控制其上下运行；所述的 XY 移动工作台 7，在摄像头 4 的辅助下，在菠萝上钻孔可以实现上下左右对钻孔特种工具 9 的控制，保证菠萝表面的"黑点"可以轻易地祛除；所述的下旋转底座 6，安装在底座旋转电机 17 上，底座旋转电机 17 固定在传送带 12 上，下旋转底座 6 上开有十字槽，与切块刀具 14 相配合；所述的切块刀具 14，安装在框架 2 上，由控制切块刀具丝杆步进电机 13 控制其上下的动作。

使用时：工作人员把菠萝放在下旋转底座 6 上，随着传送带 12 向前运动，在即将进入外圆切削及祛除"黑点"装置的时候，底座旋转电机 17 开始工作，带动下旋转底座 6 旋转，此时，摄像头 4 发挥功能，发现"黑点"，并由 XY 移动工作台 7 移动位置控制钻孔特种刀具 9 祛除"黑点"，完成此步骤后进入切块阶段，底座旋转电机 17 停止工作，并且调整位置，切块刀具 14 落下，完成切块任务；随后进入清洗阶段，由喷水装置 15 进行完成清洗，最后随传送带 12 运动落入储藏盒 16 进行保存。

对于本领域的普通技术人员而言，根据本发明的教导，在不脱离本发明的原理与精神的情况下，对实施方式所进行的改变、修改、替换和变型仍落入本发明的保护范围之内，如图 7-4 所示。

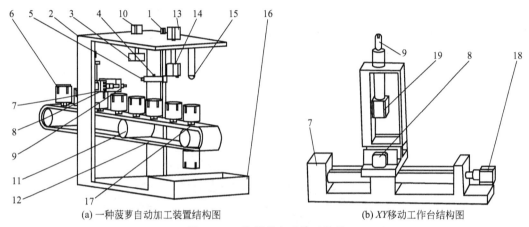

(a) 一种菠萝自动加工装置结构图　　　　　(b) XY 移动工作台结构图

图 7-4　一种菠萝自动加工装置

【案例 7-15】　一种自动糊药盒装置

一种自动糊药盒装置

技术领域

本发明涉及一种自动糊药盒装置，具体地说是由电机、滚轮、喷胶头及同步带等组成的，来实现涂胶、折叠药盒的功能，属于轻工业技术。

背景技术

目前市场上的药盒的糊制加工工序基本上都由人工操作来完成，劳动强度大、效率低，因此需要一种自动糊药盒装置来满足糊药盒工作的要求，而这种自动糊药盒装置目前是没有的。

发明内容

针对上述的不足，本发明提供了一种自动糊药盒装置，通过电机、滚轮、喷胶头及同步带等能够解决糊制药盒不便的问题。

本发明是通过以下技术方案实现的：一种自动糊药盒装置，它是由盛纸盒、取纸轴、取纸轮、压纸板、载纸台、支架、喷胶头、电机架、电机、带轮、同步带、轴承架、折纸杆组成的，其特征在于：取纸轮安装在取纸轴上，取纸轴安装在盛纸盒上，压纸板固定在盛纸盒上，载纸台与盛纸盒连接，喷胶头通过支架固定在载纸台上，电机通过电机架固定在载纸台上，带轮安装在电机和轴承架上，同步带安装在带轮上，折纸杆固定在同步带上。

本发明的有益之处在于它能够轻松地实现药盒的涂胶、折叠功能。

附图说明

附图 1 为一种自动糊药盒装置外形图。

图中：1—盛纸盒；2—取纸轴；3—取纸轮；4—压纸板；5—载纸台；6—支架；7—喷胶头；8—电机架；9—电机；10—带轮；11—同步带；12—轴承架；13—折纸杆。

具体实施方式

一种自动糊药盒装置，它是由盛纸盒 1、取纸轴 2、取纸轮 3、压纸板 4、载纸台 5、支架 6、喷胶头 7、电机架 8、电机 9、带轮 10、同步带 11、轴承架 12、折纸杆 13 组成的，其特征在于：取纸轮 3 安装在取纸轴 2 上，取纸轴安装在盛纸盒 1 上，压纸板 4 固定在盛纸盒 1 上，载纸台 5 与盛纸盒 1 连接，喷胶头 7 通过支架 6 固定在载纸台 5 上，电机 9 通过电机架 8 固定在载纸台 5 上，带轮 10 安装在电机 9 和轴承架 12 上，同步带 11 安装在带轮 10 上，折纸杆 13 固定在同步带 11 上。

印刷好的药盒纸放在盛纸盒 1 中，取纸轮 3 转动，将单张药盒纸从盛纸盒 1 中取出，放置在压纸板 4 与载纸台 5 之间，药盒纸通过喷胶头 7 下方，喷胶头 7 会在药盒纸上喷上胶水，电机 9 通过同步带 11 带动折纸杆 13 将喷涂完胶水的药盒纸对折并粘合，取纸轮 3 继续转动将下一张药盒纸送入压纸板 4 与载纸台 5 之间，同时糊制完的药盒会被推出，从而完成药盒的糊制。如图 7-5 所示。

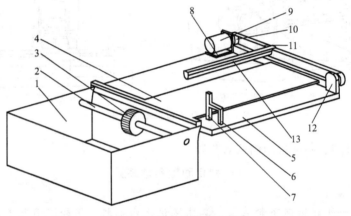

图 7-5　一种自动糊药盒装置

7.2.9　说明书摘要

摘要是与专利有关的技术信息，用于概述说明书所记载的内容。摘要不具有法律效力。摘要不属于原始公开的内容，不能作为修改的根据，也不能用来解释专利权的保护范围。

摘要应当写明发明名称、所属技术领域、所要解决的技术问题、解决该问题的技术方案的要点以及主要用途。通用的格式起始句为："本发明（实用新型）公开了一种……"。可以包含化学式。有附图的，应当指定一幅摘要附图。该附图应当是说明书附图之一，附图的大小及清晰度应当保证在该图缩小到 4cm×6cm 时，仍能清楚地分辨出图中的各个细节。

摘要文字部分不得超过 300 个字，不分段，并且不得使用商业性宣传用语。出现附图标记要加括号。

【案例 7-16】 习泳游泳圈

本实用新型涉及习泳游泳圈，解决练习游泳安全问题，它含有一带气嘴的游泳圈本体（1），于游泳圈本体外表设有一层布体（2）并在布体上一体延设一衣体（3）。用于习泳。如图 7-6 所示。

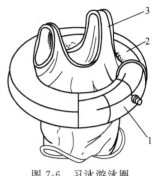

图 7-6　习泳游泳圈

【案例 7-17】 鲜人参蜜片的生产方法

一种鲜人参蜜片的生产方法，其工艺流程是将人参净化—切片——一定温度下蜜浸——相同温度下中药提取液中复浸——保鲜处理——包装。这种生产方法使人参蜜片含人参皂甙、多糖、人参蛋白，与鲜人参基本一致，保持了鲜人参的天然活性，控制了人参挥发成分逸出，同时发挥了中药相辅相成的功能，达到了补而不燥的效果，其外观与口感俱佳。

7.3　权利要求书的撰写

权利要求书由权利要求组成，一份权利要求书中至少包括一项权利要求。权利要求用技术特征的总和来表示发明或实用新型的技术方案，限定发明或实用新型的保护范围。一份专利申请的主题是否属于能够授予专利权的范围，所要求保护的发明创造是否具备新颖性、创造性、实用性，专利申请是否符合单一性的规定，他人的行为是否侵犯专利权等，都取决于权利要求书的内容。因此，权利要求书是发明和实用新型专利申请文件中重要的文件。

7.3.1　与权利要求有关的几个基本概念

权利要求就是在说明书的基础上，用体现发明或者实用新型的技术手段的技术特征所构成的技术方案。权利要求中所有技术特征的总和构成了该权利要求所要求保护的技术方案。

技术方案主要指人们利用了自然规律，采取了一定的技术方法或措施，为解决人类生产、生活中某一特定技术问题并使之产生一定技术效果所采用的技术手段。技术方案通常是由技术特征来体现。例如，一种汽车，包括四个座位、四个轮子、一个方向盘。这是一个技术方案，其中的"四个座位""四个轮子""一个方向盘"分别为它的三个技术特征。

技术特征主要是构成技术方案的基本要素，指构成发明（或者实用新型）的一切具体技术内容，这些技术内容结合在一起，限定发明（或者实用新型）要求保护的范围。产品技术特征可以是零件、部件、材料以及器具、设备、装置的形状、结构、尺寸和产品的成分、元素、含量、连接关系等；方法技术特征可以是工艺、步骤、过程以及所涉及的时间、温度、压力、流量、熔点、折光率等。

7.3.2　权利要求的类型

(1) 按照权利要求的性质划分

按照权利要求所保护技术方案的性质划分，有两种基本类型：产品权利要求和方法权利要求。产品权利要求，其给予保护的客体不仅包括常规概念之下的产品，还包括材料、机器、系统等人类技术生产的任何具体的实体。也就是说，它可以是工具、装置、设备、仪器、部件、线路、合金、涂料、组合物、化合物、药物制剂等。

例如：一种灯泡，包括灯丝、灯罩、灯座……

一种用喷墨着色工艺制造的皮革……

一种激光照排系统……

方法权利要求，它可以是制造方法、使用方法、通信方法、处理方法、安装方法以及将产品用于特定用途的方法。虽然在执行这些方法步骤时也会涉及物，例如，材料、设备、工具等，但是其核心不在于对物本身的创新或改进，而是通过方法步骤的组合和执行顺序来实现方法发明所要解决的技术问题。

例如：一种灯泡的制造方法，包括以下步骤……

一种提高光学系统分辨率的方法……

将除氧剂在封存粮食中的应用……

在类型上区分权利要求是为了确定专利权不同的法律保护。《专利法》第11条第1款规定，发明和实用新型专利权被授予后，除本法另有规定的以外，任何单位或者个人未经专利权人许可，都不得实施其专利，即不得为生产经营目的制造、使用、许诺销售、销售、进口其专利产品，或者使用其专利方法以及使用、许诺销售、销售、进口依照该专利方法直接获得的产品。

需要说明的是，《专利法》所称的发明是指对产品、方法或者其改进提出的新的技术方案。因而发明专利申请的权利要求书中可以是产品权利要求，也可以是方法权利要求，实用新型是指对产品的形状、构造或者其结合所提出的适于实用的新的技术方案。实用新型专利申请的权利要求只允许有产品权利要求，不允许有方法权利要求。

（2）按照权利要求的形式划分

按照权利要求的保护范围和撰写形式划分，有两种类型：独立权利要求和从属权利要求。

独立权利要求：它从整体上反映发明或者实用新型的技术方案，记载解决其技术问题所需的必要技术特征。

从属权利要求：如果一项权利要求包含了另一项权利要求中的所有技术特征，且对另一项权利要求的技术方案作进一步限定，则该权利要求为另一项权利要求的从属权利要求。权利要求用附加技术特征对被引用的权利要求作进一步限定。

附加技术特征是指，发明和实用新型为解决其技术问题所不可缺少的技术特征之外再附加的技术特征，可以是对引用权利要求中的技术特征作进一步限定的技术特征，也可以是增加的技术特征。

设置独立权利要求的目的是构建保护范围最宽、整体反映发明创造构思的技术方案，设置从属权利要求的目的是为专利权构建一个多层次的保护体系。

从属权利要求书的重要性主要体现在以下几个方面：

① 在审查中，从属权利要求可以作为修改的基础，当独立权利要求缺乏新颖性、创造性时，可以将从属权利要求的技术特征加入到独立权利中或直接将从属权利要求进行修改，成为独立权利要求，缩小保护范围，获得授权的可能。

② 独立权利要求为了获得较大的保护范围，往往写得比较概括，从属权利要求常常界定了某些具体的实施方式，直接将侵权产品和某些从属权利要求对比，将使侵权行为变得更为清楚。

③ 无效宣告程序中，合并从属权利要求，缩小保护范围，是避免被宣告无效的常用手段。

【案例 7-18】 瓶塞

瓶塞是保存各类液体不可缺少的物品。现有技术中的瓶塞在塞入瓶子的过程中，瓶子内部的空气被瓶塞逐渐压缩，压力会逐步增大，当瓶内的压力大于瓶塞与瓶子内壁的摩擦力时，瓶塞就会弹跳出来，从而失去了瓶塞的密封作用。

本发明创造公开了一种瓶塞的改进发明，包括有塞体 2，其特征在于所述塞体 2 侧面下端设有排气槽 3。本发明创造在塞体侧面下端设置了排气槽，使得塞体在塞入瓶子的过程中，塞体给瓶内带来的压力使得瓶内的气体从排气槽排出。排气槽越多，气体也越容易排出，方便了瓶塞塞入瓶内，而塞体的上端部分没有排气槽，且与瓶口完全吻合，起到了完全密封瓶子的作用。塞体的上端部分长度较短，将该部分塞入瓶内也较为容易，因此，这样瓶塞就不会被弹进来。这样瓶塞既方便了密封，又起到了完全密封的作用，保证了瓶内液体等物质的质量。

为了避免塞体在塞入瓶体过程中，因用力过猛，导致塞体落入瓶内，同时也为了便于打开塞体，还对塞体作了进一步的改进，在塞体的上顶端连接有顶盖 1。如图 7-7 所示。

权利要求书为：

1. 一种瓶塞，包括塞体，其特征在于，所述塞体（2）的侧面下端设有排气槽（3）。

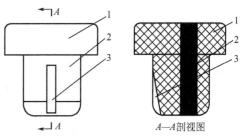

图 7-7　瓶塞

2. 根据权利要求 1 所述的瓶塞，其特征在于，所述塞体（2）的上顶端连接有顶盖（1）。

3. 根据权利要求 1 所述的瓶塞，其特征在于，所述塞体（2）为弹性材料。

案例分析：该权利要求书中，权利要求 1 为独立权利要求。权利要求 1 要求保护的瓶塞的结构为：塞体 2 的侧面下端设有排气槽。我们可以看出权利要求 1 从整体上反映发明的技术方案，记载解决"防止瓶塞弹跳出来"技术问题所需的必要技术特征。塞体的上顶端是否连接有顶盖等，并不影响该技术问题的解决。

权利要求 1、3 用附加技术特征对被引用的权利要求作进一步限定，是从属权利要求。其中权利要求 2 是增加技术特征"顶盖"，对所引用的权利要求作进一步限定，权利要求 2 所要求保护的是一种塞体的侧面下端设有排气槽，并且塞体 2 的上顶端连接有顶盖 1，包含了权利要求 1 中的所有技术特征。权利要求 2 要求保护的带有顶盖的瓶塞，其外延小于权利要求 1，对权利要求 1 所要求保护的范围，作进一步具体的限定。权利要求 3 是对权利要求 1 的技术特征"塞体"进一步的限定。

7.3.3　权利要求的基本模式

在初学撰写产品权利要求过程中，建议初学者将技术特征罗列出来，再指出这些技术特征之间的位置关系或连接关系。简单地说，就是"点名"＋"关系"。所谓"点名"，就是将零部件罗列出来；所谓"关系"，就是指出零部件之间的位置或连接关系，这种"点名"＋"关系"模式，可以解决基本的权利要求撰写。其好处是撰写的思路清晰，便于识别。当然点名要适当，也就是必要技术特征的问题，这在后面的内容中会介绍到。

对于方法权利要求，只需按照工艺流程的先后顺序进行撰写。

（1）权利要求基本模式举例

【案例 7-19】瓶子

本专利申请涉及一种有一底部和一位于底部的下侧上的突起的瓶子，突起通常设置在底部的中央，由此使瓶子可以在突起上绕瓶子的中心轴线旋转。

图 7-8　瓶子

权利要求：

一种瓶子，包括一个底部，其特征在于，该瓶子还包括一个突起，该突起设置于所述底部的下侧中央。如图 7-8 所示。

案例分析：在产品权利要求中，写明产品由哪些零部件组成，另应写明它们的结构特点及它们之间的位置关系、连接关系。这些零部件、结构特点以及它们之间的位置关系和连接关系等均为技术特征。例如，本案例中"底部""突起""底部的下侧中央"均为技术特征。

本例中权利要求采用先"点名""底部""突起"，然后再介绍它们之间的"底部的下侧中央"位置"关系"。

【案例 7-20】　分币箱

本专利申请针对零售商店、公共收费厕所收得大量硬币，无法自动分类的现状，设计出一种能把硬币自动分并类收集的分币箱。该专利申请由箱体 1、分币筒 2、导币筒 3 和集币箱 4 构成，分币筒和导币筒都设置在箱体内，箱体的侧面上端部开有投币孔 5，分币筒的一端与投币孔相通，分币筒的另一端向下倾斜并与导币筒相通，在分币筒上依次开一角硬币、五角硬币、一元硬币的圆孔，即漏币孔 6，将导币筒的顶部与漏币孔相接，导币筒的底部与设置在箱体底部的集币箱相通。本申请具有设计合理、结构简单、易于加工、分币准确等特点，具有很好的推广应用价值。

权利要求：

一种分币箱，由箱体、分币筒、导币筒和集币箱构成，分币筒和导币筒都设置在箱体内，箱体的侧面上端部开有投币孔，分币筒的一墙与投币孔相通，分币筒的另一端向下倾斜并与导币筒相通，在分币筒上按一定距离开有向下的大小依次增大的漏币孔，导币筒的顶部与漏币孔相通，导币筒的底都与设置在箱体底部的集币箱相通。如图 7-9 所示。

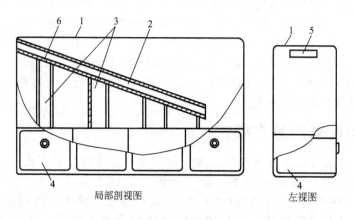

局部剖视图　　　　左视图

图 7-9　分币箱

案例分析：本专利申请权利要求仍采用先"点名"，例如，箱体、分币筒、导币筒和集币箱等，然后再介绍"关系"，分币筒和导币筒都设置在箱体内（位置关系）、分币筒的一端与投币孔相通（连接关系）等。当然，在实际撰写中，并不一定要将所有的"名"点完了，再写明其"关系"，也可以局部"点名"＋"关系"，再继续"点名"＋"关系"。

【案例 7-21】　茶叶保鲜方法

公众为较长时间保存茶叶，一般将茶叶放在通风之处，虽时间能稍长一点，但茶叶颜色变黄、变黑、茶味变淡。本专利申请针对现有的状况，将茶叶烘干，干度控制在 93%～97%，有效减少了茶叶霉变的可能。在新茶外套两层以上的薄膜，使茶叶的色、香、味能在薄膜内保持。而后将茶叶置于温度控制在（0±5）℃的冷库中保存，有效地控制茶叶的化学成分、色素、茶多酚的变化。

权利要求：

一种茶叶保鲜方法，其特征在于，将干度控制在 93%～97%的新茶，外套两层以上的薄膜，而后置于温度控制在（0±5）℃的冷库中保存。

案例分析：在方法权利要求的撰写中，除了写清楚工艺步骤外，往往还需要写明各工艺步骤的工艺条件，例如，时间、温度、干度、压力等。

（2）权利要求可以采用的表达方式

① 综述式。权利要求写成一个段落，主要用于篇幅较小，较简单的权利要求中。

【案例 7-22】 用于固体书写物覆膜的方法

权利要求：一种固体书写物覆膜的方法，步骤为：将天然高分子成膜材料和增稠剂在水中加热溶解成均匀的成膜液，待成膜液冷却至室温，放入固体书写物浸没 3～7min；调交联剂 pH 至 2～3 或 9～11；从成膜液中取出覆膜后的固体书写物，再放入交联剂中浸没 3～7min 后取出，晾干。

② 分述式。对每一技术特征分行清晰描述，一般用于篇幅较大，较复杂的权利要求中。

【案例 7-23】 衬塑钢管的制造方法

权利要求：一种衬塑钢管的制造方法，该方法依次按以下步骤：

a. 安装钢管和内衬塑管。把钢管安装在固定机架上，选取其外径大于钢管内径的内衬塑管，并在内衬塑管的两端装上夹头，将两个夹头分别连接到与固定机架位于同一水平面的移动机架两端的拉伸机构上，其中一端拉伸机构的拉杆穿过钢管与夹头相连。

b. 对内衬塑管进行拉伸。在内衬塑管弹性伸长限度内，用拉伸机构同时把内衬塑管向两边拉伸，并用加热整理装置对内衬塑管拉伸不均匀处局部加热，进行拉伸修正，直到内衬塑管外径小于钢管内径。

c. 装配内衬塑管。推动整个移动机架，把拉伸好的内衬塑管整个推入钢管内，并卸下拉杆，切除夹头。

d. 把装配好的衬塑钢管推入加热炉进行热处理，消除正应力。

7.3.4　撰写权利要求书的主要步骤

权利要求书是由权利要求构成的，但是权利要求书并不是权利要求的简单堆砌。针对不同的情况，如何选择专利申请的主题和类型，如何撰写出较宽保护范围的权利要求书，权利要求书安排哪些权利要求、安排多少权利要求，它们具有怎样的引用关系，授权后面临不得不缩小权利要求保护范围的情况时又能提供充分的修改余地，等等，都能在撰写权利要求书过程中得到体现。对于规模较大、内容复杂的专利申请，要统筹兼顾，权衡利弊，灵活运用，才能作出较好的安排。

权利要求书的撰写可按下述步骤进行：

① 正确理解发明创造。在理解发明或实用新型的技术内容的基础上，找出其有关的技术特征，弄清各技术特征之间的关系。

② 确定最接近对比文件。根据检索和调研得到的现有技术，确定与本发明或实用新型最接近的对比文件。

③ 确定所要解决的技术问题。根据最接近的现有技术，确定发明或实用新型所要解决的技术问题。根据发明或实用新型所要解决的技术问题列出解决该技术问题的技术方案所必须包括的全部必要技术特征。

因为对比文件的不同，或许确定的技术问题与申请人原始提出的技术问题不一致。客观地分析确定发明实际解决的技术问题时，首先应当分析要求保护的发明或实用新型与最接近的现有技术有哪些区别特征，然后根据区别特征所能达到的技术效果确定发明实际解决的技术问题，从这个意义上来说，发明或实用新型实际解决的技术问题，是指改进最接近的现有技术以获得更好技术效果的技术任务。

④ 确定保护客体。根据上述分析，确定发明或实用新型所要求保护的技术主题和类型。

⑤ 撰写权利要求书。将发明或实用新型所有的必要技术特征与最接近对比文件的特征进行比较，将它们共有的特征写入独立权利要求的前序部分，将区别特征用"其特征在于"的用语引出写入独立权利要求的特征部分。

对其他的附加技术特征进行分析，将附加技术特征写入从属权利要求。

7.3.5　权利要求书的撰写

(1) 如何撰写出较宽保护范围的权利要求书

独立权利要求从整体上反映发明或者实用新型的技术方案，记载解决技术问题的必要技术特征。从属权利要求用附加的技术特征，对引用的权利要求作进一步限定。所以，独立权利要求保护的范围最宽。如何撰写出较宽保范围的权利要求书是针对独立权利要求而言的。每一项权利要求都确定了一个保护范围，该范围由记载在该权利要求中的所有技术特征来确定。

① 权利要求中的技术特征与保护范围。一项权利要求所记载的技术特征越少，表达每一个技术特征所采用的措辞越是具有广泛的含义，则该权利要求的保护范围就越大。权利要求中技术特征多少与权利要求的保护范围成反比关系。例如，"一种运输工具，有笋载结构，其特征在于，有轮，有发动机，有座舱"。则这种运输工具可以是包括各种有座舱的汽车、火车等。如果删减一项技术特征"座舱"，则这种运输工具可以包括无座舱汽车等，所指范围更大，如果再删减技术特征"发动机"，则这种运输工具可以增加自行车、手推车等运输工具。

权利要求的技术特征与保护范围的关系，除技术特征的数量上，也与技术特征表达有关。

【案例 7-24】 排烟管

排油烟机排烟管的出口一般为活动的叶片设置，这种结构主要缺陷是密封性能较差，有时还会出现烟气回流，造成室内空气污染。本发明创造提供一种排烟管，包括管体 3，在管体出口端设置端盖 1，端盖通过弹簧 2 与内支架连接。使用时，端盖在排烟推力作用下脱离管体端部，油烟排出室外，停止排烟后，端盖在弹簧拉力作用下回到密封状态，使外部烟气无法回流进室。这种排烟管结构简单合理，密封效果好，在保证室内油烟顺利排出的前提下，有效防止油烟回流。

案例分析：本案例中端盖在弹簧拉力作用下回到密封状态，但是任何"弹性件"都能完成相同功能。为了尽量撰写出一个保护范围较宽的权利要求，撰写时不要局限于发明或实用新型的具体实施方式，在符合新颖性和创造性的情况下，应尽可能采取概括性描述来表达技术特征。本案例完全可以将弹簧概括成"弹性件"，"一种排烟管，包括管体（3），其特征在于管体（3）出口端设置端盖（1），端盖（1）通过弹性件（2）与内支架连接。"扩大申请的保护范围。如图 7-10 所示。

一项权利要求所记载的技术特征数目越少，表达这些技术特征的采用的术语越是具有广泛和"上位"的含义，则该本权利要求所确定的保护范围就越大。所以，独立权利要求在确保该技术方面具有专利性的基础上，写入的技术特征的数量应尽可能少。在能得到说明书支持的情况下，可以采用上位概念对具体的技术特征进行概括，以便获得最大的保护范围。

为便于说明问题，我们以"减少"和"提高"作为能够撰写出较宽保护范围的权利要求书方法的总结。因具体情况不同，很难用一句话解

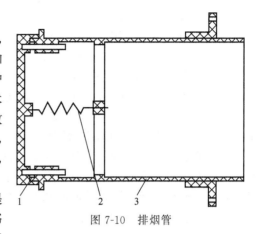

图 7-10　排烟管

释清楚"减少"和"提高"。对于"减少"和"提高"具体内涵，下面将继续介绍。

② 如何"减少"独立权利要求中的技术特征。技术特征是构成技术方案的基本要素，用以表征技术方案。而技术方案是人们利用了自然规律，采取了一定的技术方法或措施，为解决人类生产、生活中某一特定技术问题并使之产生一定技术效果而采用的技术手段。因而，如果要"减少"独立权利要求技术特征，可以从技术手段、技术问题、技术效果等角度考虑。

a. 从所要解决问题的技术手段角度，考虑能否"减少"技术特征。解决同一个技术问题，可以采取的技术手段可能有多种方式。在撰写权利要求书时，可以考虑是否有更简便的技术手段解决所要解决的技术问题，并达到相同的技术效果。这对于撰写实务，可能比较空洞，但毕竟也是考虑问题的一种思路。

b. 发明创造可以解决多个技术问题时，分清主次，以达"减少"技术特征。在一个产品或方法可以有多种可实现的目的时，最好申请多个专利。如果申请一项专利，必须对多个目的/效果进行分析，分析后进行分层表述，把最核心部分解决的技术问题写在前面，作为要解决的主要问题，将其他技术问题作为要解决的一般问题，写在主要问题的后面；撰写权利要求时，将解决主要问题相对应技术方案的必要技术特征写到独立权利要求。此时，相对于解决一般问题的技术特征是非必要技术特征，因此不用写到独立权利要求中。

【案例 7-25】　隐形茶方便杯

本实用新型所述的隐形茶方便杯，其中包括杯体 1，其特点在于：杯体 1 下部的内壁上固定连接有过滤板 3，过滤板 3 上带有过滤孔 4；杯体的底部置有茶叶 5；所述杯体的外壁上设有标贴 2。本实用新型的杯体中，设有带过滤孔的过滤板，过滤板下方置有茶叶，泡茶省时，由于过滤板的阻挡作用，茶叶不会上浮到水面，便于饮用。另外，茶叶不会从杯体中滑出，将用后的纸杯连同茶叶一起放入垃圾桶，不污染环境。设有标贴上注明茶叶的名称，以便于饮用者的选择。

权利要求 1 为：一种隐形茶方便杯，其中包括杯体（1），其特征在于：杯体（1）的内壁上固定连接有带过滤孔（4）的过滤板（3）；杯体（1）的底部置有茶叶（5）；杯体（1）的外壁上设有标贴（2）。

案例分析：在本案例中，所采取的技术手段所能解决的技术问题是泡茶省时、方便饮用、不污染环境及饮用者便于选用茶叶品种。本实用新型在杯体下部的内壁上固定连接有带有过滤孔的过滤板，过滤板下方置有茶叶，就可同时达到泡茶省时、方便饮用、不污染环境的效果。但便于饮用者选用茶叶品种完全可以作为一种改进性技术问题。

权利要求书可以写成：

• 一种隐形茶方便杯，其中包括杯体（1），其特征在于：杯体（1）的内壁上固定连接有过滤板（3），过滤板（3）上带有过滤孔（4）；杯体（1）的底部置有茶叶（5）。

• 如权利要求1所述的隐形茶方便杯，其特征在于：杯体（1）的外壁上设有标贴（2）。

c."多功能"发明创造，分清主次功能，以达到"减少"技术特征的目的。在实践中，我们经常看到"多功能锤""多功能刀"等专利申请。如果一个产品是多功能产品，在专利申请中，并不要求发明创造必须同时实现所有功能，完全可以一个功能为主，其他功能为辅，并以此思路撰写权利要求书。当然，这里所说的多功能，是采取不同的技术手段所能达到的多功能效果，而不是只采取一个技术手段同时达到的多种功能效果。如果是组合性发明创造，在"减少"技术特征的同时也要注意发明创造的新颖性和创造性。

【案例 7-26】 能容纳不同数量和大小茶杯的托盘

A 公司是"能容纳不同数量和大小茶杯的托盘"专利权人。该专利是一种具有可分离的盛废物容器的，特别是在容纳不同数量和大小茶杯时均显得配称雅观的茶杯托盘。技术特征是一个较大的可以是具有一定艺术观赏外形的托盘，包括上托盘 1 和下层容器 2，上托盘 1 与下层容器 2 为可分离结构，上托盘 1 盘面有通往下层容器 2 的渣水漏孔 3，其盘面具有形似小盘状的由凸缘围成的区域。说明书记载由凸缘围成的区域 4 和 5，区域 4 用于防止小的茶杯，区域 5 用于放置茶壶。同已有的同类茶杯托盘相比，托盘可配套多套不同数量和大小的茶具的特点，并可有较大的盛废物容器，在使用上具有较大的方便性和灵活性。这样，当把上托做得较大时，好像盘中有盘而使盘面不显得过于空阔，实际上又具有较大的面积；当杯小且少时，茶杯可放在小盘状的区域内，显得匀称雅观，从而达到了本实用新型能容纳不同数量和大小茶杯并匀称雅观的发明目的。专利的权利要求为"1. 能容纳不同数量和大小茶杯的托盘，包括上托盘（1）和下层容器（2），上托盘（1）与下层容器（2）为可分离结构，上托盘（1）盘面有通往下层容器（2）的渣水漏孔（3），其特征在于，上托盘（1）盘面中还具有形似小盘状的由凸缘围成的区域（4）和（5）。"如图 7-11 所示。

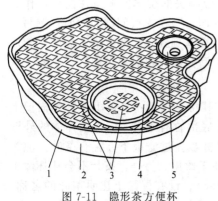

图 7-11　隐形茶方便杯

B 公司先后生产了一种塑料托盘，其外观为方形，上托盘和下层容器为分离结构，上托盘有一处圆形的下凹区域，用于放置沏茶器或茶壶。与本专利的区别就是上托盘只有一处小凹区域。

A 公司以 B 公司侵犯专利权，起诉至人民法院。一审法院审理认为：B 公司与 A 公司产品均有增大传统功夫茶具的下层容器，扩大上托盘盘面，并在上托盘面上设置了一处圆形下凹区域，与 A 公司专利技术特征产生了实质相同的功能效果，构成侵权。故判令：B 公司停止生产、销售、销毁生产模具及库存产品，赔偿经济损失和承担诉讼费。

B 公司不服，认为自己产品缺乏 A 公司专利中必要技术特征，不构成侵权。遂向二审法院提起上诉。

二审法院认为：B 公司产品缺少 A 公司专利权利要求中必要技术特征，不能达到实用新型专利要求配置杯少、量小的茶具，并给人以匀称雅观的目的和效果，不构成侵权；原判决认定事实不清，定性错误，应予纠正；撤销原判决，驳回专利权人诉讼请求。

案例分析：如果权利要求中"上托盘（1）盘面中还具有形似小盘状的由凸缘围成的区域（4）和（5）"，改写成"上托盘盘面中还具有形似小盘状的由凸缘围成的区域"，则改写后的权利要求不能明确表示数量，则权利要求中的"区域"可以理解一个或多个。即使说明书附图画出两个区域，都不能据此认定该区域必须是两个，那么二审法院的判决"缺少 A 公司专利权利要求中必要技术特征，不能达到实用新型专利要求配置杯少、量小的茶具，并给人以匀称雅观的目的和效果"就不能成立。实际上，对于本案区域数量的限定可以界定为"一个""至少一个""一个或两个"。

d. 注意剔出非必要技术特征。前面已经介绍了必要技术特征的确定，在此不再啰嗦。很多人在撰写权利要求时，很容易犯的错误是描述太细，将很多不需要的细节也写得太多，导致保护范围太小。例如，"1. 一种钢笔，包括圆柱形笔杆（1）、圆柱形笔套（2）、圆柱形笔帽，圆柱形笔杆内有塑料笔囊，其特征在于：圆柱形笔套连接一旋转按钮（3），圆柱形笔杆后端带有一长条形连接件（4），长条形连接件（4）带有螺纹，长条形连接件（4）的螺纹与旋转按钮（3）的螺纹相配合"。申请人把笔杆、笔套、笔帽和连接件的形状，笔囊的材质都写出来了，这种权利要求的保护对象当然就越具体，保护范围自然也就更小了。

在撰写方法权利要求时最好不要采用装置限定，除非是专用装置。如果采用装置限定权利要求，必然导致保护范围的缩小，如"放入三角烧瓶中加水用玻璃棒搅拌溶解"。

e. 应注意从独立权利要求的前序部分剔出非必要技术特征。与现有技术共同的技术特征不必全部写入前序部分，前序部分只需写明发明或者实用新型主题与最接近的现有技术共有的必要技术特征。也就是说，只有必要的技术特征才写入独立权利要求前序部分。但是实践中，很多读者并不在意这一点。

以上提供了一个如何"减少"技术特征的一些思路，但在实践中，情况千差万别，希望读者能结合实际情况进行处理。当然，权利要求所记载的技术特征越少，可以争取的保护范围越大，但是独立权利要求中不能缺少必要技术特征。

"减少"技术特征不是简单的数目少，而是技术特征实质上"减少"。例如，权利要求"一种茶杯，包括杯体……"并不比权利要求"一种茶杯，包括含杯底的杯体……"保护范围大，因为茶杯肯定包括杯底。实践中，有时将同一个部件编一个附图标记，但有时为了便于清楚、简要地说明问题，会将同一个部件再细分不同的部位，并分别编一个附图标记，但这些都不会影响权利要求的保护范围。

③ 如何"提高"独立权利要求中的技术特征。权利要求通常由说明书公开的一个或多个实施例概括而成。权利要求的概括应当不超过说明书公开的范围。所属技术领域的技术人员可合理预测说明书给出的实施方式的所有等同替代方式或明显变型方式都具备相同的性能或用途，则应当允许将权利要求的保护范围概括到覆盖其所有的等同替代或明显变型的方式。本文中所谓"提高"独立权利要求中的技术特征，实际上就是通过"提高"技术特征的概括性，以达到扩大权利要求的保护范围。

a. 权利要求中的概括。通常，概括的方式有用上位概念概括和用并列选择法概括。

允许的概括：对于一个概括较宽又与整类产品或者整类机械有关的权利要求，如果说明书中有较好的支持，并且也没有理由怀疑发明或者实用新型在权利要求范围内不可以实施，那么，即使这个权利要求范围较宽也是可以接受的。开拓性发明可以比改进性发明有更宽的概括范围。

不允许的概括：如果权利要求的概括包含申请人推测的内容，而其效果又难于预先确定和评价，应当认为这种概括超出了说明书公开的范围。

如果权利要求的概括使所属技术领域的技术人员有理由怀疑该上位概念或并列选择概括所包含的一种或多种下位概念或选择方式不能解决发明或者实用新型所要解决的技术问题，并达到相同的技术效果，则应当认为该权利要求没有得到说明书的支持。例如，对于"一种处理合成树脂成型物来改变其性质的方法"的权利要求，从说明书中记载的实施例或实施方式能联想到所概括的技术方案处理合成树脂成型物来改变热塑性树脂的性质的方法，如果申请人不能证明该方法也适用于热固性树脂，那么申请人就应当把权利要求限制在热塑性树脂的范围内。

•用上位概念概括。例如，用"气体激光器"概括氦氖光器、氩离子激光器、一氧化碳激光器、二氧化碳激光器。又如，用"固定连接"概括铆接、焊接、螺钉连接。再如，用"皮带传动"概括平皮带传动、三角皮带传动和齿形皮带传动。

在判断权利要求概括的技术方案是否得到说明书的支持时，应当考虑其概括的方案是否基于说明书中充分公开的具体实施方式的共性特征，本领域技术人员是否可以合理预测到说明书实施方式的等同替代方式或明显变型方式都具有与此相同的共性。如果结论是肯定的，则应当允许申请人进行这样的概括。

【案例 7-27】 一种空心楼板的施工方法

一种名称为"一种空心楼板的施工方法"的专利申请，独立权利要求的一个技术特征是"硬质薄壁管通过定位构件固定在混凝土中"，而在说明书的实施方式中只公开了一种用 n 形铁丝将薄壁构件箍绑在混凝土中的定位方式，但是本领域技术人员无须创造性劳动就可以想到还可以采取很多常规的定位构件将硬质薄壁管定位在混凝土中，所以这种概括是允许的。

•用并列选择法概括。所谓并列选择法概括，即用"或者"和"和"并列几个必选择其一的具体特征。例如，"特征 A、B、C 或 D"。又如，"由 A、B、C 和 D 组成的物质组中选择的一种物质"。

此处应当注意的是，在权利要求中使用了上位概念的时候，被并列选择概括的具体内容应当是等效的，不得用上位概念概括的内容与下位概念内容并列。例如，"一种空心楼板用的永久性芯模，所述永久性芯模由硬质管或钢管构成。"这样权利要求就不对，因为硬质管是钢管的上位概念。在并列选择法概括不应当出现"或其他类似材料""等"这样概括用语，例如，"空心楼板用硬质薄壁管由水泥纤维管、钢管、塑料管或者其他类似材料构成"以及"空心楼板用硬质薄壁管由水泥纤维管、钢管、塑料管等材料构成"，其中的"其他类似材料""等"的描述不清楚，不能与具体的物或方法并列。

b. 权利要求中功能性限定。功能性技术特征是指用技术功能（或作用、效果）来限定的技术特征。功能性限定也可以看做是一种广义的上位概念。例如，"传动机构"包括了各种实现运动传递的机构。例如，一种香烟盒有一可装 20 支烟腔室。说明书中按几种不同香烟规格尺寸提出了几种不同的腔室设计，权利要求书描述腔室的尺寸特征为"可以容纳 20 支香烟"这种功能性限定是允许的。

•权利要求中采用功能性限定技术特征的条件。对于权利要求中的功能性特征，应当理解为覆盖了所有能够实现所述功能的实施方式。通常，对于产品权利要求，应当尽量避免使用功能或者效果特征来限定发明。只有在某一技术特征无法用结构特征来限定，或者技术特征用结构特征限定不如用功能或效果特征来限定更为恰当，而且该功能或者效果能通过说明书中规定的实验或操作或者所属技术领域的惯用手段直接和肯定地验证的情况下，使用功能或者效果特征来限定发明才可能是允许的。

•功能性概括通常的做法。公知的技术成果，可以功能性描述成技术特征。如减速箱、紧固件、滤波器、开关等，电气类专利亦常要用一些功能性技术特征。

对技术特征的进行分组并加以命名进行限定。例如，技术方案中某三个零件固定连接在一起作为整体一起运动，只有它们的机械运动功能对实现发明目的有意义，于是可以划为一组，可以命名为"某某运动构件"。

• 不允许采用功能性限定的情况。如果权利要求中限定的功能是以说明书实施例中记载的特定方式完成的，并且所属技术领域的技术人员不能明了此功能还可以采用说明书中未提到的其他替代方式来完成，或者所属技术领域的技术人员有理由怀疑该功能性限定所包含的一种或几种方式不能解决发明或者实用新型所要解决的技术问题，并达到相同的技术效果，则权利要求中不得用覆盖了上述替代方式或者不能解决发明或实用新型技术问题的方式的功能性限定。

如果说明书中仅以含糊的方式描述了其他替代方式也可能适用，但对所属技术领域的技术人员来说，并不清楚这些替代方式是什么或者怎样应用这些替代方式，则权利要求的功能性限定也是不允许的。

纯功能性的权利要求得不到说明书的支持，因此也是不允许的。例如，"一种茶杯，其特征在于，能够保温。"这种纯功能性的权利要求不符合定义的权利要求。再如，"一种多用茶桌，其特征在于，桌面具有重叠、滑动、扩宽等功能，桌脚设有升降装置。"

（2）权利要求书中从属权利要求的撰写

从属权利要求采用增加技术特征或对某些技术特征进一步限定的方式，经说明书中所记载的有价值的技术方案都分别包括在权利要求书之内，这样可以为自己在该最大保护范围遭到威胁时提供一个退守的余地。为了使撰写出的权利要求书具有最大的保护范围，同时人们又采用了独立权利要求与从属权利要求并存的方式，使权利要求书形成一种保护范围上宽下窄倒置金字塔式的结构。

① 附加技术特征的选择与分配。从理论上说，在得到说明书支持的基础上，除了必须记载在独立权利要求中的必要技术特征外，原则上其他的技术特征都可以记载在从属权利要求中。具有新颖性、创造性的技术特征可作为附加技术特征，这些技术特征在审查或无效程序中可以有退守的余地。但在权利要求项数较多的申请中，多出一项权利要求，可能引起权利要求总项数增加远不止一项，它既增加专利申请费用，又使权利要求引用关系更加复杂。所以，撰写从属权利要求前，应对于附加的技术特征进行选择与取舍。

在实际的撰写过程中，需要结合具体情况进行分析，对附加特征进行选择。例如，当被引用的权利要求采用上位概念进行概括时，从属权利要求中存在相对应的下位的概念的技术特征，对其进行进一步限定，在上位概念得不到说明书支持或缺乏新颖性时，具有退守空间。对有商业价值的具体技术方案起明确作用的技术特征，可以作为附加技术特征，其作用是在侵权诉讼中将专利权保护范围限定得十分明确而具体，可以限制相对方的狡诈避责或者在专利权许可或转让中起到重要的作用。另外，还有些技术方案的技术特征可作为附加技术特征，这样可以阻止他人专利申请获得专利权。

每项权利要求的技术特征数量尽量少，其结果是技术特征的分散配置，分散在较多项权利要求中，将众多技术特征在技术上合理的条件下尽可能地分散记载在不同的权利要求中，便于在修改时根据当时面对情况灵活选择其中一部分组成新的权利要求。如果技术特征记载过于集中，修改时很难分拆，则将大大限制重新组合的灵活性。应该指出不应不顾技术合理性对一个附加技术方案作强行拆分，不能片面追求技术特征分散布置的做法。

【案例 7-28】 起沫酒杯

本发明涉及一种起沫酒杯，包括杯体 12，杯体 12 的底端的内表面上具有一突出部 20。该酒杯可起沫并加强其中盛装的酒的酒香。对该发明的进一步改进，突出部 20 也可包括洞孔 320，以使酒在其中流过从而进一步起沫。洞孔 320 可以有多个，多个洞孔可以相互平行或相互交叉。

权利要求为：

1. 一种起沫酒杯，包括杯体（12），其特征在于，所述杯体（12）底端两表面上设有突出部（20）。

2.根据权利要求1所述的起沫酒杯，其特征在于，所述突出部（20）具有至少一个延伸贯穿的洞孔（320）。

3.根据权利要求2所述的起沫酒杯，其特征在于，所述洞孔（320）相互平行或交叉。如图7-12所示。

图7-12 起沫酒杯

案例分析：本案例中，杯体12底部内表面具有突出部20，就可以解决所要解决的技术问题。技术方案中有无洞孔320，洞孔320的数量，以及两个以上洞孔时，洞孔之间的位置关系都不影响本发明目的的实现，所以，在撰写从属权利要求时，每项权利要求的技术特征数量应尽量少，将众多技术特征在技术上合理的条件下尽可能地分散记载在不同的权利要求中。

② 引用关系的取舍与布置。在确定附加技术特征后，接下来需要考虑的问题就是如何进行合理组合和布置以形成最终的从属权利要求。

一件发明的全部技术特征为 A、B、C、D，此时就有许多种不同的组合方案，如 A、A＋B、A＋B＋C、A＋D、A＋B＋D……但是，在撰写权利要求书时，从属权利要求的引用关系不同，就要考虑有的组合方案在技术逻辑上没有意义。例如，一种上位概念的两种可供选择的具体结构 B 或 C，本来就是两种中选择一种，因而 B＋C 组合方案无意义。有的组合方案互相之间存在冲突等。

按照技术特征之间的关系确定从属权利要求的布置，除非确有必要，当技术特征组数较多时，不随便采用混合式引用，靠前的从属权利要求尽量不写成多项从属形式，而是分拆成若干项单项引用权利要求。

（3）权利要求书撰写实例

下面以一个简单的申请案例，介绍权利要求书的撰写。撰写权利要求书时，应考虑争取较大的保护范围，同时也要考虑从属权利要求的引用以及技术特征的布置，以达到逻辑清晰的效果。当然，针对本案例，也可以有其他的撰写思路。笔者只想通过本实例告诉读者，权利要求书的撰写应考虑技术特征的统筹安排，并不是简单的权利要求的堆砌。

【案例 7-29】 衣架

现有技术中用于衣柜、衣橱、衣服储藏间等场所的传统衣架在使用过程中，樟脑丸或干燥剂通常放在服装中，不易观察和控制使用过程中樟脑丸或干燥剂的挥发情况，不便于适时酌情增补。洗涤时容易遗忘以致樟脑丸或干燥剂等污损衣物。若樟脑丸或干燥剂放在衣柜、衣橱、衣服储藏间角落里，则由于距离衣服较远，很难发挥最佳效力。本发明所要解决的技术问题，提供一种不会让樟脑丸或干燥剂污损衣服，并且能够发挥樟脑丸或干燥剂最佳效力的衣架。

本发明创造公开了一种衣架，包括挂钩1和衣架体2，在所述衣架体2有至少一个腔室3，在使用过程中，把樟脑丸或干燥剂放入腔室内，所述腔室3上可以有一个或两个能透气的盖5。如果盖是两个，则分别位于腔室3前侧和后侧，这样更方便樟脑丸或干燥剂的增补。所述盖5是网格状的，使樟脑丸或干燥剂挥发的效果更好。所述腔室3可以是一个，此时位于衣架体2的纵向中间，所述腔室3也可以是两个，此时分别位于衣架体2的左右两臂上，可以满足一般衣物除虫或干燥的需要。所述腔室3呈水平状设置，平时不用时可减少积尘。所述衣架体 2 两臂底端连接有一个横杆 4，在挂衣服的同时，可以附带裤子或其他杂件。腔室 3 是长方形、圆形或其他常规形状。

该衣架具有以下优点：在使用过程中，把樟脑丸或干燥剂放入腔室内，因樟脑丸或干燥剂离衣物的距离近，可以发挥其最佳效力，有效保护高档服装，而且容易观察和控制樟脑丸或干燥剂的挥发情况，以便适时酌情增补，洗涤时亦不会因为遗忘樟脑丸或干燥剂在衣物中以致污损衣物。如图 7-13 所示。

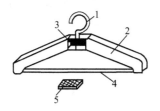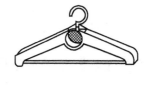

图 7-13　衣架

案例分析：按照前面介绍的内容，首先，我们应撰写独立权利要求。对于上述专利申请内容的分析，我们可以将独立权利要求撰写为："1. 一种衣架，包括挂钩（1）和衣架体（2），其特征在于，所述衣架体（2）上有至少一个腔室（3）。"对于其他的技术特征，都可以写入从属权利要求中，但是应从整体上考虑权利要求书的谋篇布局。对于其余的技术特征，大致可以分成两类，一类是进一步限定的技术特征，另一类是增加的技术特征。对于进一步限定的技术特征，可以先写入从属权利要求。对于增加的技术特征放在后面写入从属权利要求。我们先给出权利要求书：

1. 一种衣架，包括挂钩（1）和衣架体（2），其特征在于，所述衣架体（2）上有至少一个腔室（3）。

2. 根据权利要求 1 所述的衣架，其特征在于，所述腔室（3）是一个，位于衣架体（2）的纵向中间。

3. 根据权利要求 1 所述的衣架，其特征在于，所述腔室（3）是两个，分别位于衣架体（2）的左右两臂上。

4. 根据权利要求 1 所述的衣架，其特征在于，所述腔室（3）呈长方形或圆形。

5. 根据权利要求 1 所述的衣架，其特征在于，所述腔室（3）呈水平状设置。

6. 根据权利要求 1 所述的衣架，其特征在于，所述腔室（3）有一个能透气的盖（5）。

7. 根据权利要求 1 所述的衣架，其特征在于，所述腔室（3）有两个能透气的盖（5），分别位于腔室（3）前侧和后侧。

8. 根据权利要求 6 或 7 所述的衣架，其特征在于，所述盖（5）是网格状。

9. 根据权利要求 1～7 任一项所述的衣架，其特征在于，所述衣架体（2）两臂底端连接有一个横杆（4）。

10. 根据权利要求 8 所述的衣架，其特征在于，所述衣架体（2）两臂底端连接有一个横杆（4）。

对于上述权利要求书，我们可以进一步分析，以介绍权利要求书撰写的总体思路。

权利要求 2～5 中附加的技术特征都是对独立权利要求 1 中的"至少一个腔室"进一步限定，所以先写入从属权利要求中。实际上，权利要求 4 可以引用权利要求 2 或 3 作为多项从属权利要求，但是因为权利要求 4 引用权利要求 1，对腔室进一步限定为长方形或圆形，权利要求 2 或 3 引用权利要求 1，只是对腔室的个数进行限定。所以，如果权利要求 4 再引用权利要求 2 或 3，这种组合方案在技术逻辑上没有意义。另外，在前的从属权利要求尽量成为单项从属权利要求。在权利要求 4 中，采用并列概括的方式，可以达到节省权利要求书的权项的目的。

"能透气的盖"和"横杆"是增加的技术特征，所以放在后面撰写。但是注意，对于从属权利要求中的增加的技术特征，尽量将其技术特征分散配置，所以将"能透气的盖"和"能透气的盖为网格状"进行分散配置。对于分散配置的技术特征，尽量放置在相邻位置。对于增加的技术特征，引用在前的权利要求时，也应考虑引用关系。在权利要求 9 引用在前的从属权利要求时，权利要求 8 为多项从属权利要求，不能成为权利要求 9 的引用对象，在条件允许的情况下，可以另写一个权利要求，例如，权利要求 10，对权利要求 8 的技术方案进行引用，以达到技术方案的组合。

7.4 权利要求中语言的应用

7.4.1 权利要求书中语言的基本要求

权利要求书是技术性和法律性相结合的法律文件，其用词不但要准确、严谨、符合逻辑，不得使用含义不确定的词语，如"厚""薄""很宽范围"等，而且需要高度的概括性语言表达方式。可以说，权利要求书的语言表达方式在一定程度上直接影响着"清楚、简要"的撰写权利要求。

起草专利权利要求时，必须反复推敲、措辞准确、清楚地确定请求保护的范围。否则，一个字写得不好都会给申请人带来不必要的损失。例如，权利要求中出现"两个放射器和接收器"这种语言表达，在不考虑其他因素的情况下，对此表达可能有三种理解，一个理解就是"一个放射器和一个接收器"，数量合计是两个；另外一个理解就是"两个放射器和两个接收器"；再一个理解就是"两个放射和一个接收器"。从上面这个例子就能够看出权利要求的语言运用的重要性。

本节所提及的语言应从广义上来理解，包括数学公式、标点符号等。权利要求需要通过语言的运用，用恰当的词汇表达技术特征，可以提高权利要求的语言表达效果。

(1) 语言与技术特征

假设申请把某个部件称为"XX 带"，但是这里的"带"字就限定了形状和结构，因为在一般情况下谁都知道"带"指的是又扁又长的物件，"带"字本身就具有形状和结构的双重描述，如果"又长又扁"本来不是必要技术特征，就不应该采用"XX 带"的名称，可以改成"XX 件"就不具有"又长又扁"的形状和结构特征，能扩大权利要求保护范围。

(2) 语言与权利要求应清楚、简要

权利要求应清楚、简要限定发明创造。但因语言表达问题，往往导致权利要求存在不清楚或不简要的缺陷。

我们知道，在权利要求中不应写入原因、理由等语句，例如，"为了便于拆卸，零件 A 与 B 用螺纹连接"，在"零件 A 与 B 用螺纹连接"之前不必要地加上"为了便于拆卸"，可能导致权利要求的不简要。实际上，如果坚持为了体现可拆卸的技术特征，上述技术特征可以改写为"零件 A 与 B 采用可拆卸的螺纹连接"。

7.4.2 权利要求书相关案例分析

【案例 7-30】 车轮电机的极槽数配合及其嵌线结构

权利要求 1 记载："一种车轮电机的极槽数配合及其裁线结构，其特征在于，每相每极槽数之比为≤（1/3，1/2），线圈槽节距固定为1；同一槽中间嵌置两条线圈边，其中一条为一个线圈的终止边，另一条为另一线圈的起始边。"

案例分析：该权利要求中数学表达方式"每相每极槽数之比为≤（1/3，1/2）"不是标准数学公式，能否理解为每相每极槽数之比为［1/3，1/2］，即"1/3≤每相每极槽数之比≤1/2"，权利要求的语言表达未采用标准的数学公式，可能导致权利要求不能清楚限定发明创造。

【案例 7-31】 羽毛球

该专利的权利要求1为"一种以竖杆及与其一体的多根横肋为特征的，由球头和连成一体的竖杆组成的球裙构成的羽毛球。"

案例分析：对于该权利要求中"由球头和连成一体的竖杆组成的球裙构成的羽毛球"，有人认为"连成一体"是指球头和球裙是连成一体的，该权利要求保护的范围应是球头和球裙一起制造的。

如果"球头和球裙分别制造后再组合而成的羽毛球"就不构成侵权专利权。但专利权人却认为"连成一体"这四个字是竖杆的定语，"连成一体"是指竖杆与球裙，而不是球头和球裙，该权利要求书既包括了球头和球裙连成一体的羽毛，也包括球头和球裙分别制造后再接合而成的羽毛球。

所以，如何理解"由球头和连成一体的竖杆组成的球裙构成的羽毛球"这句话十分关键。如果专利权人将权利要求书改写成："一种以竖杆及与其一体的多根横肋为特征的，由球头和连成一体的竖杆的球裙构成的羽毛球"就能正确、清楚地表达权利要求。

（1）语言表达方式与权利要求的类型

语言表达方式的不同直接关系到权利要求的类型。一般情况下，"结构特征"和"方法特征"是比较容易区分的，但由于表达方式的不同，很可能就导致其技术方案的性质发生变化。例如，一种有关于消毒巾的发明创造，如果写成"在长纤维绒毛浆块的表面上有一层无纺布"，其涉及的是一种产品；而写成"在长纤维绒毛浆块的表面上附加上一层无纺布"则涉及的是一种方法。

另外，应当注意从权利要求的撰写措辞上区分用途权利要求和产品权利要求。例如，"用化合物X作为杀虫剂"或者"化合物X作为杀虫剂的应用"是用途权利要求，属于方法权利要求，而"用化合物X制成的杀虫剂"或者"含化合物X的杀虫剂"，则不是用途权利要求，而是产品权利要求。

（2）模糊语言在权利要求中的运用

《专利审查指南》规定，一般情况下，不得使用"约""接近""等""或类似物"等。因为这类用语通常会使权利要求的范围不清楚。但是《专利审查指南》中使用的"一般情况下"不允许使用这种不确定的限定，因此在实际工作中应当针对具体情况判断使用该用语是否会导致权利要求不清楚，如果不会，则允许。例如，权利要求是"一种铸模的制备方法，该方法在'约200℃'下进行……"申请人在说明书中指出利用油浴将温度控制在200℃，而在本领域熟知在利用油浴对温度进行控制时，会存在一定范围的上下波动此时，权利要求中"约200℃"表示存在一定误差的数值。再如，"一台电脑桌，桌面基本上是平的。"该权利要求表示，在家具领域可容许的公差范围内要求保护的电脑桌的桌面是平面，因此，该权利要求也是清楚的。

【案例 7-32】 隔热楼板

建筑楼板都是单层结构，用于房屋顶层时，其隔热效果较差，本专利申请提供一种隔热

楼板，由钢筋混凝土制成，包括肋梁1和通孔2，楼板采用上下两层的双层结构，楼板的上

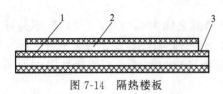

图 7-14 隔热楼板

下两层均分布有通孔，上下两层为一次性浇铸成的整体，楼板有上下两排相对独立的通孔，其隔热效果得到显著提高。同时为方便施工，楼板的上下层之间形成一台阶3上层的长度略短于下层的长度。本专利申请具有结构简单、隔热效果较好、施工方便等优点。如图7-14所示。

推荐权利要求：一种隔热楼板，包括肋梁（1）和通孔（2），其特征在于，所述楼板分上下两层，上下两层一次性浇铸成一整体，上下两层均分布有通孔（2），所述上层楼板长度略短于下层楼板的长度。

（3）否定式用语在权利要求中的慎用

权利要求书作为专利申请一个重要的法律文件，应当以说明书为依据，清楚、简要地表述请求保护的范围。对于一个技术特征来说，其描述的方式一般有两种，一种是采用正面叙述的方式，另一种是采用否定式的叙述方式。例如，温度大于4℃，可以表述为温度不小于4℃。再如，一个平面内的两条直线A和B，其相互位置关系可以是平行，也可以是交叉，对于这两条直线间交叉的位置关系，可以表述为A和B相互交叉，也可以表述为A和B不相互平行。但是在专利申请中，在某些情况下，如果采用否定式叙述方式代替正面叙述的方式，往往带来的后果是造成保护范围不适当的扩大。

【案例 7-33】 高跟鞋

现有技术的高跟鞋普遍采用金属钉将鞋跟固定于鞋底，这种方式抗拉强度较低，鞋跟易掉落，且会增加鞋的重量。专利申请人提供一种高跟鞋，包括鞋帮、鞋底1和鞋跟2，其特征在于在鞋跟2与鞋底1接触面设置凸柱3，在鞋底与凸柱对接处开设喇叭状连接孔4，连接孔4与鞋跟2接触面的孔径与凸柱3直径相应，另一面的孔径大于与鞋跟接触的孔径，凸柱穿过连接孔后，用高温将凸柱熔化填平，使凸柱与连接孔紧密结合。本专利申请由于采用上述结构，鞋底与鞋跟连接为一个整体，与现有技术相比具有连接牢固不掉跟的优点，且减轻高跟鞋的重量。

案例分析：专利申请人在其独立权利要求中，描说成"一种高跟鞋，包括鞋帮、鞋底和鞋跟，其特征在于鞋底与鞋跟不使用金属钉连接。"使用否定的方式对鞋底与鞋跟之间的连接方式进行了限定，其结果将造成保护范围不适当的扩大。如果他人利用其他途径将鞋底与鞋跟连接方式进行了改进发明创造，也没有使用金属钉连接，该发明创造也将落入上述权利要求的保护范围之内，这显然是不合理的。因此，在权利要求中对技术特征进行表述时，不允许使用否定式语句，应当采用正面叙述的方式表述其结构。"一种高跟鞋，包括鞋帮、鞋底和鞋跟，其特征在于，在鞋跟（2）与鞋底（1）接触面上设有凸柱（3），在鞋底与凸柱对接处开设连接孔（4），凸柱（3）穿过连接孔（4），与连接孔（4）紧密配合。"

但是，需要说明的是，慎用否定式叙述方式表征权利要求，是指在描述具体的技术特征时慎用，但含义清楚明确的否定式限定是可以使用的，如无纺织物等。主题名称为无框眼镜，但在描述具体的技术特征时，采用否定式的叙述的方式，不会导致保护范围不适当的扩大。再如，无烟烤锅、无帮鞋等。

（4）权利要求中的动词前的副词或连词的应用

权利要求中"通过基站发送消息"，按照撰写者的初衷，这句话里其实只有一个动词，即"发送"，"通过"在这句话里实际上并不是动词，其前面应是动作的发出者，例如，"终

端"通过基站发送信息。但是通过基站发送消息却在特定情况下会被有意无意地将"通过"理解为动词，使这句话看上去是一个并列结构，即"通过基站"和"发送消息"。这对权利要求书的正确理解、保护范围的清楚解释都会受到影响。如果将"通过基站发送消息"改为"通过基站来发送消息"或"通过基站以发送消息"，虽然只有一字之差，但整句话变成了偏正结构，"来"或"以"将这句话的动作限定为"发送"，将"通过"限定为连词，还原了最初的真实含义，使整句话的意思更准确了。

（5）比拟式表达在权利要求中的运用

比拟是借用一个事物的某方面特征来描述另一事物。在比拟时，往往不能明确表达所借用的是哪一个方面的特征。它可能有而不一定具有较强的概括作用。比拟式限定在实际申请中并不鲜见，而比拟式限定有时很难清楚限定发明创造。

【案例 7-34】　箱体侧壁异型材

权利要求为："一种箱体侧壁异型材，其特征在于，所述型材的横截面呈倒 F 形，其长立壁（1）顶端设有加强筋（2），在长立壁（1）上与长立壁（1）垂直设有加强筋板（3），在该筋板（3）下方的长立壁（1）末端，设有与该筋板（3）平行的底端加强筋板（4）。"如图 7-15 所示。

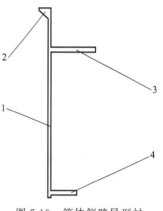

图 7-15　箱体侧壁异型材

7.5　权利要求书撰写的具体要求及常见缺陷

① 权利要求中包括几项权利要求的，应当用阿拉伯数字顺序编号。

【案例 7-35】　"二、根据权利要求一所述的充电器……"，该权利要求中，未使用阿拉伯数字顺序编号。

② 每一项权利要求只允许在其结尾使用句号，以强调其含义是不可分割的整体。

③ 权利要求中使用的科技术语应当与说明书中使用的一致。

④ 权利要求中可以有化学式、化学反应式或者数学式，但不得有插图。

⑤ 除非绝对必要时，权利要求中不得使用"如说明书……部分所述"或者"如图……所示"等类似用语。

⑥ 权利要求中通常不允许使用表格，除非使用表格能够更清楚地说明发明或实用新型要求保护的客体。

⑦ 权利要求中的技术特征可以引用说明书附图中相应的附图标记，但必须带括号，且附图标记不得解释为对权利要求保护范围的限制。

⑧ 权利要求不得依靠附图标记对技术特征进一步限定。

⑨ 权利要求中不应出现易造成权利要求保护范围不确定的括号，除附图标记或者其他必要情形必须使用括号外。

【案例 7-36】　"在显像管的阴极与负反馈电路的输入端之间连接一个缓冲级（如射极跟随器）"这种撰写方式不允许。

⑩ 一般情形下，权利要求不得引用人名、地名、商品名或者商标名称。

⑪ 从属权利要求只能引用其前面的权利要求，不得引用在其后面的权利要求。

多项从属权利要求只能选择一引用在前的权利要求，即只能用"或"及其等同语，如

"根据权利要求 1 至 5 中任何一项所述的……" 不得用 "和" 及其等同语，如据权利要求 1 至 5 中所述的……" "根据权利要求 1 和/或 2 所述的……"。

⑫ 权利要求的主题名称不应出现区别技术特征。

【案例 7-37】 防涝花盆

一种防涝花盆，它将花盆上部的边沿制成花瓣样高低起伏的盆口 3，这样，多余的雨水可以从盆口 3 的低洼处流出，所以，它能改善和避免花盆的涝害问题。如图 7-16 所示。

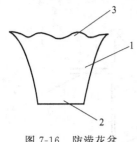

图 7-16 防涝花盆

权利要求：一种高低起伏盆口的花盆，由盆体（1）、盆地（2）和盆口（3）构成，其特征在于，所述盆口（3）高低起伏。

案例分析：因为独立权利要求中采用两段式写法，前序部分应写明发明创造的主题名称和与最接近的现有技术共有的必要技术特征；特征部分写明发明创造区别于最接近的现有技术的技术特征。如果主题名称中出现区别技术特征，就会出现该技术特征同时出现在前序部分和特征部分。

⑬ 不应将前序部分内容全部写入主题名称中。

【案例 7-38】 a. 一种由枕套（1）和枕芯（2）构成的枕头，其特征在于该枕头的中间部分有凹陷槽（3）和颈垫（4）。

应改写为：a. 一种枕头，由枕套（1）和枕芯（2）构成，其特征在于该枕头的中间部分有凹陷槽（3）和颈垫（4）。

⑭ 权利要求的主题名称应清楚。

【案例 7-39】 某发明的权利要求的主题名称为 "一种天然彩色果蔬面粉的制备方法及其产品"。因为对每一项权利要求来说，应明确其究竟是要保护产品还是方法，但是该主题名称没有清楚地表明该权利要求究竟要保护的是方法还是产品。

⑮ 权利要求的主题名称应简洁。

【案例 7-40】 权利要求为："1. 一种蚊香及其专用蚊香架，其特征在于：该蚊香为螺线形体，每一圈螺线互相紧靠，其专用蚊香架包括位于顶部的支撑部（1）和位于底部的支撑脚（2），蚊香螺线形体的中部支撑于蚊香架顶部的支撑部时，其周围自然下垂形成一锥形螺旋体，该锥形螺旋体的高度小于专用蚊香架的高度。" 如图 7-17 所示。

在本案例中，蚊香及其专用蚊香架是两个不同的专利保护的主题，应属于并列独立权利要求的主题，所以应将上述权利要求分成两个独立权利要求，即 "蚊香" 和 "蚊香架"。

⑯ 主题类型与其记载的技术特征的关系应协调一致。产品权利要求仅用方法特征表述，或方法权利要求仅用结构特征表述。方法发明应写成方法权利要求，采用方法特征（即工艺过程、操作条件、步骤或流程等技术特征）来描述。

【案例 7-41】 一种信号处理方法，其特征在于由下列部件组成……

⑰ 权利要求中不应没有技术特征，导致不构成技术方案。

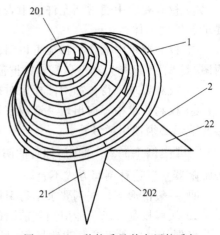

图 7-17 一种蚊香及其专用蚊香架

【**案例 7-42**】 一种化肥，其特征在于该化肥具有特效和高效，并且成本低廉。

⑱ 限定权利要求保护范围的技术特征的用词应当清楚，即应采用国家规定的技术术语，不得使用土话、行话等词语。

⑲ 同一权利要求中不应出现具体方案和优选方案两种选择，即权利要求中不得出现"例如""最好是""尤其是""必要时"等。

【**案例 7-43**】 一种吹风机，特别是小型、手持式离心式吹风机……

⑳ 权利要求用词应确切，应能清楚地描述发明或实用新型。

【**案例 7-44**】 一种铁锅的制造方法，XX 材料的冶炼温度约为 150℃。

对于本案例中冶炼温度约为 150℃，不能清楚地描述发明或实用新型，无法清楚限定权利要求保护的范围。但如果专利的申请使用不确定的词语，并不影响权利要求的限定范围，也可以采用不确切的词语。例如，淋浴用喷头，喷头上加工出多个喷头，这些喷头的数量不可能精确地确定，因为多几个或少几个并不影响实际效果，此时，可以使用有不确定的"多个"喷头这样的话。

㉑ 权利要求用词应严谨，避免造成误解。

【**案例 7-45**】 "一种盲人用探路手杖，包括杖杆、弯手把，其特征在于，杖杆外表中部可装有反光物体。"使用"可"表述，用词不严谨，含义不确定，不能确定是否装有反光物体。

㉒ 正面描述发明或者用新型的技术特征，避免采用否定句式。

【**案例 7-46**】 "一种双层内焰式瓦斯燃炉，包含有……其特征在于顶焰盘的焰孔以非对应方式对应于底焰盘的焰孔。"

案例分析：尽量采用正面描述，避免用否定的方式进行描述，采用否定词句，扩大了保护范围，造成保护范围不当。本案例中的"非对应方式"改成"错位方式"比较好。

㉓ 权利要求应简要，不应对技术特征的目的进行解释。

㉔ 权利要求应简要，尽量不要出现技术效果等非技术特征的言语。

【**案例 7-47**】 "一种卡通杯盖，包括盖体，其特征在于，所述的盖体上设有固定孔，一卡通物（1）固定于盖体上；所述卡通物（1）上设有与盖体上的固定孔相配合的通孔（2），这样吸管（3）可以顺利穿过卡通物上的通孔（2）伸入杯体内喝水。"如图 7-18 所示。

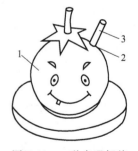

案例分析：在本案例中，权利要求并不简要，带有很多非技术特征的语言，实际上本权利要求可以改为"一种卡通杯盖，包括盖体，其特征在于，所述的盖体上设有固定孔，一卡通物（1）固定于盖体上；所述卡通物（1）上设有与盖体上的固定孔相配合的通孔（2），吸管（3）穿过卡通物上的通孔（2）伸入杯体内"。

㉕ 同一技术特征不得在前序部分和特征部分重复描述。

图 7-18 一种卡通杯盖

【**案例 7-48**】 "一种增高按摩鞋垫，由按摩块（1）和鞋垫体（2）所组成，其特征在于，在鞋垫体（2）上设有按摩块（1）。"

案例分析：本案例中，技术特征按摩块在前序部分和特征部分重复描述，不能清楚限定保护范围，应修改为："一种增高按摩鞋垫，包括鞋垫体（2），其特征在于，所述鞋垫体（2）上设有按摩块（1）。"在此要特别说明的是，并不是同一技术特征不能在前序部分和特征部分重复出现，比如在本案例中"鞋垫体"就重复出现，但按摩块是区别技术特征，又出现在首序部分中，可能导致无法区分按摩块是现有技术的技术特征，还是区别与现有技术的技术特征。同时也可能导致权利要求的不清楚，因为无法分清前序部分中的"按摩块"是否和特征部分的"按摩块"是同一个。如图7-19所示。

图7-19　一种增高按摩鞋垫

㉖ 权利要求中不应写入不起限定作用的非技术性特征。

【案例7-49】 "一种疫苗的制备方法，其工艺流程为：制备病毒—接种—灭活—浓缩—提纯—分装与销售"。

案例分析：销售并不是疫苗的制备方法的技术特征，应予以删除。

㉗ 产品独立权利要求除了列出产品的部件或结构外，还应描述各部件或各结构之间的位置关系或相互作用关系。

【案例7-50】 一种插接组合式地板，有相互拼对的板条，其特征在于，板条上设有凹槽和突出部。

案例分析：显然，该权利要求不清楚，没有给出板条上凹槽和突出部的位置以及它们之间的连接关系，正确的描述应当是：一种插接组合式地板，由相互拼对的板条组成，其特征在于，在板条的一侧沿板条长度方向开设有凹槽，在另一个板条的与上述凹槽相邻的一侧设有突出部，该突出部与上述凹槽相嵌合。

㉘ 独立权利要求应反映出与现有技术的区别，使其描述的发明或实用新型的技术方案具有新颖性和创造性。

㉙ 采用并列选择法概括时，被并列选择概括的具体内容应当是等效的，其含义应当是清楚的，不得将上位概念概括的内容用"或者"并列在下位概念之后。

【案例7-51】 "铁制的或者金属制的"这样的并列选择概括用语，"铁制的"与"金属制的"内容并不等效，"金属制的"是"铁制的"上位概念。

【案例7-52】 "空心楼板用硬质薄壁管由水泥纤维、钢管、塑料管或其他类似材料构成。"这样的并列选择概括用语，其中"其他类似材料"的描述不清楚，不能与具体的物或方法并列。

㉚ 权利要求中的数学公式或化学结构式未说明参数的意义或未给出参数的取值范围。

如果数学公式或化学结构式未说明参数的意义或未给出参数的取值范围，从而使表述该申请保护范围的权利要求不清楚。当权利要求中出现数学公式或化学结构式时，应当说明参数的含义，必要时给出取值范围。

㉛ 组合物中各组分百分数之和应等于100%，因此，其所有组分的含量范围应当满足下列条件：

某一组分的上限值＋其他组分的下限值≤100%。

某一组分的下限值＋其他组分的上限值≥100%。

如果所有组分的含量不符合上述条件，则说明至少其中一个组分的范围中包含有根本不可能实现的范围。

【案例7-53】 "1. 一种人参黄芪型核酸复合剂，其特征在于，该复合剂由以下组分按重量百分比配制而成：核酸复合剂40%～80%、人参10%～30%、黄芪10%～30%。"

案例分析：很显然，当核酸复合剂为70%、人参为25%时，则黄芪必须要为5%，但是根据权利要求中黄芪的重量百分比为10%～30%，不可能是5%，这样就出现了不可能实现的范围。

㉜ 权利要求中，通常不允许以"＞X"表示含量范围。

㉝ 多项并列权利要求不属于一个总的发明构思，不满足单一性。

㉞ 实用新型专利的权利要求中尽量不应出现包含非形状、构造技术特征。对于实用新型专利的技术方案进行创造性等判断时，有可能涉及非形状、构造的技术特征，由于实用新型专利只保护产品的形状、构造或其结合，所以对非形状、构造的技术特征本身不予考虑，只考虑它导致的形状、构造或其结合的变化。也就是说，如果产品的材料或方法特征对形状、构造或其结合无影响，则视同该特征不存在。如有影响，则不考虑特征本身，而只考虑该特征引起的形状、构造的变化。

㉟ 从属权利要求引用在前的权利要求，在前的权利要求中必须有对应的技术特征。

【案例 7-54】 椅子

权利要求 1：一种椅子，其特征在于，正方形底座（1），装在底座底面上的四个细长构件（2），装在底座上的圆形靠背（3）。

权利要求 2：根据权利要求 1 所述的椅子，其特征在于所述连接在每个细长构件上的轮子是塑料的。

案例分析：权利要求 2 引用权利要求 1，并对轮子进行限定，但权利要求 1 中并没有对应的轮子这一技术特征，因此，这种撰写方式是错误的。

㊱ 从属权利要求应是附加的技术特征，不能重复限定。

【案例 7-55】 从属权利要求中的限定部分为"……其特征在于，所述三轮车具有三个轮子。"

案例分析：三轮车必然具有三个轮子且只有三个轮子，这是在"三轮车"这个主题确定后所必然带来的技术特征，因此这种描述并没有另外增加技术特征，这样的权利要求构成重复限定。

㊲ 从属权利要求中附加技术特征是增加的技术特征时，应清楚地表达出这些附加技术特征与引用权利要求中的某个或某些技术特征之间的结构位置关系或作用关系。

【案例 7-56】

权利要求 1：一种钢笔，包括笔尖、笔帽……

权利要求 2：如权利要求 1 所述的钢笔，其特征在于，还包括一个弹性夹。

案例分析：对于权利要求 2 可以修改为"如权利要求 1 所述的钢笔，其特征在于，在所述的笔帽上有一个弹性夹。"

㊳ 从属权利要求的技术方案应当是一个完整的技术方案。

㊴ 从属权利要求限定部分不要重复其引用权利要求中的技术特征，以免造成对其保护范围的错误表达。

㊵ 从属权利要求的类型和主题名称应与其引用权利要求的类型和主题名称相一致。

㊶ 从属权利要求的保护范围是对其引用权利要求的保护范围作进一步限定，其保护范围应落在被引用权利要求的保护范围之内。

【案例 7-57】 冷饮杯

权利要求 1：一种冷饮杯，具有以导热材料制成的内杯胆和外杯胆，其特征是：在内、外杯胆之间的夹层内封装有蓄冷剂，所述蓄冷剂选自一种相变温度在 $0 \sim -18℃$ 范围的蓄冷材料。

权利要求 2：如权利要求 1 所述的冷饮杯，其特征是：所述蓄冷剂选自一种相变温度在 $0 \sim 10℃$ 范围的蓄冷材料。

案例分析：因为权利要求 1 中蓄冷剂选自一种相变温度在 $0 \sim -18℃$ 范围的蓄冷材料。

而权利要求 2 将蓄冷剂限定为选自一种相变温度在 0~10℃ 范围的蓄冷材料，并没有落在权利要求 1 的保护范围之内，所以权利要求 2 的撰写是错误的。

7.6 发明撰写时常见问题总结

7.6.1 无法克服的不清楚和／或不完整问题

（1）主题不明确

说明书应当从现有技术出发，明确地反映出发明想要做什么和如何去做，使所属技术领域技术人员能够确切地理解该发明要求保护的主题。换句话说，说明书应当写明发明所要解决的技术问题以及解决该技术问题所采用的技术方案，并对照现有技术写明发明的有益效果。上述技术问题、技术方案和有益效果应当相互适应，不得出现相互矛盾或不相关联的情形。

【案例 7-58】 用浪机

本发明的目的是提供一种可以利用大自然中存在、不需要人类加工、没有商品价值的能量的机器。

本发明涉及的专用名词有：浮动体——接受浪的作用而运动的物体；重力体——依靠重力作用而与浮动体发生相对运动的物体；选择器——将往复运动改为单向运动的器具；施力器——使符合需要的力发生作用的器具；连接杆——在浮动体、重力体，选择器、施力器之间起连接、传动作用的机件；限动板——限制运动方向的板；限动轴——固定限动板，使其发生作用的机件；单向浆——只在向一个方向运动时将板打开的浆。

浮动体在浪的作用下，以地球为参照物，运动幅度比重力体大，浮动体与重力体互为参照物，二者之间便发生相对运动。此运动通过选择器的选择，连接杆的传动，施力器的运动. 而使我们需要的运动发生。

与现有技术相比，用浪机及其机件的灵活性更大，它的机件设有固定的样式和位置。如，浮动体可能同时是施力器，施力器可能与选择器不分；可以是浮动体在上，重力体在下，也可以是重力体在浮动体内；它可以是一艘船，也可以是一个对外输出动力，使其他机器运转的动力机。

【实施例】

与现有技术相比，用浪机及其机件制造一个顶角是 90° 的棱锥形且总能浮出水面的箱，在其顶点处装有可以灵活摆动的辊子。在靠近顶点的四条棱的每条棱上，设有两个限动轴，其上装有仅可以在对角线所在剖面的平面上往复运动的单向浆。单向浆的浆面如一个仅可以展开成平面的铰链。两扇可以闭合仅能展开成平面的板称为浆板，在浆板闭合方向上有垂直于展开的浆板又不影响浆板开合的挡板，挡板的作用是使浆板的运动受到限制，总是在挡板两面，挡板上有用来推开闭合浆板，使其在水的作用下展开成平面的弹簧。每只单向浆上设有两组限动板，限动板装配的角度要使单向浆展开的浆面与前进方向垂直。靠近底面的单向浆中部的限动板与棱上的限动轴吻合，远离底面的单向浆尾部的限动板与限动轴吻合，吻合后打孔，用螺钉固定。余下限动板通过连接杆与辊子相连。其余三条棱上单向浆的装配与此相同。单向浆的浆板闭合的方向一律与前进方向相反。

在本发明专利的说明书中，未提供相关的现有技术内容，并且也没有附图和相关的附图说明。

案例分析：首先，在说明书中没有清楚地记载相关的现有技术，所属技术领域的技术人员通过阅读说明书不能清楚本发明所要解决的技术问题。其次，说明书中也没有对"用浪机"进行非常具体明确的定义，以使所属技术领域的技术人员能够理解其含义。同时，在具体实施方式中还引入了很多申请人自定义的特殊部件，但又未对这些特殊部件进行充分的解释和说明，也没有相应的附图帮助理解。因此，本申请请求保护的主题是不清楚的，不满足机械领域专利申请文件说明书的撰写要求。

（2）说明书术语不清楚

在撰写机械领域的发明专利说明书的过程中，由于语言或表达习惯等原因，往往存在采用非本领域通用技术术语的情况。如果在说明书中也没有相应的具体解释和说明，则可能导致所属技术领域的技术人员无法理解该技术方案。因此在撰写说明书的过程中需要注意避免引入不清楚的术语。

【案例 7-59】 塑料复合双面筱布抗静电织机用梭及其制造方法

本发明的说明书涉及一种织机梭子及其制造方法，具体而言涉及一种塑料复合双面及布抗静电织机用梭及其制造方法。

对于有梭织机，梭子是必不可少的部件之一，常规的梭子为木制梭，用木材制作的梭子重量较大，由于梭子速度较高，容易造成动力的较大浪费，并且木制梭的寿命较短，会造成木材的大量浪费；现有技术中也存在塑料梭，其原料主要由尼龙和改性助剂组成。这样的塑料梭虽然重量较轻，但耐冲击强度、表面光洁度和耐磨性等都并不能令人满意，使用这样的塑料梭容易造成织物瑕疵，本发明经过本厂的多次实验，在原料中加入一定量的特制酚醛亚麻上胶布片，从而获得了冲击强度高、耐磨性好、表面光洁、抗静电性能好、使用寿命长、梭身不易变形、适用范围广的塑料复合双面及布抗静电织机用梭。

在说明书的具体实施例中记载了如下的方案：

本发明的织机用梭与现有技术的织机用梭结构基本相同，但不同的是选用的主要原料为：尼龙 66 约 80 份；特制酚醛亚麻上胶布片约 20 份；改性助剂约 18 份，其中增容剂约 3 份；增韧剂约 8 份；抗静电剂、油酸酰胺、EVA 交联剂、抗氧化剂各约 0.5 份；无机填料约 6 份。将上述各原料按比例经拌和机充分搅拌均匀（一般搅拌时间为每次 20min），然后使用造粒机械造粒，再通过注射机注塑成塑料复合梭的毛坯，并在库里搁置约 10 天，以待其物理性能稳定。然后经过拉毛机在梭坯的两个侧面拉毛，然后用酚醛树脂在要覆布的地方连续刷胶 2 或 3 次，再放置在烘箱中进行约 2 个小时烘干，再通过压力成型机用电加温加压覆布成初步坯，覆布后的梭坯按照左右手分别放置，一般一个星期后就可以进行成型工艺的制作，加工成成品梭。

案例分析：本案说明书的技术方案中出现了非所属技术领域的技术人员公知的术语"特制酚醛亚麻上胶布片"。由于该"特制酚醛亚麻上胶布片"是本发明的改进点之一，该材料对于发明技术方案的理解和实现必不可少，而所属技术领域并没有该术语的明确定义，同时在申请文件中也未对这些术语作任何说明和解释，因此所属技术领域的技术人员不能清楚理解本发明的技术方案，该技术术语的不清楚造成说明书公开不充分。

（3）说明书文字前后矛盾

说明书上下文各部分之间作为一个整体也应该清楚，前后内容应该一致没有矛盾，否则会导致所属技术领域的技术人员无法正确理解发明。

【案例 7-60】 防松防盗螺母

本发明涉及一种机械紧固零件，具体说是一种具有防止随意松动功能的螺母。图 7-20是本发明的结构示意图。该防松防盗螺母，其有螺母体 1，螺母体 1 内孔表面制有螺纹，同时在螺母体 1 内侧制有防盗槽 2，且在该防盗槽内放置有钢珠 3。所述的防盗槽可以是顺着螺纹的方向，而且是中间较深，两端较浅，将一颗或数颗钢珠置于防盗槽内后，用一个柔性可破坏的材料（如橡胶、发泡板）将钢珠定位在防盗槽内，拧紧螺母时，由于防盗槽是顺着螺纹方向而且钢珠在其内定位，因此钢珠不会自由活动而妨碍螺母或螺杆的运动；当拧紧时，钢珠的定位被破坏，再退出时钢珠在防盗槽内自由活动而妨碍螺纹的运行轨迹，使得难以退出。如图 7-20 所示。

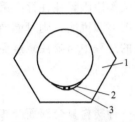

图 7-20　防松防盗螺母

案例分析：从上文说明书部分的内容来看，"当拧紧时，钢珠的定位被破坏"，似乎该钢珠应定位于后段的较浅处，即定位在螺纹末端位置，因为只有将钢珠定位在螺纹末端，才能在拧紧时破坏钢珠的柔性，破坏定位。而根据说明书的描述，在拧紧螺母时钢珠应不妨碍螺杆的运动，若将钢珠定位在该螺纹末端的较浅处，则显然会妨碍螺杆的运动。因此，按照这样的理解，说明书的描述前后相互矛盾。若将钢珠定位于中段的较深处，即定位在较深的螺纹中段位置，那么，在拧紧的过程中如果钢珠的定位不被破坏的话，则在拧紧后也不会被破坏。如果钢珠的定位不能被破坏，则在反拧时就不能如说明书所描述的那样钢珠在防盗槽内自由活动而妨碍螺纹的运行了。因此，照这样的理解，说明书的描述也是前后矛盾的。此外，假设钢珠在最初被定位于防盗格的前段较浅处，则在拧紧的过程中钢珠将妨碍螺杆的运动，因此，即使按照这样的理解，说明书的描述依然是前后矛盾的。可见，本专利说明书给出的技术方案是含混不清、前后矛盾的，所属技术领域的技术人员根据说明书记载的内容不能解决本专利申请所要解决的技术问题——防松防盗，因此，撰写的说明书不符合《专利法》第 26 条第 3 款的规定。

（4）缺少对附图的解释或说明

由于机械领域发明专利申请的技术方案常常需要借助说明书附图进行理解，如果说明书文字对于说明书附图没有足够的解释和说明，那么，在单独借助说明书附图并不能完全确定其技术方案的情况下，则会造成说明书不清楚，并导致所属技术领域的技术人员不能清楚地理解其技术方案。

【案例 7-61】 Z 型发动机

现在的四冲程发动机仅在曲轴旋转的第二圈才对外作功。这样就增加了四冲程发动机的尺寸和机械损失。柴油机中压缩比的提高使其效率有所提高，但也增加了点火时的压缩温度。在这种情况下，热损失不断增加且排放的氧化氮 NO_x 的量也随着增加。活塞的侧向力是发动机最大的一种摩擦损失，其应该被消除。本发明旨在提出一种全新设计的发动机，通过重新设计发动机的布局和工作方式，获得远优于现有技术发动机性能的全新 Z 型发动机。

附图为本发明 Z 型发动机的功能示意图，示出了一种典型的工作循环。如果采用单独的点火燃料，其可注到气体交换管中，该管道带有与流向平行的薄片。此外，所有的燃料可全部都注到气体交换管中。

该发动机在压缩机和冲洗阀（图中没有示出）之间的气体流路中可设置一个热交换器。这样，第一级压缩的气体（其通常为 3～15 巴）温度可进行控制（相对于排气）。压缩机的排气量可不同于活塞的行程容积，这样可使膨胀更为优化。

为获得更高的机械效率，膨胀活塞以及压缩活塞可相互连接，在此凸轮获得一个更好的净功。甚至可采用一个单独的压缩机，如螺杆式压缩机。在该凸轮机器中，同步凸轮轴的嵌齿轮具有两个不同的旋转方向。旋转杆有两个，因此活塞的侧向力就消除了（即使是其他的凸轮机器也可能没有侧向力）。这种新的凸轮机器同时可使第一级惯性力平衡。如图 7-21 所示。

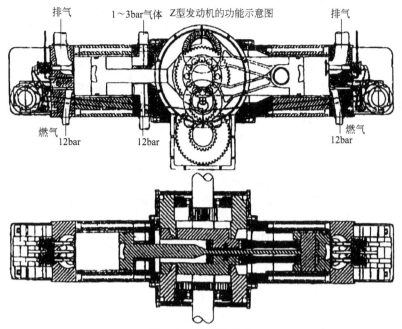

图 7-21　Z 型发动机

案例分析：就本案而言，在原说明书的附图中没有附图标记，说明书文字部分也没有公开"Z 型发动机"包括哪些部件以及这些部件的结构特征、连接关系等，所属技术领域的技术人员只能从附图中辨别出典型的发动机部件，如气缸、活塞、气阀等，但是不能准确判断出各部件的运动配合关系，也无从知道发动机的工作过程；在说明书中提及的"压缩部件""采集容器""气体交换管"等部件在附图中没有得到体现，它们的具体结构特征以及与其他部件之间的空间位置关系在说明书的文字部分也没有具体限定，致使所属技术领域的技术人员无法了解它们的具体结构以及功能，进而也无法实施本发明，这样撰写的说明书不符合《专利法》第 26 条第 3 款的规定。

(5) 只给出目标而无具体手段

说明书中若只给出了任务和/或设想，或者只表明一种愿望和/或结果，而未给出任何使所属技术领域的技术人员能够实现的技术手段，导致说明书没有充分公开发明。

【案例 7-62】 一种自动装拆汽车防滑链装置

本发明涉及一种利用轮胎与地面接触面积和摩擦系数的瞬间变化，增大摩擦力从而达到防滑目的的自动装拆汽车防滑链装置。

目前，汽车在运行中，一遇泥泞、松软路面、冰雪道路、沙漠地带，轮子容易打滑，无法行走。现有技术中提出了采用防滑链，但目前的防滑链装拆麻烦，可靠性也差。特别是行进在水泥、沥青路面上时，容易损坏路面。为了运输的方便，为了人身财产的安全，人们急需一种能自动装拆的汽车防滑装置。

本发明的目的是针对以上存在的问题，设计出一种适用的汽车防滑链装置。它能使驾驶员在行驶途中遇到泥泞、冰雪、沙漠等路面时，随时按动仪表台上的启动按钮，不需停车，即能自动安装防滑链，摆脱打滑困境，继续行驶。当遇到上述路面时，也不需停车，只要按动按钮，即能拆下防滑链，进行正常行驶。

附图的简要说明图：

图(a) 是链条的结构原理图；图(b) 是单电机驱动变速箱传动原理图；图(c) 是花盘安

装位置示意图；图(d) 是花盘结构示意图；图(e) 是滚筒结构示意图。如图 7-22 所示。

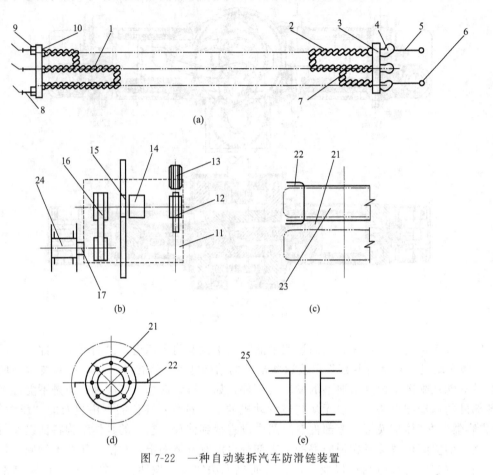

图 7-22　一种自动装拆汽车防滑链装置

如图 7-22 所示，本发明的自动装拆汽车防滑链装置，由电机 13、变速箱 11、滚筒 24、花盘 21、链条、挂架构成，其中：链条绕放于滚筒 24 上，滚筒 24 的直线运动由电机、变速箱 11、齿轮和齿条运动副 15 或活塞和气缸运动副实现，完成链条的送出和收回，滚筒 24 的旋转运动由电机 13、变速箱 11 实现，滚筒 24 旋转与花盘 21 旋转相配合，完成链条的自动安装与拆却，带有双沟 22 的花盘 21 安装于汽车后轮内轮胎 23 的两侧，滚筒 24 与变速箱 11 连接，变速箱 11 通过挂架安装在汽车前后轮之间的车厢板底部。

当需要将链条捆于轮胎上时，变速箱 11 和滚筒 24 一起向后胎 23 移动，使滚筒 24 接近后胎 23。当车辆前进时，后胎 23 两旁的花盘 21 也随后胎 23 作同向旋转，此时花盘 21 上的双钩 22 钩住钢球 6，链条自动绕后胎 23 一周后，钩 A8 钩住环 A4 完成捆链动作。当需要拆下链条时，进行倒车，变速箱 11 和滚筒 24 向后轮胎移动，同时滚筒 24 作反时针旋转，滚筒 24 上的钩 B25 会钩住链条上的环 B9。随着滚筒 24 的旋转和车辆的倒车，使链条全部绕在滚筒 24 上，变速箱 11 和滚筒 24 复位，链条头的压紧装置（图中未画出）压住链条头，不让链条松动。车辆又可前进行驶。

案例分析：原始说明书仅仅记载了汽车防滑链自动装拆装置的一种笼统的构思。换句话说，该汽车防滑链自动装拆装置由链条、传动系统、滚筒、花盘、挂架五部分组成。但在说明书中对于组成该装置的具体技术细节没有作出清楚、完整的说明。如在安装链条时如何保证花盘上的双钩恰好能钩住钢球，如何协调链条行程和车轮转动的关系，如何设计链条上钩的结构等，这些从原始说明书中均无法得知。说明书只是对自动装拆机构的功能提出了设想，而未给出使所属技术领域的技术人员能够实现该功能的具体技术手段。

所属技术领域的技术人员仅根据上述说明书的内容，不经过创造性劳动，无法实现本申请的自动装拆装置，更无法实现对汽车防滑链进行自动装拆的功能。因此这样撰写的说明书不符合《专利法》第 26 条第 3 款的规定。

（6）给出了不清楚的技术手段

即使说明书中给出了技术手段，但是如果该技术手段不清楚，那么所属技术领域的技术人员采用该手段不能解决发明所要解决的技术问题。

【案例 7-63】 休闲折叠椅

本发明涉及一种休闲折叠椅产品，其折叠、打开方便，具体地说，是一种用于附加在自行车或电动车后架上的可快速拆装的儿童坐椅。

图 1 是发明折叠椅的结构示意图。折叠椅包括一个椅面框架 1 及一个椅背框架 2，椅面框架 1 及椅背框架 2 上蒙有面布 3，椅面框架 1 及椅背框架 2 由一对铰接件 4 连接，该铰接件 4 为一不可延伸变形的刚性件，铰接件 4 还与一个后腿架连接，椅面框架 1 前端与一个前腿架连接，前腿架、后腿架的上端与一对扶手 7 相连接，扶手 7 还与椅背框架 2 的中部连接。所述的铰接件 4 为一折弯件，在该折弯件的两端以及中部分别钻有连接孔。椅面框架左右两侧的后部各自具有前后两个连接螺孔，折弯件一端的连接孔及中部的连接孔分别与椅背框架 2 的下部及椅面框架 1 后部的后连接螺孔经螺栓连接固定，折弯件另一端的连接孔则通过螺栓将后旋架的中部与椅面框架后部的前连接螺孔连接固定，在使用过程中无需松开螺栓拆下铰接件，即可实现折叠椅的打开和折叠，使用十分方便。

案例分析：在本专利申请的说明书文字以及附图中对该休闲折叠椅的铰接件与椅面框架的连接方式均描述为两点连接，即铰接件中部的连接孔与椅面框架后部的后连接螺孔连接、铰接件另一端的连接孔将椅面框架后部的前连接螺孔连接。除此之外，说明书中并未给出铰接件与椅面框架之间的其他任何不同于上述连接的方式，因此根据说明书的描述来制作该折叠椅时，铰接件与椅面框架之间只能采用说明书所描述的两点连接方式，但是由于铰接件 4 为不可变形延伸的刚性件，并且铰接件与折叠椅其他部位采用的是不拆卸的螺栓连接，因此该连接方式会导致制造出的折叠椅无法折叠，从而无法实现说明书所述的技术方案，无法解决技术问题，也达不到其预期的技术效果。因此，本专利申请的说明书没有达到充分公开的要求，不符合《专利法》第 26 条第 3 款的规定。

（7）关键部件的描述不完整

如果说明书中对产品构成的具体结构、原理等没有作出清楚的描述，则会导致所属技术领域的技术人员无法正确理解发明进而实现其技术方案。

（8）方法或工艺内容缺失

对于涉及方法的技术方案，若方法步骤不完整或者工艺条件不完全，则会导致所属技术领域的技术人员不能实现本发明。

（9）对步骤相同的技术方案未说明实现不同技术效果的理由

对于涉及方法的技术方案，如果申请人认定与现有技术相同的技术方案能产生不同的技术效果，则应当在说明书中充分说明其理由，否则会导致所属技术领域的技术人员无法实现发明的技术方案。

（10）缺少证据证明效果

对于说明书记载技术方案能否实现的判断，需要考虑所属技术领域的技术人员根据说明书记载的内容能否实现该技术方案、解决其技术问题并产生预期的技术效果，通常情况下考虑的重点在于判断技术方案能否实现，而当技术方案必须依赖于技术效果才能构成发明时，这类发明的实现也需要进一步考虑技术效果能否实现。如果说明书记载的内容声称本发明的技术方案远优于现有技术，但是没有任何实验数据来证实该效果，同时所属技术领域的技术人员也不能根据其所掌握的知识推断出所称的效果，那么说明书中记载的技术方案会由于技术效果不能实现而存在公开不充分的问题。因此，对于技术方案必须依赖于技术效果才能构成发明的情况，说明书中除了要给出具体的技术方案以外，还必须提供具体的试验数据以证明其声称的效果，或者给出具体的分析和/或推断过程以支持其声称的效果。

（11）引证不当

《专利审查指南》第二部分第二章第2.2.6节中规定，对于那些就满足《专利法》第26条第3款的要求而言必不可少的内容，不能采用引证其他文件的方式撰写，而应当将其具体内容写入说明书。如果引证内容是实现发明必不可少的部分，则应当将说明书和引证内容相结合作为整体看待。引证文件的内容难以与说明书记载的内容相结合以解决技术问题，获得预期效果的，则应当认为对发明公开不充分。

7.6.2 实施例公开的内容不足以支持上位概括的内容

对于机械领域发明专利申请文件的撰写而言，常常会从说明书公开的多个实施例出发概括出适当上位的技术方案。因此，要求说明书中列举的实施例不仅要清楚、完整，还需要对概括的技术方案提供支持。一旦进入申请之后的后续程序，权利要求书中还存在得不到说明书支持的缺陷，那么只能通过缩小权利要求请求保护的范围来克服这种缺陷。如果在撰写说明书时考虑到支持权利要求的问题，在说明书中公开适当数量的实施例，则为申请人获得保护范围合理的权利要求打下良好的基础。

① 实施例公开的数值不足以支持概括的数值范围。在涉及数值范围的技术方案中，如果实施例中仅记载了有限的数值点或范围，而在概括的技术方案中出现了较大的数值范围，使得所属技术领域的技术人员难以预见采用该概括数值范围内的所有数值均能解决其技术问题并达到相同的技术效果，就会导致该技术方案没有以说明书为依据。

② 实施例中的下位概念不足以支持技术方案的上位概念。对于机械领域的发明专利申请文件，技术方案往往采用上位概念概括下位概念的方法来撰写。例如，可将螺栓、螺钉、铆钉等上位概括成紧固装置，将移动、转动、滑动等连接上位概括成活动连接，将皮带轮、齿轮等用于传递动力的部件上位概括成传动装置或传动部件。在进行这种上位概括时，需要注意说明书应当支持这种上位概念的概括。

③ 实施例的工艺步骤不足以支持上位概括的工艺步骤。对于涉及方法步骤的技术方案，如果在上位概括的过程中，一味追求扩大保护范围而将步骤概括的非常宽泛，会导致实施例的内容无法支持上位概括的技术方案。

④ 实施例内容无法支持扩大的应用领域。对于机械领域的发明专利，在对实施例记载内容进行概括的过程中，也可能会扩大应用领域。如果扩大的技术方案的应用领域不合理，则会导致实施例的内容无法支持该扩大的应用领域。

7.6.3 发明专利常见问题总结

文件名	序号	问题说明	备注
申请表	1	地址错误，地址不全及有丢字现象，原因是样本上的错误导致没修改；正确的地址为：经常居所地或营业所所在地 XX 省 XX 市，详细地址 XX 省 XX 市 XX 区 XX 路 XX 号	

文件名	序号	问题说明	备注
说明书	2	标题缺项,技术领域,背景技术,发明内容,附图说明,具体实施方式(具体实施例)不全、或没用黑体字、或没顶头写	
	3	发明名称不一致,在说明书中应至少有 5 处用到发明名称,这 5 处名称未用拷贝的方式产生,而是另输入的,导致名称不一致,这 5 处名字应一致	
	4	附图说明中,一般分为几段,第一段应为:附图 1(2、3)为本发明结构示意图(图 4 为电路原理图);第二段为图中,1—XX;2—YY;3—ZZ;…。出现问题:①技术特征名有重复;②未分层次(如减速箱为 3,可采用构成减速箱的技术特征为 301、302、303 等,这样从属关系非常明晰);③对于同一技术特征,起作用一样的,只给一个数字标识;④同样的技术特征,起不同作用的,又必须提到的,可采用齿轮Ⅰ、齿轮Ⅱ或第一齿轮、第二齿轮的方式来描述;⑤除非有必要,否则不详细说,比如电机,如果其直流电机的作用不是很明显,就给予名字电机,而不是直流电机;⑥有些技术特征不重要可不提,比如连接应用的螺钉等	
	5	发明内容中:未采用正确的撰写方法,应为:针对上述的不足,本发明提供了一种简易树木去皮装置。 本发明是通过以下技术方案实现的:一种简易树木去皮装置,是由紧固垫块、紧固螺栓、环形刀具、电磁阀、尾部罩壳、摩擦轮、弹簧紧固件、圆形套锁、气缸、活塞杆和刀架组成的,环形刀具固定在刀架上,刀架通过紧固螺栓与紧固垫块螺纹啮合,… 易出现的问题:①在本发明提供了 XXXX 后面啰嗦太多;②由 XX、XX、XX 组成的,部件部分名称太长,且出现前后不一致的情况;③描述的不是各 XX 之间的相互连接关系,而是描述了工作过程;④此处可进一步递进说明,如由 XX、YY、ZZ 组成,XX 与 YY 如何连接的,ZZ 与 XX 或 YY 如何连接的,后面可用所述的 XX 是由 AA、BB、CC 组成的,再描述 AA、BB、CC 之间的连接关系;⑤在本发明是通过以下技术方案实现的整段中,不要用句号,需要的地方可用分号替代,以便将此部分内容拷贝到权利要求书中,稍加改写,生成权利要求书和说明书摘要;⑥此处特别注意:提到的有什么组成的那些技术特征,必须在说明书附图的图中有数字标识;图中有数字标识的,在说明书中也必须提到	
	6	该发明的有益之处:①未将发明的技术特征的有益之处描述出来,比如在该发明中应用了铆钉,如果只写了应用了铆钉起了连接作用,那么与用螺钉在功能上没什么差别,要写出用铆钉比用螺钉的优势来,比如一次安装永久固定;体积小等形成整体有益之处起作用的各主要特征的有益之处;②未写整体的有益之处,或写得太少	
	7	具体实施方式:①各特征数字标识写在了技术特征之前,应在后面,比如由底座 1、电机 2、…组成的;②此处文字初写专利者可直接从发明内容处拷贝过来,然后根据附图中的技术特征在其后面加上数字标识;③具体实施方式的第二段一般写工作过程,此处的技术特征后面仍要加数字标识;④实施方式可用有多个,当有多个时,应有实施方式 1(2、3 等);的单独段落进行标识和区分;⑤在说明书最后可加上:对于本领域的普通技术人员而言,根据本发明的教导,在不脱离本发明的原理与精神的情况下,对实施方式所进行的改变、修改、替换和变型仍落入本发明的保护范围之内	
	8	段落开头该缩入两个汉字的未缩入	
权利要求书	9	就一个权利要求,整段前没加数字 1	
	10	一个权利要求中有多个"。",要求是每个权利要求只能有一个句号,且只能整段的最后;一个权利要求中,"其特征在于:……"只能出现一次	
	11	多个权利要求,从属权利要求缺少前句"如权利要求 1 所述的 XXX,其特征在于:……"或"如权利要求 3 所述的 ZZZ,其特征在于:……"注意其中不能有"书"	
	12	在权利要求中,没写技术特征之间的连接关系,而过多地写了功能性描述和工作过程;功能性描述不是不能有,而是用结构难以描述的时候,才用功能性描述(仅限机械设备)	
	13	本段文字初学者可直接从发明内容处拷贝,并简单改写,如将发明内容分段为多个权利	
说明书摘要	14	①整段文件前未缩入两个汉字的空格;②字数超出 300 字;对于一些结构上的描述可简写;③整体描述缺少技术领域和有益之处;④主要内容未从发明内容处拷贝,导致内容与权利要求相差甚远;初学者可直接将发明内容拷贝好加上技术领域和有益之处,并将文字缩在 300 字以内即可	

续表

文件名	序号	问题说明	备注
说明书附图	15	图上没有图 1、图 2 的标识	
	16	多个图误认为一个图,比如一个零件的正视图和右视图放在了一起,命名为图 1	
	17	所有图的线条不一致,线条一般就粗细两种规格,由轮廓线、剖面线、虚线、中心线构成	
	18	图呈多种颜色,有背景色或阴影,要求所有图的线条颜色都为黑色,且无任何背景色	
	19	图上有截图时的鼠标标记和汉字,要求不能有,但以方框图构成的系统组成图等可以在方框内有汉字	
	20	图上的数字标识大小不一,过大或过小,字体太乱,要求用 Times New Roman 字体作为数字标识,且不要加粗	
	21	图上的信息不全,建议用正等侧或轴侧图,并按物体惯常应用时的情境来放置,比如酒瓶子就要大头、底朝下	
	22	图上的线条生硬,圆不圆,有棱角,建议不用 AutoCAD 来画,改用 CAXA 来画	
摘要附图	23	该图不是说明书附图中的一幅,本来上面有数字标识给去掉了,都没必要	
	24	该图不是最能体现发明特征的图	
整体	25	发明名称在各个文件中不一致,建议名字只写一次,其余全拷贝	
	26	未用给予的标准样本文件,少页眉、页脚;所有文字不规范,最好:宋体,Times New Roman 小四号,行间距 1.5 倍	

7.7 专利撰写实例

7.7.1 一种面向宽面花架的长期升降自动浇花护理机方案设计

(1) 问题描述

随着技术的发展,花卉培育方面,取得了非常显著的发展。但是,面向花架护理方面存在着诸多问题,例如,不能及时的浇水,导致损失。对于宽面花架,"宽面"的意思就是这种花架比较宽,在不同高度的花盆要么不在同一列,要么在横向上相距很远,同一高度的花盆前后左右相距也很远;"窄面"的意思就是这种花架比较细,在不同高度的花盆要么在同一列,要么在横向上相距很近,同一高度的花盆前后左右相距也很近。目前,对于这种宽面花架并没有很好地浇水护理装置。因此,为宽面花架配备一种自动护理装置成为一种很迫切的生产生活需要。图 7-23 为宽面花架。

(2) 方案设计

针对上述问题,提出了一种面向宽面花架的长期升降自动浇花护理机的方案,并对该方案进行专利权保护。为此通过专利分析和检索(相关检索方式在第 6 章进行讲解),认为万向轮一、底座、配重、控制器、立柱、上部支撑隔板、摄像头、摄像头支撑杆、

图 7-23 宽面花架

同步带、电动水阀、喷头、塑料水管、手动水阀、万向轮二、大水箱、水泵、塑料软管和步进电机是本申请的必要技术特征，应写入主权利要求；而立柱与立柱之间的连接，喷头的结构和电动水阀的安装方式为本设计的非必要技术特征，可以写入从属权利要求。

(3) 撰写的专利文件

说明书摘要

一种面向宽面花架的长期升降自动浇花护理机，是由至少两个窄面花架自动浇花装置和至少一个底座连接结构组成的，所述的窄面花架自动浇花装置是由万向轮一、底座、配重、控制器、立柱、上部支撑隔板、摄像头、摄像头支撑杆、同步带、电动水阀、喷头、塑料水管、手动水阀、万向轮二、大水箱、水泵、塑料软管和步进电机组成的，其特征在于：底座上安装有万向轮上、配重和立柱，立柱上安装控制器和上部支撑隔板，摄像头安装在摄像头支撑杆上，同步带安装在上部支撑隔板和底座之间，喷头安装在电动水阀上，大水箱安装有万向轮和水泵，手动与电动水阀可以切换。该发明实现宽面花架的智能浇水，提高了智能化，保证了花草在无人管理时，仍正常生长。

摘要附图

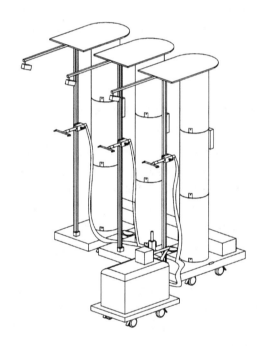

权利要求书

1. 一种面向宽面花架的长期升降自动浇花护理机，是由至少两个窄面花架自动浇花装置和至少一个底座连接结构组成的，所述的宽面花架自动浇花装置是由万向轮一、底座、配重、控制器、立柱、上部支撑隔板、摄像头、摄像头支撑杆、同步带、电动水阀、喷头、塑料水管、手动水阀、万向轮二、大水箱、水泵、塑料软管和步进电机组成的，其特征在于：底座安装在万向轮上，配重安装在底座重量承重轻的一侧，控制器安装在立柱上，立柱安装在底座上，立柱和立柱之间可以串联，上部支撑隔板安装在立柱顶端，摄像头安装在摄像头支撑杆上，摄像头支撑杆安装在上部支撑隔板上，同步带安装在上部支撑隔板和底座之间，电动水阀安装在同步带上，喷头安装在电动水阀一端，另一端通过软管与水泵连接，大水箱下面安装有万向轮，水泵安装在大水箱上方，手动水阀一端连接在软管，另一端可直接连接到水龙头上；所述的底座连接结构由大螺母、连接底盘、带螺纹定位块和小同心轴组成的，所述带螺纹定位块通过连接底盘上的定位孔连接，大螺母再与带螺纹定位块连接在一起。

2. 如权利要求1所述的一种面向宽面花架的长期升降自动浇花护理机，其特征在于：所述的立柱与立柱之间的连接通过第一个立柱顶端凸出钢板和第二个立柱底部凹槽结构相连接。

3. 如权利要求1所述的一种面向宽面花架的长期升降自动浇花护理机，其特征在于：所述的喷头分为单口喷头和双口喷头，安装在电动水阀末端。

说明书

一种面向宽面花架的长期升降自动浇花护理机

［技术领域］

本发明涉及一种花架自动浇水装置，尤其是一种面向宽面花架的长期升降自动浇花护理装置。

［背景技术］

随着技术的发展，花卉培育方面，取得了非常显著的发展。但是，面向花架护理方面存在着诸多问题，例如，不能及时的浇水，导致损失。对于宽面花架，"宽面"的意思就是这种花架比较宽，在不同高度的花盆要么不在同一列，要么在横向上相距很远，同一高度的花盆前后左右相距也很远；"窄面"的意思就是这种花架比较细，在不同高度的花盆要么在同一列，要么在横向上相距很近，同一高度的花盆前后左右相距也很近。目前，对于这种宽面花架并没有很好地浇水护理装置。因此，为宽面花架配备一种自动护理装置成为一种很迫切的生产生活需要。

［发明内容］

针对上述不足，本发明提供了一种面向宽面花架的长期升降自动浇花护理机。

本发明是通过以下技术方案实现的：一种面向宽面花架的长期升降自动浇花护理机，是由至少两个窄面花架自动浇花装置和至少一个底座连接结构组成的，所述的窄面花架自动浇花装置是由万向轮一、底座、配重、控制器、立柱、上部支撑隔板、摄像头、摄像头支撑杆、同步带、电动水阀、喷头、塑料水管、手动水阀、万向轮二、大水箱、水泵、塑料软管和步进电机组成的，其特征在于：底座安装在万向轮上，配重安装在底座重量承重轻的一侧，控制器安装在立柱上，立柱安装在底座上，立柱和立柱之间可以串联，上部支撑隔板安装在立柱顶端，摄像头安装在摄像头支撑杆上，摄像头支撑杆安装在上部支撑隔板上，同步带安装在上部支撑隔板和底座之间，电动水阀安装在同步带上，喷头安装在电动水阀一端，另一端通过软管与水泵连接，大水箱下面安装有万向轮，水泵安装在大水箱上方，手动水阀一端连接在软管，另一端可直接连接到水龙头上；所述的底座连接结构由大螺母、连接底盘、带螺纹定位块和小同心轴组成的，所述带螺纹定位块通过连接底盘上的定位孔连接，大螺母再与带螺纹定位块连接在一起。

进一步，所述的立柱与立柱之间的连接通过第一个立柱顶端凸出钢板和第二个立柱底部凹槽结构相连接。

进一步，所述的喷头分为单口喷头和双口喷头，安装在电动水阀末端。

该发明的有益之处是：

① 很好地解决了宽面花架长期浇水问题，节约人力和物力，大大提高了智能化，形成有序的宽面花架管理系统，保证了宽面花架植物的在长期无人管理时，仍就正常生长。

② 可以通过摄像头拍摄记录花草的情况，并可以通过控制器将花草的生长情况传送到手机APP软件，便于实时管理，通过花草的图像分析判断是否需要浇水和浇水量，判断是否有病虫并给出处理方案，以及分析是否需要加入肥料等。

③ 电动水阀与手动水阀可以切换，给供水源提供了多项选择，并且水阀可以保证喷头浇灌

的方式，既可以滴灌也可以连续的水流浇灌，并且可以根据摄像头采集的图像信息进行调节。

[附图说明]

附图1为本发明的整体结构示意图；

附图2为单元结构示意图；

附图3为底座连接结构；

附图4为局部图；

附图5为立柱示意图；

附图6为立柱连接图；

附图7为喷头种类图。

图中：1—万向轮一；2—底座；201—大螺母；202—连接底盘；203—带螺纹定位块；204—小同心轴；3—配重；4—控制器；5—立柱；501—凸出钢板；502—凹槽结构；6—上部支撑隔板；7—摄像头；8—摄像头支撑杆；9—同步带；10—电动水阀；11—喷头；1101—双口喷头；1102—单口喷头；12—塑料水管；13—手动水阀；14—万向轮二；15—大水箱；16—水泵；17—塑料软管；18—步进电机。

[具体实施方式]

请阅读附图1～附图7，本发明提供一种技术方案：一种面向宽面花架的长期升降自动浇花护理机，是由至少两个窄面花架自动浇花装置（附图2）和至少一个底座2连接结构（附图3）组成的，所述的窄面花架自动浇花装置是由万向轮一1、底座2、配重3、控制器4、立柱5、上部支撑隔板6、摄像头7、摄像头支撑杆8、同步带9、电动水阀10、喷头11、塑料水管12、手动水阀13、万向轮二14、大水箱15、水泵16、塑料软管17和步进电机18组成的，其特征在于：底座2安装在万向轮一1上，配重3安装在底座2重量承重轻的一侧，控制器4安装在立柱5上，立柱5安装在底座2上，立柱5和立柱5之间可以串联，上部支撑隔板6安装在立柱5顶端，摄像头7安装在摄像头支撑杆8上，摄像头支撑杆8安装在上部支撑隔板6上，同步带9安装在上部支撑隔板6和底座2之间，电动水阀10安装在同步带9上，喷头11安装在电动水阀10一端，另一端通过软管17与水泵16连接，大水箱15下面安装有万向轮二14，水泵16安装在大水箱15上方，手动水阀13一端连接在塑料软管17，另一端可直接连接到水龙头上；所述的底座2连接结构由大螺母201、连接底盘202、带螺纹定位块203和小同心轴204组成的，所述带螺纹定位块203通过连接底盘202上的定位孔连接，大螺母201再与带螺纹定位块203连接在一起。

所述的立柱5与立柱5之间的连接通过第一个立柱5顶端凸出钢板501和第二个立柱5底部凹槽结构502相连接。

所述的喷头11分为双口喷头1101和单口喷头1102，安装在电动水阀10末端。

该装置在工作时，根据宽面花架的实际要求，将多个窄面花架自动浇花装置（附图2）通过多个连接结构（附图4）连接在一起，移动到花架面前，锁死万向轮一1和万向轮二14，接通电源后，摄像头7开始工作，通过控制器4上面设置好浇水时间，并且记录和显示浇水时间以及花的各种图片等。

当浇花时间到时，控制器4发出信号，控制每层立柱5的电动水阀10打开，然后水泵16通电，将水抽到电动水阀10处，或者直接将手动水阀13接到水龙头上，进而从喷头11喷出，实现浇花动作。

在此过程中，摄像头7一直处在工作状态，记录和监控整个过程，并把视频信息发送到控制器4上存储，并且可以通过控制器4将花草的生长情况传送到手机APP软件，便于实时管理。

对于本领域的普通技术人员而言，根据本发明的教导，在不脱离本发明的原理与精神的情况下，对实施方式所进行的改变、修改、替换和变型仍落入本发明的保护范围之内。

说明书附图

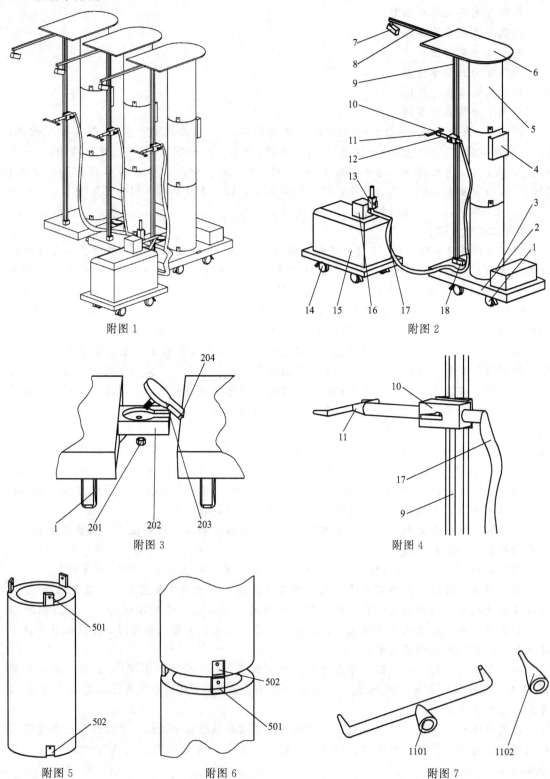

附图1

附图2

附图3

附图4

附图5

附图6

附图7

7.7.2 一种长期可旋转自动浇水护理智能花架方案设计

(1) 问题描述

随着技术的发展，花卉培育方面，取得了非常显著的发展。但是，面向花架护理方面却存在着诸多问题，现在的花架大多为规规矩矩的矩形框架结构，浇水护理很不方便，费事费力。目前还没有一种长期自动浇水护理的智能花架，因此，发明一种长期自动浇水护理智能花架装置成为一种很迫切的生产生活需要。如图 7-24 为日常常见人工护理花架。

(2) 方案设计

针对上述问题，提出了一种长期可旋转自动浇水护理智能花架的方案，并对该方案进行专利权保护。为此通过专利分析和检索，认为支撑框架、万向轮一、万向轮二、大水箱、水泵、手动水阀、控制器、花盆底座、喷头水阀组合结构、旋转结构和摄像头是本申请的必要技术特征，应写入主权利要求；而支撑框架、旋转结构、喷头水阀组合结构和花盆底座为本设计的非必要技术特征，可以写入从属权利要求。

图 7-24　日常常见人工护理花架

(3) 撰写的专利文件

说明书摘要

一种长期可旋转自动浇水护理智能花架，是由支撑框架、万向轮一、万向轮二、大水箱、水泵、手动水阀、控制器、花盆底座、喷头水阀组合结构、旋转结构和摄像头组成的，其特征在于：支撑结构和大水箱下面安装万向轮一和万向轮二，旋转结构的空心轴安装在支撑框架的实心轴上，花盆底座安装在旋转结构的支撑杆上，控制器安装在支撑框架一侧，喷头水阀组合结构安装在支撑框架上部，摄像头安装在支撑框架上，水泵安装在大水箱上部，手动水阀与塑料水管连接，另一端可接水龙头，代替大水箱，该发明有益之处在于实现智能浇水护理，大大提高了智能化，形成有序的花架管理系统，保证了盆栽处在护理之中。

摘要附图

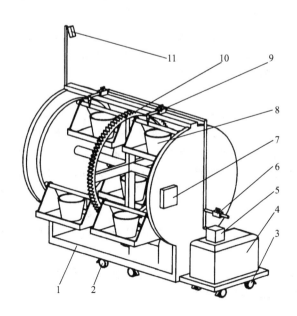

权利要求书

1. 一种长期可旋转自动浇水护理智能花架，是由支撑框架、万向轮一、万向轮二、大水箱、水泵、手动水阀、控制器、花盆底座、喷头水阀组合结构、旋转结构和摄像头组成的，其特征在于：支撑结构和大水箱下面安装万向轮一和万向轮二，旋转结构的空心轴安装在支撑框架的实心轴上，花盆底座安装在旋转结构的支撑杆上，控制器安装在支撑框架一侧，喷头水阀组合结构安装在支撑框架上部，摄像头安装在支撑框架上，水泵安装在大水箱上部，手动水阀与塑料水管连接，另一端可接水龙头，代替大水箱。

2. 如权利要求1所述的一种长期可旋转自动浇水护理智能花架，其特征在于：所述的支撑框架是由左右挡板、支撑横梁和实心轴组成的，其中，支撑横梁位于左右挡板上部，实心轴在左右挡板中间。

3. 如权利要求1所述的一种长期可旋转自动浇水护理智能花架，其特征在于：所述的旋转结构是由左挡板、大齿轮、支撑杆、右挡板、空心轴、小齿轮和电机组成的，其中，左挡板和右挡板之间通过空心轴连接，三个支撑杆以120°的间距均匀分布在左挡板和右挡板之间，大齿轮在本结构中间，与空心轴为一体，小齿轮与电机输出轴连接，并与大齿轮啮合。

4. 如权利要求1所述的一种长期可旋转自动浇水护理智能花架，其特征在于：所述的喷头水阀组合结构是由塑料水管、电动水阀和喷嘴组成的，其中，喷嘴通过塑料水管和电动水阀连接，喷嘴方向朝下，电动水阀另一端也连接塑料水管。

5. 如权利要求1所述的一种长期可旋转自动浇水护理智能花架，其特征在于：所述的花盆底座是由花盆和左右小挡板组成的，其中，左右小挡板上面有环形结构，花盆在左右小挡板之间。

说明书

一种长期可旋转自动浇水护理智能花架

[技术领域]

本发明涉及一种花架自动浇水装置，尤其是一种长期可旋转自动浇水护理智能花架装置。

[背景技术]

随着技术的发展，花卉培育方面，取得了非常显著的发展。但是，面向花架护理方面却存在着诸多问题，现在的花架大多为规规矩矩的矩形框架结构，浇水护理很不方便，费事费力。目前还没有一种长期自动浇水护理的智能花架，因此，发明一种长期自动浇水护理智能花架装置成为一种很迫切的生产生活需要。

[发明内容]

针对上述不足，本发明提供了一种长期可旋转自动浇水护理智能花架。

本发明是通过以下技术方案实现的：一种长期可旋转自动浇水护理智能花架，是由支撑框架、万向轮一、万向轮二、大水箱、水泵、手动水阀、控制器、花盆底座、喷头水阀组合结构、旋转结构和摄像头组成的，其特征在于支撑结构和大水箱下面安装万向轮一和万向轮二，旋转结构的空心轴安装在支撑框架的实心轴上，花盆底座安装在旋转结构的支撑杆上，控制器安装在支撑框架一侧，喷头水阀组合结构安装在支撑框架上部，摄像头安装在支撑框架上，水泵安装在大水箱上部，手动水阀与塑料水管连接，另一端可接水龙头，代替大水箱。

进一步，所述的支撑框架是由左右挡板、支撑横梁和实心轴组成的，所述支撑横梁位于左右挡板上部，实心轴在左右挡板中间。

进一步，所述的旋转结构是由左挡板、大齿轮、支撑杆、右挡板、空心轴、小齿轮和电机组成的，所述左挡板和右挡板之间通过空心轴连接，三个支撑杆以 120° 的间距均匀分布在左挡板和右挡板之间，大齿轮在本结构中间，与空心轴为一体，小齿轮与电机输出轴连接，并与大齿轮啮合。

进一步，所述的喷头水阀组合结构是由塑料水管、电动水阀和喷嘴组成的，所述喷嘴通过塑料水管和电动水阀连接，喷嘴方向朝下，电动水阀另一端也连接塑料水管。

进一步，所述的花盆底座是由花盆和左右小挡板组成的，所述左右小挡板上面有环形结构，花盆在左右小挡板之间。

该发明的有益之处是：

① 该装置很好地克服了矩形花架的费力费时问题，节约人力和物力，该发明实现智能浇水护理，大大提高了智能化，形成有序的花架管理系统，保证了盆栽处在护理之中。

② 可以通过摄像头拍摄记录花草的情况，并可以通过控制器将花草的生长情况传送到手机 APP 软件，便于实时管理，通过花草的图像分析判断是否需要浇水和浇水量，判断是否有病虫并给出处理方案，以及分析是否需要加入肥料等。

③ 水阀可以保证喷头浇灌的方式，既可以滴灌也可以连续的水流浇灌，并且可以根据摄像头采集的图像信息进行调节。

④ 花架框架可以旋转，实现了一个喷嘴浇灌多个花盆的功能，提高了效率。

[附图说明]

附图 1 为本发明的整体结构示意图；

附图 2 为支撑框架图；

附图 3 为旋转结构图；

附图 4 为喷头水阀组合结构图；

附图 5 为花盆底座图。

图中：1—支撑框架；101—左右挡板；102—支撑横梁；103—实心轴；2—万向轮一；3—万向轮二；4—大水箱；5—水泵；6—手动水阀；7—控制器；8—花盆底座；801—花盆；802—左右小挡板；9—喷头水阀组合结构；901—塑料水管；902—电动水阀；903—喷嘴；10—旋转结构；1001—左挡板；1002—大齿轮；1003—支撑杆；1004—右挡板；1005—空心轴；1006—小齿轮；1007—电机；11—摄像头。

[具体实施方式]

请阅读附图 1～附图 5，本发明提供一种技术方案：一种长期可旋转自动浇水护理智能花架，是由支撑框架 1、万向轮一 2、万向轮二 3、大水箱 4、水泵 5、手动水阀 6、控制器 7、花盆底座 8、喷头水阀组合结构 9、旋转结构 10 和摄像头 11 组成的，其特征在于：支撑框架 1 和大水箱 4 下面安装万向轮一 2 和万向轮二 3，旋转结构 10 的空心轴 1005 安装在支撑框架 1 的实心轴 103 上，花盆底座 8 安装在旋转结构 10 的支撑杆 1003 上，控制器 7 安装在支撑框架 1 一侧，喷头水阀组合结构 9 安装在支撑框架 1 上部，摄像头 11 安装在支撑框架 1 上，水泵 5 安装在大水箱 4 上部，手动水阀 6 与塑料水管 901 连接，另一端可接水龙头，代替大水箱 4。

所述的支撑框架 1 是由左右挡板 101、支撑横梁 102 和实心轴 103 组成的，所述支撑横梁 102 位于左右挡板 101 上部，实心轴 103 在左右挡板 101 中间。

所述的旋转结构 10 是由左挡板 1001、大齿轮 1002、支撑杆 1003、右挡板 1004、空心轴 1005、小齿轮 1006 和电机 1007 组成的，所述左挡板 1001 和右挡板 1004 之间通过空心轴 1005 连接，三个支撑杆 1003 以 120° 的间距均匀分布在左挡板 1001 和右挡板 1004 之间，大齿轮 1002 在本结构中间,与空心轴 1005 为一体,小齿轮 1006 与电机 1007 输出轴连接,并与大齿轮 1002 啮合。

所述的喷头水阀组合结构 9 是由塑料水管 901、电动水阀 902 和喷嘴 903 组成的,所述喷嘴 903 通过塑料水管 901 和电动水阀 902 连接,喷嘴 903 方向朝下,电动水阀 902 另一端也连接塑料水管 901。

所述的花盆底座 8 是由花盆 801 和左右小挡板 802 组成的,所述左右小挡板 802 上面有环形结构,花盆 801 在左右小挡板之间。

该装置在工作时,接通电源后,摄像头 11 开始工作,通过控制器 7 上面设置好浇水时间,并且记录和显示浇水时间以及花的各种图片等,并把视频信息发送到控制器 7 上存储,并且可以通过控制器 7 将花草的生长情况传送到手机 APP 软件,便于实时管理。

当浇花时间到时,控制器 7 发出信号,旋转结构 10 上的电机 1007 转动,带动小齿轮 1006 传动,小齿轮 1002 带动整个旋转结构 10 转动,从而使花盆底座 8 转动,使花盆 801 到达位于上部喷嘴 903 下方,此时喷头水阀组合结构 9 上的电动水阀 902 打开,水泵 5 通电,将大水箱 4 里的水通过塑料水管 901 送到电动水阀 902,然后经喷嘴 903 喷出,完成浇花动作。

对于本领域的普通技术人员而言,根据本发明的教导,在不脱离本发明的原理与精神的情况下,对实施方式所进行的改变、修改、替换和变型仍落入本发明的保护范围之内。

说明书附图

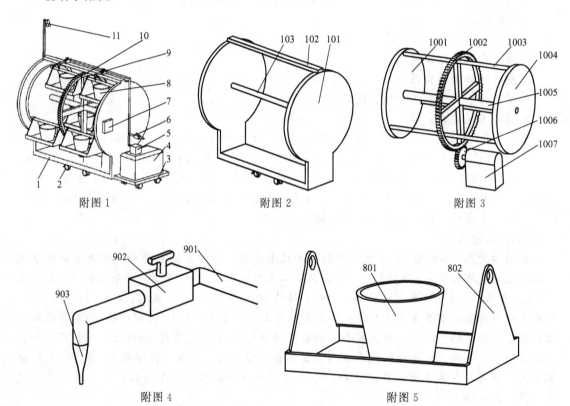

附图 1   附图 2   附图 3

附图 4   附图 5

7.7.3　一种面向环形建筑的直线电机驱动电梯方案设计

(1) 问题描述

随着城市的发展,环形高层建筑越来越多,电梯的需求也越来越大,传统的电梯占用的建筑面积大，安装困难，不经济，采用直线电机驱动，占用的面积小，安装方便，同时电梯的横向运行也成为阻碍其发展的一个技术难点，因此急需一种面向环形建筑的直线电机驱动电梯，但目前市场上没有该类装置。如图 7-25 为传统直行升降电梯。

（2）方案设计

针对上述问题，提出了一种面向环形建筑的直线电机驱动电梯的方案，并对该方案进行专利权保护。为此通过专利分析和检索，认为井道、双层组合式轿厢、轿厢固定架、行驶导轨、导轨滑块、制动器、光栅定尺、光栅滑尺、连接块、直线电机初级、直线电机次级导轨、运载小车和环形导轨是本申请的必要技术特征，应写入主权利要求。

（3）撰写的专利文件

说明书摘要

一种面向环形建筑的直线电机驱动电梯，是由井道、双层组合式轿厢、轿厢固定架、行驶导轨、导轨滑块、制动器、光栅定尺、光栅滑尺、连接块、直线电机初级、直线电机次级导轨、运载小车、环形导轨组成的，四个电梯成环形分布，每个楼层轿厢的出口连着环形轨道，环形轨道连接这四个电梯，运载小车放置于轨道上。有益之处在于该直线电梯采用光栅测距精确，而且可节省建筑面积，安装简单，同时采用环形轨道，满足同一建筑的竖直行驶要求，又可实现不同建筑之间的横向行驶。

摘要附图

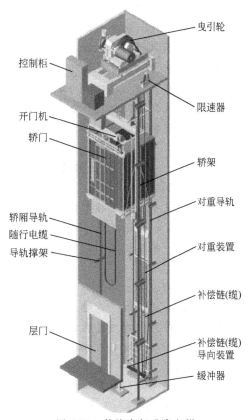

图 7-25　传统直行升降电梯

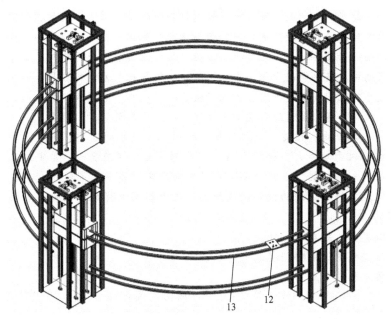

权利要求书

一种面向环形建筑的直线电机驱动电梯，是由井道、双层组合式轿厢、轿厢固定架、行驶导轨、导轨滑块、制动器、光栅定尺、光栅滑尺、连接块、直线电机初级、直线电机次级导轨、运载小车、环形导轨组成的，其特征在于：直线电机次级导轨位于井道的后侧面中间位置，与直线电机初级配合，直线电机初级固定在轿厢固定架上，双层组合式轿厢固定在轿厢固定架上，两根行驶导轨固定在井道后侧面，位于直线电机次级导轨的两侧，两根行驶导轨上面装有导轨滑块，导轨滑块通过连接块与轿厢固定架连接，光栅定尺位于直线电机次级导轨的左侧，在直线电机次级导轨与左侧行驶导轨的中间，光栅滑尺固定在左侧行驶导轨上，制动器固定在右侧行驶导轨上；四个电梯成环形分布，每个楼层轿厢的出口连着环形轨道，环形轨道连接这四个电梯，运载小车放置于轨道上。

说明书

一种面向环形建筑的直线电机驱动电梯

[技术领域]

本发明涉及一种面向环形建筑的直线电机驱动电梯，具体地说是采用直线电机驱动电梯轿厢的竖直行驶，通过运载小车在圆形轨道上的行驶，解决了环形建筑之间的横向行驶问题，属于机电一体化技术。

[背景技术]

随着城市的发展，环形高层建筑越来越多，电梯的需求也越来越大，传统的电梯占用的建筑面积大，安装困难，不经济，采用直线电机驱动，占用的面积小，安装方便，同时电梯的横向运行也成为阻碍其发展的一个技术难点，因此急需一种面向环形建筑的直线电机驱动电梯，但目前市场上没有该类装置。

[发明内容]

针对上述的不足，本发明提供了一种面向环形建筑的直线电机驱动电梯。

本发明是通过以下技术方案实现的：一种面向环形建筑的直线电机驱动电梯，是由井道、双层组合式轿厢、轿厢固定架、行驶导轨、导轨滑块、制动器、光栅定尺、光栅滑尺、连接块、直线电机初级、直线电机次级导轨、运载小车、环形导轨组成的，其特征在于：直线电机次级导轨位于井道的后侧面中间位置，与直线电机初级配合，直线电机初级固定在轿厢固定架上，双层组合式轿厢固定在轿厢固定架上，两根行驶导轨固定在井道后侧面，位于直线电机次级导轨的两侧，两根行驶导轨上面装有导轨滑块，导轨滑块通过连接块与轿厢固定架连接，光栅定尺位于直线电机次级导轨的左侧，在直线电机次级导轨与左侧行驶导轨的中间，光栅滑尺固定在左侧行驶导轨上，制动器固定在右侧行驶导轨上；四个电梯成环形分布，每个楼层轿厢的出口连着环形轨道，环形轨道连接这四个电梯，运载小车放置于轨道上。

该发明的有益之处是：该直线电机驱动电梯简化了电梯的结构，安装简单，节省电梯的面积，采用直线电机驱动力大，行驶平稳，采用光栅滑尺测距准确，稳定，采用双层组合式轿厢既可以满足同一建筑的竖直行驶要求，又可实现不同建筑之间的横向行驶，通过运载小车可以方便地实现各个楼之间的横向运载问题，大大提高电梯的灵活性和实用性。

[附图说明]

附图1为该发明直线电梯轴侧图；

附图2为该发明直线电梯俯视图；

附图3为该发明整体效果图。

附图1中，1—井道；2—行驶导轨；3—轿厢固定架；4—双层组合式轿厢；5—直线电机次级导轨；6—光栅定尺。

附图 2 中，7—导轨滑块；8—光栅滑尺；9—制动器；10—直线电机初级；11—连接块。

附图 3 中，12—运载小车；13—环形导轨。

[具体实施方式]

一种面向环形建筑的直线电机驱动电梯，是由井道 1、双层组合式轿厢 4、轿厢固定架 3、行驶导轨 2、导轨滑块 7、制动器 9、光栅定尺 6、光栅滑尺 8、连接块 11、直线电机初级 10、直线电机次级导轨 5、运载小车 12、环形导轨 13 组成的，其特征在于：直线电机次级导轨 5 位于井道 1 的后侧面中间位置，与直线电机初级 10 配合，直线电机初级 10 固定在轿厢固定架 3 上，双层组合式轿厢 4 固定在轿厢固定架 3 上，两根行驶导轨 2 固定在井道 1 后侧面，位于直线电机次级导轨 5 的两侧，两根行驶导轨 2 上面装有导轨滑块 7，导轨滑块 7 通过连接块 11 与轿厢固定架 3 连接，光栅定尺 6 位于直线电机次级导轨 5 的左侧，在直线电机次级导轨 5 与左侧行驶导轨 2 的中间，光栅滑尺 8 固定在左侧行驶导轨 2 上，制动器 9 固定在右侧行驶导轨 2 上；四个电梯成环形分布，每个楼层轿厢的出口连着环形轨道 13，环形轨道 13 连接这四个电梯，运载小车 12 放置于轨道上。

双层组合式轿厢 4 上层为运载小车 12 的轿厢，下层为普通轿厢，上层轿厢铺设轨道，可以在内部放置载人横向运行的小车 12，轨道与外围建筑物的环形轨道 13 相同，起始双层组合式轿厢 4 在电梯井道 1 最底层，当有乘客想要通过该电梯到另一座建筑物时，乘客触发转移建筑物的呼梯命令，电梯达到呼梯层后，将上层轿厢与该层平层，平层完成后保证安全的前提下，打开轿厢门，乘客进入电梯后直接登上运载小车 12，之后轿厢在直线电机初级 10 转动下，达到转换建筑物的轨道层；在同层上下时，将双层组合式轿厢 4 下层轿厢与该层平层，通过直线电机初级 10 的转动，沿着行驶导轨带动轿厢上下运动，光栅滑尺 8 与光栅定尺 6 之间产生相对运动，通过测量可以精确的定位双层组合式轿厢 4 的实时位置，实现上下行驶。

说明书附图

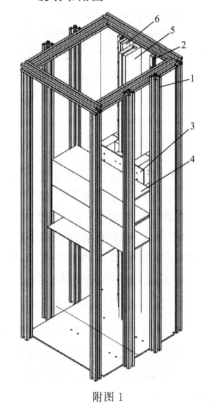

附图 1

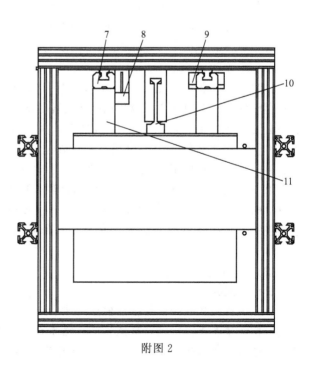

附图 2

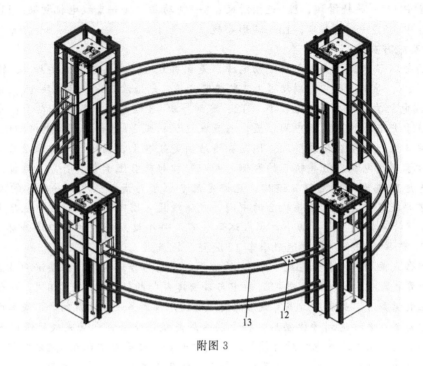

附图 3

7.7.4 一种电梯轿厢围壁涂装自动下料装置方案设计

（1）问题描述

在电梯生产中，电梯轿厢围壁都需要进行涂装处理，其目的是提高轿厢围壁的防护性和装饰性，目前大部分电梯的涂装为喷粉涂装，在电梯喷涂完成后需要将电梯轿厢围壁从流水线挂钩上进行下料，由于电梯轿厢围壁的体积较大，质量较重，工人的劳动强度较大，所需的工人数量较多，效率低下，很难在电梯行业愈来愈激烈的竞争中处于有利地位。因此，如何将电梯轿厢围壁从流水线挂钩上快速取下成为了一个关键问题。

（2）方案设计

针对上述问题，提出了一种电梯轿厢围壁涂装自动下料装置的方案，并对该方案进行专利权保护。为此通过专利分析和检索，认为立式平台、升降装置和传送装置是本申请的必要技术特征，应写入主权利要求，其中立式平台由框架和齿条组成，升降装置由第一齿轮、第二齿轮、第一电机、7形结构、丝杆步进电机、伸缩杆、第二电机、第三齿轮、第四齿轮、L形板、摄像头、吸盘、挡块和第一齿轮轴组成，传送装置由传送带、滚筒、第三电机、第四齿轮、第五齿轮和储料盒组成；而立式平台上的框架上开有不封闭的口形槽，口形槽的内表面安装有齿条，与第一齿轮相配合，升降装置上的挡块与7形结构连接，传送装置中的储料盒底部在四个方向均开有通槽为本设计的非必要技术特征，可以写入从属权利要求。

（3）撰写的专利文件

说明书摘要

本发明公开了一种电梯轿厢围壁涂装自动下料装置，由立式平台、升降装置、传送装置组成，其特征在于：所述升降装置安装在立式平台上，其中3个升降装置各自工作，互不影响，并可以将流水线挂钩上的电梯轿厢围壁全部取下，所述传送装置安装在升降装置的下方，并且传送装置在升降装置的工作范围之内。本发明能够帮助实现电梯轿厢围壁的自动下料，结构巧妙，设计合理，减轻了劳动强度，提高了下料效率。

摘要附图

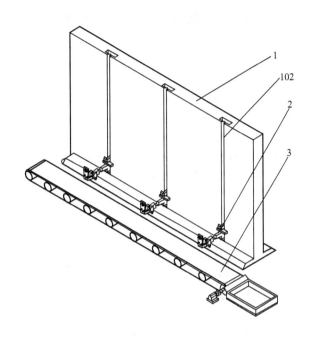

权利要求书

1. 一种电梯轿厢围壁涂装自动下料装置，由立式平台 1、升降装置 2、传送装置 3 组成，其特征在于：所述升降装置 2 安装在立式平台 1 上，所述传送装置 3 安装在升降装置 2 的下方，并且传送装置 3 在升降装置 2 的工作范围之内；

所述立式平台 1 由框架 101、齿条 102 组成，所述框架 101 上安装升降装置 2；所述升降装置 2 由第一齿轮 201、第二齿轮 202、第一电机 203、7 形结构 204、丝杆步进电机 205、伸缩杆 206、第二电机 207、第三齿轮 208、第四齿轮 209、L 形板 210、摄像头 211、吸盘 212、挡块 213、第一齿轮轴 214 组成，所述挡块 213 与 7 形结构 204 连接，所述丝杆步进电机 205 安装在 7 形结构 204 上，所述第四齿轮 209 安装在 L 形板 210 上并与第三齿轮 208 啮合传递运动，吸盘 212 及摄像头 211 安装在 L 形板上；所述升降装置 2 安装在框架 101 上的个数为 3 个；所述传送装置 3 由传送带 301、滚筒 302、第三电机 303、第四齿轮 304、第五齿轮 305、储料盒 306 组成，所述传送装置 3 中传送带 301 安装在滚筒 302 上，所述滚筒上安装第五齿轮 305，与第五齿轮啮合的是由第三电机 303 驱动的第四齿轮 304，所述储料盒 306 安装在传送带 301 的末端。

2. 如权利要求 1 所述的一种电梯轿厢围壁涂装自动下料装置，其特征在于：所述立式平台 1 上的框架 101 上开有不封闭的口形槽，其个数为 3 个，供安装升降装置 2，使升降装置 2 可以在不封闭的口形槽内上下移动。

3. 如权利要求 1 或 2 所述的一种电梯轿厢围壁涂装自动下料装置，其特征在于：所述框架 101 上开有不封闭口形槽，在口形槽的内表面安装有齿条 102，与第一齿轮 201 相配合。

4. 如权利要求 1 或 2 所述的一种电梯轿厢围壁涂装自动下料装置，其特征在于：所述升降装置 2 上的挡块 213 与 7 形结构 204 连接，所述挡块 213 安装在框架 101 上的不封闭的口形槽内，并随升降装置 2 的运动而运动。

5. 如权利要求 1 所述的一种电梯轿厢围壁涂装自动下料装置，其特征在于：所述传送装置 3 中的储料盒 306 底部在四个方向均开有通槽。

说明书

一种电梯轿厢围壁涂装自动下料装置

[技术领域]

本发明涉及一种自动下料装置，尤其是一种电梯轿厢围壁涂装自动下料装置。

[背景技术]

在电梯生产中，电梯轿厢围壁都需要进行涂装处理，其目的是提高轿厢围壁的防护性和装饰性，目前大部分电梯的涂装为喷粉涂装，在电梯喷涂完成后需要将电梯轿厢围壁从流水线挂钩上进行下料，由于电梯轿厢围壁的体积较大，质量较重，工人的劳动强度较大，所需的工人数量较多，效率低下，很难在电梯行业愈来愈激烈的竞争中处于有利地位。因此，如何将电梯轿厢围壁从流水线挂钩上快速取下成为了一个关键问题。

[发明内容]

为使得将电梯轿厢围壁从流水线挂钩上快速取下，本发明提供了一种电梯轿厢围壁涂装自动下料装置。

本发明是通过以下技术方案实现的：一种电梯轿厢围壁涂装自动下料装置，由立式平台、升降装置、传送装置组成，其特征在于：所述升降装置安装在立式平台上，所述传送装置安装在升降装置的下方，并且传送装置在升降装置的工作范围之内。

进一步，所述立式平台由框架、齿条组成，所述框架上安装升降装置；所述升降装置由第一齿轮、第二齿轮、第一电机、7 形结构、丝杆步进电机、伸缩杆、第二电机、第三齿轮、第四齿轮、L 形板、摄像头、吸盘、挡块、第一齿轮轴组成，所述挡块与 7 形结构连接，所述丝杆步进电机安装在 7 形结构上，所述第四齿轮安装在 L 形板上并与第三齿轮啮合传递运动，吸盘及摄像头安装在 L 形板上；所述升降装置 2 安装在框架 101 上的个数为 3 个；所述传送装置由传送带、滚筒、第三电机、第四齿轮、第五齿轮、储料盒组成，所述传送装置中传送带安装在滚筒上，所述滚筒上安装第五齿轮，与第五齿轮啮合的是由第三电机驱动的第四齿轮，所述储料盒安装在传送带的末端。

进一步，所述立式平台上的框架上开有不封闭的口形槽，其个数为 3 个，供安装升降装置，使升降装置可以在不封闭的口形槽内上下移动。

进一步，所述框架上开有不封闭口形槽，在口形槽的内表面安装有齿条，与第一齿轮相配合。

进一步，所述升降装置上的挡块与 7 形结构连接，所述挡块安装在框架上的不封闭的口形槽内，并随升降装置的运动而运动。

进一步，所述传送装置中的储料盒底部在四个方向均开有通槽。

与现有方法相比，本发明的有益效果是：

① 该装置中，可以实现电梯轿厢围壁的自动抓取，减轻了电梯轿厢围壁下料过程中的体力劳动。

② 实现了电梯轿厢围壁的自动下料，并且调整到最佳位置，实现电梯围壁的抓取、下料、自动堆垛的一体化，便于自动化的实施。

③ 由于在一定的空间上，采用与流水线挂钩平行的装置，增大了操作的便利性，显著提高了电梯轿厢围壁从流水线挂钩上取下的速率，使得整个流水线的效率显著提高。

④ 采用了摄像头实现了位置调整的可视化，便于电梯轿厢围壁在与挂钩连接时的微量调整。

⑤ 将取下的电梯轿厢围壁放到传送装置上，实现了电梯轿厢围壁的自动堆垛，节省了操作过程的时间，提高了生产效率。

[附图说明]

附图1为该发明整体结构示意图；

附图2为该发明升降装置与立式平台连接的局部放大图；

附图3为该发明升降装置的结构示意图；

附图4为该发明传送装置结构示意图；

附图5为该发明传送装置中的局部放大图；

附图6为该发明储料盒的结构示意图。

图中：1—立式平台；2—升降装置；3—传送装置；101—框架；102—齿条；201—第一齿轮；202—第二齿轮；203—第一电机；204—7形结构；205—丝杆步进电机；206—伸缩杆；207—第二电机；208—第三齿轮；209—第四齿轮；210—L形板；211—摄像头；212—吸盘；213—挡块；214—第一齿轮轴；301—传送带；302—滚筒；303—第三电机；304—第四齿轮；305—第五齿轮；306—储料盒。

[具体实施方式]

请阅读附图1～附图6，本发明提供一种技术方案：一种电梯轿厢围壁涂装自动下料装置，由立式平台1、升降装置2、传送装置3组成，其特征在于：所述升降装置2安装在立式平台1上，所述传送装置3安装在升降装置2的下方，并且传送装置3在升降装置2的工作范围之内。

所述立式平台1由框架101、齿条102组成，所述框架101上安装升降装置2；所述升降装置2由第一齿轮201、第二齿轮202、第一电机203、7形结构204、丝杆步进电机205、伸缩杆206、第二电机207、第三齿轮208、第四齿轮209、L形板210、摄像头211、吸盘212、挡块213、第一齿轮轴214组成，所述挡块213与7形结构204连接，所述丝杆步进电机205安装在7形结构204上，所述第四齿轮209安装在L形板210上并与第三齿轮208啮合传递运动，吸盘212及摄像头211安装在L形板上；所述升降装置2安装在框架101上的个数为3个；所述传送装置3由传送带301、滚筒302、第三电机303、第四齿轮304、第五齿轮305、储料盒306组成，所述传送装置3中传送带301安装在滚筒302上，所述滚筒上安装第五齿轮305，与第五齿轮啮合的是由第三电机303驱动的第四齿轮304，所述储料盒306安装在传送带301的末端。

所述立式平台1上的框架101上开有不封闭的口形槽，其个数为3个，供安装升降装置2，使升降装置2可以在不封闭的口形槽内上下移动。

所述框架101上开有不封闭口形槽，在口形槽的内表面安装有齿条102，与第一齿轮201相配合，升降装置2的上下移动靠第一齿轮201与齿条102之间的配合运动而运动。

所述升降装置2上的挡块213与7形结构204连接，所述挡块213安装在框架101上的不封闭的口形槽内，所述挡块213可以在口形槽内随着升降装置2的上下移动而移动。

所述传送装置3中的储料盒306底部在四个方向均开有通槽，便于使用机械设备进行托运。

本发明的工作原理及工作过程如下：

当流水线挂钩上的电梯轿厢围壁通过立式平台1时，此时，立式平台1上的升降装置2开始工作，在摄像头211的工作下，寻找到电梯轿厢围壁，在第一电机203的带动下，第二齿轮202带动第一齿轮201，第一齿轮201与齿条102相互啮合，带动整个升降装置2上下移动，直到调整到与电梯轿厢围壁相平行的位置，紧接着，丝杆步进电机205开始工作，控制L形板210进行前后的位置调整，直至将要接近电梯轿厢围壁，第二电机207亦开始工作，调整L形板210的位置并使得升降装置2调整到最佳位置，吸盘212发挥功能，将电梯轿厢围壁吸住，接下来通过控制各部位的电机，使得升降装置2移动到传送装置3上，传送装置3中的第三电机303工作，带动传送带301转动，最后随着传送带301输送到储料盒306进行堆垛；所述升降装置2各自独立工作，互不干扰，并能适应流水线挂钩的速率，将通过的所有电梯轿厢围壁全部取下。

对于本领域的普通技术人员而言，根据本发明的教导，在不脱离本发明的原理与精神的情况下，对实施方式所进行的改变、修改、替换和变型仍落入本发明的保护范围之内。

说明书附图

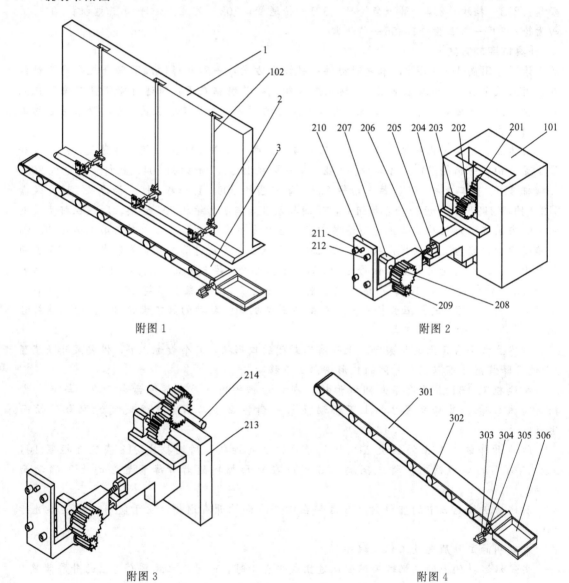

附图1

附图2

附图3

附图4

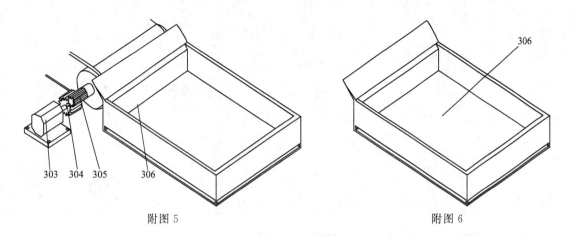

附图 5　　　　　　　　　　　　　　　　　　　　　　附图 6

　　对于机械领域的发明专利，在对实施例记载内容进行概括的过程中，也可能会扩大应用领域。如果扩大的技术方案的应用领域不合理，则会导致实施例的内容无法支持该扩大的应用领域。

第8章

专利审查意见与回复

8.1 意见陈述书的撰写

8.1.1 撰写意见陈述书的总体思路

在专利申请审查过程中，为体现在听证原则基础上，尽量节约程序，对于绝大多数的专利申请，审查员都要采用审查意见通知书的方式将审查意见告知申请人，对申请文件中不符合专利法及其实施细则有关规定的问题、可能的解决方案、倾向性的结论，以书面形式转达给申请人或代理人，使其在有效期限内答复或修改申请文件。如果申请人或代理人能够针对审查意见通知书撰写出令人信服的意见陈述书，并修改出合格的申请文件，则申请就有可能在较短时间内被授权。

① 认真阅读审查意见通知书，全面、准确地理解审查意见通知书的真实含义，明确审查员对专利申请的总体倾向性意见。

审查意见通知书对申请文件的总体倾向性意见分肯定性、否定性和不定性结论意见，以便对不同类审查意见通知书采取不同处理办法。阅读重点放在审查意见通知书中所指出的实质性缺陷，尤其是对权利要求书的评价上。需要说明的是，如果在审查意见通知书中对某个从属权利要求并未指出其实质性缺陷，在这种情况下很可能是一种暗示，将此权利要求限定部分的技术特征补充到引用的权利要求中而将其改写成新的独立权利要求，就有可能取得专利保护。

② 将审查意见通知书中提出的所有问题进行归纳整理。

在阅读审查意见通知书时应当将通知书中所指出的全部问题进行整理，加以归纳，最好列表，以保证在意见陈述中对审查意见通知书中指出的所有问题作出答复。

③ 分析审查意见通知书中论述的理由是否正确，仔细阅读相关文件（申请文件和/或对比文件）对审查意见通知书中引用的证据从对比文件公开的时间和内容两个方面进行分析，以确定其与本专利申请的相关程度。

在正式撰写意见陈述意见之前，应具体分析审查意见通知书中论述的理由是否成立。例如，认为审查意见通知书认定专利申请"仅仅是一种简单的叠加，缺乏创造性"的理由不正确；认为审查员简单地认定专利申请与对比文件组分或结构相近，而未注意专利申请在某些方面的性能有明显提高等。

分析审查意见通知书中引用的证据是否合适。例如，用申请日或申请日后公开的文件（例如，外国专利文件或期刊）来评价本专利申请的新颖性或创造性；用申请日前申请、申请日或申请日后公开的外国专利申请来评价本专利申请的新颖性；用在申请日前提出申请、申请日或申请日后公开的中国专利文件来评价本专利申请的创造性；对于有优先权要求的专利申请，未指出该权利要求不能享受优先权，用申请日和优先权日之间公开的对比文件来评价本专利申请的新颖性或创造性。

对每篇对比文件披露的内容进行分析，每篇对比文件分别披露了本专利申请中的哪些技术特征。例如，审查意见通知书中认定专利申请无新颖性时，而引用的证据所披露的内容中并未包含该权利要求的全部技术特征。分析每篇对比文件所披露的技术特征（尤其是独立权利要求中的区别特征和从属权利要求中的附加技术特征）在各篇对比文件中所起的作用是什么。

④ 寻找可能被认可的修改方式和内容。

如果专利申请还存在被批准为专利的前景，意见陈述书应当全面答复审查意见通知书表达的所有审查意见和提出的问题、要求。对于形式缺陷，应当尽量配合审查员，通过修改专利申请文件来克服或者消除缺陷；对于实质性缺陷，认为有必要对专利申请文件进行修改的，进行必要的修改。

⑤ 在完成申请文件修改后，根据修改后的申请文件提交意见陈述书。

对所作修改作出符合法律规定的说明。举例说明，审查员在审查意见通知书中指出申请的权利要求 1 相对于对比文件不具有创造性，如果申请人根据该审查意见，对权利要求 1 进行了修改，修改后的权利要求 1 中引入新的技术特征以克服上述缺陷，则申请人在其意见陈述书中应当指出该新的技术特征可以从说明书的哪些部分得到，以说明该修改符合《专利法》第 33 条的规定和《专利审查指南》的相关规定，并说明修改后的包含新的技术特征的权利要求 1 如何具有创造性。对于未完全按照通知书的意见进行修改情况，尤其在完全不同意通知书中所指出的实质性缺陷时，就应当将重点放在论述新修改的申请文件怎样消除了通知书中所指出的实质性缺陷，或将重点放在论述申请文件为何不存在通知书中所指出的实质性缺点的理由。

8.1.2 几类主要实质性缺陷的处理及意见陈述

鉴于审查意见通知书中所指出的形式缺陷基本上不涉及专利权的保护范围，通常只要按照通知书的要求进行修改即可。因此，在这里仅就如何对通知书所指出的主要几种实质性缺陷进行处理并作出陈述。

(1) "专利申请缺乏新颖性和/创新性" 的处理及意见陈述

① 对审查意见通知书指出缺乏新颖性处理步骤。在研读对比文件时首先判断对比文件是否为现有技术或抵触申请，如果对比文件不属于现有技术或抵触申请，则审查意见通知书引用该对比文件来评述本申请的新颖性是不妥的，这可以作为争取更宽保护范围或取得专利权的突破口。接着分析这些对比文件的技术领域是否与本申请的技术领域相同、相近或相关，本领域技术人员在解决本专利申请的技术问题是否会去了解该对比文件所属技术领域现有技术的现状。然后，相对于审查意见通知书中指出的能够评价新颖性的各篇对比文件，逐篇指出独立权利要求中哪些技术特征未被该篇对比文件披露，只要还存在未被披露的技术特征，从而说明该独立权利要求的技术方案相对于其中每一篇对比文件均具有新颖性。

② 对审查意见通知书指出缺乏新颖性的处理方式。对于新颖性，申请人需要仔细考察对比文件是否确实与本申请的权利要求相同，有时候审查员的理解也会有偏差或者有的区别点没有注意到。但是需要说明的是，对于技术特征的理解，审查员和申请人并不十分相同。例如，审查员认为是惯用手段的直接置换，如果要求保护的发明或者实用新型与对比文件的区别仅仅是所属技术领域的惯用手段的直接置换，则该发明或者实用新型不具备新颖性。处理方式是核实是否真的是"惯用手段的直接置换"，若是，则修改申请文件争取克服该缺陷。若不是，则据理力争。

有时申请人为权利要求保护范围大，采用开放式撰写的组合物，但是采用开放式所撰写的组合物被质疑无新颖性时，可以通过修改权利要求的撰写方式来克服。

③ 常见的关于权利要求具有新颖性意见陈述表达方式

a. 对比文件 1 公开了一种 XXXX 的技术方案，但没有公开权利要求 1 中的 A 技术特征。权利要求 1 相对于对比文件 1 具有新颖性。

b. 对比文件 2 公开了一种 YYYY 的技术方案，但没有公开权利要求 1 中的 A 技术特征和 B 技术特征。权利要求 1 相对于对比文件 2 具有新颖性。

c. 对比文件 3 没有公开任何与权利要求 1 的技术方案相关或相同的技术方案。权利要求 1 相对于对比文件 3 具有新颖性。

因此，权利要求 1 相对于对比文件 1、对比文件 2 或对比文件 3 具有新颖性，符合《专利法》第 22 条第 2 款有关新颖性的规定。

权利要求 2~10 是对权利要求 1 进一步限定的从属权利要求，由于独立权利要求 1 具有新颖性，因而权利要求 2~10 也具有新颖性。

(2) 对缺乏创造性的处理及意见陈述

① 对审查意见通知书指出缺乏创造性处理步骤。如果审查意见通知书中指出专利申请缺乏创造性，不仅要注意对比文件的技术特征是否确实与本申请的权利要求相同，还要注意其中所用的公知常识是否确实是公知的，多个对比文件以及对比文件与公知常识的结合是否显而易见。将通知书中所引用的多篇对比文件和公知常识结合起来进行分析以说明该技术方案具有创造性。

首先应从通知书中列出的对比文件中排除掉作为抵触申请的对比文件，从余下的那些在专利申请的申请日或优先权日之前公开的对比文件中选择专利申请的最接近对比文件，将其与专利申请的技术方案进行对比，以确定哪些是专利申请与最接近对比文件共有的技术特征，还有哪些技术特征未在该最接近对比文件中披露。

在此基础上进一步分析这些未被最接近现有技术披露的技术特征是否在其他对比文件中披露或是否为本领域技术人员在解决其相应技术问题时的公知常识。若在其他对比文件中披露，则进一步分析这些技术特征在对比文件中所起作用与其在专利申请解决相应技术问题中所起的作用是否相同，以判断该对比文件是否给出将这些技术特征与最接近现有技术结合起来而得出专利申请技术方案的启示。如果这些未被最接近现有技术披露的技术特征既未在通知书中列出的那些对比文件中披露或虽在其中一篇对比文件披露而未给出结合成本专利申请技术方案的启示，又不属于本领域技术人员的公知常识，则专利申请的技术方案相对于通知书中列出的对比文件具有（突出的）实质性特点。

进一步根据其所解决的技术问题说明其有益技术效果以说明该技术方案具有（显著的）进步。

② 采用"三步法"分析专利申请具有"（突出的）实质性特点"

【三步法第一步】从通知书所引用的对比文件中确定一篇最接近的现有技术。

【三步法第二步】指出上述独立权利要求的技术方案与该最接近现有技术之间的区别技术特征，确定该技术方案相对于该最接近现有技术实际解决的技术问题。

【三步法第三步】进一步指出通知书中引用的其他对比文件或公知常识中未给出将上述区别技术特征应用到该最接近现有技术中来解决上述实际解决的技术问题的技术启示，从而说明该权利要求相对于通知书中引用的对比文件和公知常识具有（突出的）实质性特点。

③ 常见的关于权利要求具有创造性意见陈述表达方式在审查意见通知书所提供的对比文件中，由于对比文件 1 与本专利申请技术领域相同，要解决的技术问题相同/近，且公开的技术特征与权利要求 1 公开的技术特征最接近，因此确定对比文件 1 为最接近现有技术。

独立权利要求 1 与最接近现有技术对比文件 1 相比，区别技术特征在于 XXXX。该区别技术特征的引入取得了 YYYY 技术效果，从而解决了 ZZZZ 技术问题。

对比文件 1 没有解决上述技术问题，也没有给出用该区别技术特征解决上述技术问题的技术启示；事实上，对比文件 1 仅解决了 AAAA 问题。

对比文件 2 没有解决上述技术问题，也没有给出应用本发明的技术手段解决上述技术问题的任何技术启示。相反地，对比文件 2 教导人们采用什么方面解决问题。

对比文件 1 和对比文件 2 的组合无法获得权利要求 1 要求保护的技术方案。因此，独立权利要求 1 所请求保护的技术方案不是显而易见的，具有（突出的）实质性特点。本专利申请采用简单易行的技术手段，取得了 YYYY 技术效果，具有（显著的）进步。

综上所述，权利要求 1 具有（突出的）实质性特点和（显著的）进步，因此具有创造性，符合《专利法》第 22 条第 3 款有关创造性的规定。

在独立权利要求 1 具有创造性的情况下，权利要求 2～10 是对独立权利要求 1 进一步限定的从属权利要求，因而其从属权利要求 2～10 也具备创造性。

(3) 针对创造性判断时需要考虑的其他因素进行争辩

① 发明解决了人们一直渴望解决，但始终未能获得成功的技术难题。

② 发明取得了预料不到的技术效果。

【案例 8-1】 消防水带

一件关于消防水带的专利申请，该专利申请的技术方案仅仅是将现有的消防水带的内外层进行换位，即将现有技术中防水层从内层变为外层，纤维编织层从外层变为内层。审查意见通知书认为该专利申请仅是简单的要素变更，该要素关系的改变没有导致发明效果的变化，该申请对本领域的技术人员来说是显而易见的，即本专利申请权利要求的技术方案相对于最接近的现有技术没有突出的实质性特点和显著的进步，不具备《专利法》第 22 条第 3 款规定的创造性。

【意见陈述】（摘录）

本专利申请从表面上看，似乎只是简单的要素变更，但在外的纤维层可使在内的防水层提高耐压能力，减少机械刮损破坏，并有防寒作用使防水层在低温环境中不易损坏，所以，本专利申请要素关系的改变导致本专利申请产生了多种"预料不到的"技术效果，则该专利申请对本领域的技术人员来说是非显而易见的，即本专利申请权利要求的技术方案相对最接近的现有技术具有突出的实质性特点和显著的进步，具备《专利法》第 22 条第 3 款规定的创造性。

(4) 对于审查员利用"公知常识"否定专利申请创造性时的处理

审查意见通知书中，审查员经常会采用"由对比文件结合公知常识就可以得出所请求保护的技术方案"或"该从属权利要求所附加的技术特征是本领域的公知常识"等语句描述作为否定专利申请的创造性的理由。

根据《专利审查指南》的规定，在审查意见中，公知常识一般应该是以与对比文件结合的方式来应用。在这种审查意见中，公知常识被用来作为对应权利要求所请求保护技术方案的一个技术特征，然后结合对比文件公开的其他技术特征，来否定该权利要求所请求保护技术方案的创造性。然而，审查员未引用对比文件，而仅仅以公知常识为理由来认定权利要求所请求保护的技术方案不具有新颖性或创造性，这种审查意见较为少见，因为权利要求所请求保护的技术方案大部分包含多个技术特征的技术方案，因此，审查员在没有举证的情况下，就无法对公知常识与权利要求所请求保护的技术方案进行技术特征划分，而将没有技术特征划分的公知常识同时与多个技术特征相比，是难以实现的。

针对此类型审查意见的答复，首先应把重点放在本申请说明书上，查看本申请说明书中对被认为是公知常识的技术特征的功能和技术效果描述是否足以用来支持该技术特征具备创造性的结论。其次，应将重点转移到该区别特征本身或该区别特征与对比文件所公开技术方案的结合是否显而易见上。例如，当审查意见认定"螺栓"为公知常识时，对"螺栓应用于该技术方案"是否显而易见进行争辩。最后，质疑公知常识的来源，虽然审查员有"依职权认定"某技术为公知常识的权利，如果申请人提出质疑，除生活常识、公理、自然规律等外，审查员负举证责任，不得直接驳回。

毫无疑问，申请人为避免收到类似公知常识否定专利申请创造性的审查意见，最适当的解决办法就是，在专利申请说明书的撰写过程中，尽量将每个技术特征所对应实现的有益效果都描述清楚，并尽力确保每个技术特征都有具备创造性的技术效果。如果申请说明书中没有记载上述内容，一旦被审查员认定为公知常识，申请人进行反驳将会是一件麻烦的事情。

(5) 论述新颖性、创造性时应注意的问题

① 审查员认为权利要求1缺乏新颖性时，在意见陈述书中论述权利要求1相对于对比文件具备新颖性的理由时，还应当论述权利要求1具有创造性。

但在审查员认为权利要求1缺乏创造性时，在意见陈述中论述权利要求1相对于对比文件具备创造性即可。如果原权利要求1缺乏创造性时，对权利要求1进行了修改，有必要论述修改后的权利要求具有新颖性和创造性。

② 不能强调专利申请已在国际上取得发明金奖或在国内获得科技进步成果奖，这不能成为专利申请具有新颖性或创造性的理由。

(6) "缺少必要技术特征"的处理及意见陈述

判断某一技术特征是否为必要技术特征，应当从所解决的技术问题出发并考虑说明书描述的整体内容，而不应简单地将实施例中的技术特征直接认定为必要技术特征。缺少必要技术特征只是针对独立权利要求，而且与所要解决的技术问题密切相关。如果独立权利要求的技术方案能够达到本发明的目的，则不缺少必要技术特征。

因此，当审查意见通知书指出独立权利要求缺少必要技术特征这一实质性缺陷时，弄清审查员所认定缺少的必要技术特征是什么，在此基础上分析缺少该技术特征的权利要求的技术方案能否解决本发明所要解决的技术问题。如果能够解决，就可以不修改独立权利要求，并在意见陈述书中说明专利申请没有这个或这些技术特征仍能解决说明书中所写明的技术问题，并且应当充分论述不包含这个或这些技术特征的技术方案如何也能解决所述技术问题。

对于缺少必要技术特征的审查意见，审查员潜在要求的克服缺陷的方式都是向独立权利要求中加入某些技术特征，以达到缩小保护范围的目的。因此，应当努力发现审查意见所存在的问题，争取不向独立权利要求中加入技术特征，只通过意见陈述来说服审查员接受原先

的独立权利要求。

通过分析，如果缺少这个或这些必要技术特征的确不能解决说明书中所写明的要解决的技术问题，就要考虑缺少必要技术特征是否是由于原说明书将所要解决的技术问题写得过高或过多而造成的。如果发现解决的技术问题写得过高或过多，则可以考虑对其进行改写，使其与独立权利要求的技术方案相应，而将其他要解决的技术问题作为本专利申请从属权利要求技术方案进一步带来的有益效果。此时也需要在意见陈述书中论述改写说明书要解决的技术问题后，独立权利要求的技术方案如何克服审查意见通知书中所指出的缺少必要技术特征的这个实质性缺陷。

如果缺少必要技术特征是专利申请关键改进之处，此时应当在修改权利要求时，将这个或这些技术特征补入到独立权利要求中去，以克服审查意见通知书中指出的实质性缺陷。

另外，根据《专利审查指南》的规定，在独立权利要求的前序部分中，除写明要求保护的发明或实用新型的技术方案的主题名称外，仅需写明那些与发明或实用新型的技术方案密切相关的、共有的必要技术特征。但如果审查员所指出的"缺少的必要技术特征"属于现有技术的内容。此时，可以考虑将"缺少"的技术特征补入到独立权利要求中去，因为"缺少"的技术特征写入独立权利要求并不影响其保护范围。但是，从属权利要求对独立权利要求进一步限定时，必要技术特征不应作为附加技术特征出现在从属权利要求中，这样限定就意味着其直接或间接引用的独立权利要求可以不包含该技术特征。因而，在审查意见通知书中指出该缺陷，此时可能的修改方式之一是仅仅删除该从属权利要求，而另一种修改方式是在删除该从属权利要求后又将此技术特征补入到独立权利要求中去。

独立权利要求采用了上位概念或概括性描述，而审查员认为该上位概念的优选实施例为必要技术特征，应当写入独立权利要求。在这种情况下，在答复审查意见时可以陈述目前的独立权利要求的技术方案在本申请中虽然不是最优选的，但是其能够基本上解决本发明所要解决的技术问题。而审查员所指出的"必要技术特征"是在独立权利要求的技术方案基础上的优选实施例，能够更好地解决技术问题并达到更好的技术效果，但却不是必须具备的技术特征。

如果审查员认为独立权利要求中的功能性描述缺少必要技术特征，也就是说，审查员进行了错误的判断，将独立权利要求中的功能性描述得不到说明书的支持的情况误认为是缺少必要技术特征。从缺少必要技术特征的角度来看，这种功能性描述也限定了解决技术问题的方案，因为所限定的组成部分能够实现所述的功能，因而也就解决了发明所要解决的技术问题，因此不应当被认为是缺少必要技术特征。但是如果这样简单地答复，即使审查员能够接受，也会提示审查员原先的审查意见是不准确的，从而导致审查员再次发出不支持或不清楚的审查意见，这样反而延长了审查程序。因此，在这种情况下，在答复审查意见时可以将所述功能的具体技术特征加入独立权利要求中，并阐述修改后的独立权利要求既不"缺少必要技术特征"，也能够得到说明书支持，从而克服了审查员所指出的缺陷。

如果独立权利要求中记载了对现有技术作出创造性贡献的技术特征，审查员指出的未写入的技术特征知识解决说明书中提及的次要技术问题，则可以不修改权利要求，而修改说明书发明内容部分中有关技术问题的相关描述，使其与独立权利要求的技术方案相适应。

(7)"权利要求未清楚限定发明创造"的处理及意见陈述

造成权利要求未清楚限定保护范围的情况多种多样。例如，权利要求类型不清，术语含义不确切导致权利要求保护范围不清楚，依靠附图标记对权利要求的技术特征作具体限定，引用关系错误，从属权利要求技术方案的不完整等。因此，对于权利要求未清楚限定保护这类实质性缺陷，一定要弄清楚是什么原因造成的，然后作出针对性的修改。

独立权利要求保护范围不清楚时，根据不同情况采取不同处理办法。例如，错误的文字表达导致权利要求不清楚，此时应根据说明书记载的内容，修改错误文字表达，对独立权利要求作出正确的限定，以清楚表述独立权利要求的保护范围。

依靠附图标记对权利要求的技术特征进行具体限定时，只要在保留附图标记的同时在其所说明的技术特征前将其所限定的内容写上即可。

造成从属权利要求保护范围不清楚的情况，可能是引用关系错误造成或从属权利要求技术方案的不完整。引用关系错误可能是从属权利要求在限定部分作进一步限定的技术特征在其所引用的权利要求中未出现或其与所引用的权利要求为并列技术方案等。对于引用关系错误情况，只需对其引用部分作出修改即可。对于从属权利要求技术方案不完整，只要针对性地修改即可，使从属权利要求技术方案完整。

在答复这一条意见时容易出现的问题就是，申请人在意见答复中陈述，说明书哪一部分中有清楚的记载，因此权利要求是清楚的。但是这种陈述往往是不会被接受的，因为说明书中有清楚记载并不等于权利要求中就不需要清楚记载。我们希望看到权利要求本身所要求保护的技术方案是一个清楚完整并且本领域普通技术人员可实现的方案。因此，对于这一条意见的答复，一般情况下就是将其修改清楚。

(8) "说明书未充分公开发明创造"的处理及意见陈述

《专利法》第26条第3款规定，"说明书应当对发明或实用新型作出清楚、完整的说明，以所属技术领域的技术人员能够实现为准"。导致审查员出的专利申请存在说明书未充分公开发明创造这一实质性缺陷的情况是多种多样的。例如，说明书存在打字错误，文字表达不清楚，语句不通顺，审查员对背景技术理解不够，审查员未正确理解发明创造等。针对审查意见通知书中指出说明书公开不充分的审查意见的答复，通常有两种处理方式，即进行必要的修改和争辩。

① 必要的修改。如果经分析认为，审查员认定说明书公开不充分的原因是语句不通顺、文字或语句存在歧义、上下文描述不一致造成的，则可以通过修改说明书以克服此类缺陷。修改时应当充分说明修改的依据，指出修改的内容可以从原说明书和权利要求书的记载直接导出，否则将产生修改超范围的缺陷。

说明书充分公开的对象是请求保护的发明创造，对于说明书中存在公开不充分但未在权利要求书中请求保护的技术方案，审查员通常不会提出说明书未充分公开的审查意见。因此，在某些案件中，可以通过将未在说明书中充分公开的技术方案所对应的权利要求删除，来克服说明书未充分公开的缺陷。需要注意的是，此处可以删除的权利要求可以是独立权利要求也可以是从属权利要求。

② 合适的争辩。如果能够说明通过申请文件记载的内容实现发明创造，应力求说明本领域技术人员根据原说明书和权利要求书的记载能实现该发明创造。以下是几种常见的争辩方式。

a. 对于审查意见通知书中所指出的未充分公开的内容，通过提交必要的材料证明属于申请日前的现有技术，因而陈述无须在说明书中加以详细说明。

在通过意见陈述和/或提供证据来澄清"充分公开"时，特别需要注意的是：

• 通知书中指出的应当记载在说明书中的内容已记载在本说明书中所引证的申请日前已公开的对比文件中，或者已记载在本说明书中所引证的，在本专利申请公开日前已公开的本申请人在中国的在先专利申请的公开文本中。但必须要满足其所引证的内容在该对比文件中是唯一确定的且将该内容直接引入而不需要增加任何技术内容，对本领域来说已充分公开发明。

• 如果一个或多个证据记载的内容互相矛盾，造成无法确认请求保护的技术方案的内容，则该申请仍然不符合《专利法》第 26 条第 3 款的规定。

• 如果一个或多个证据表明某一技术特征具有多种含义，而这些不同的含义并非都能实现请求保护的发明，则该申请仍然不符合《专利法》第 26 条第 3 款的规定。

• 虽然申请人提供了证据证明某一技术手段属于现有技术，但该技术手段不能直接与申请说明书中记载的内容相结合，则该申请仍然不符合《专利法》第 26 条第 3 款的规定。

• 从申请文件和现有技术寻找依据，陈述充分公开的理由，但是对现有技术证据的使用要慎重，以免陷入自认发明没有创造性的尴尬。

b. 充分理解《专利审查指南》的规定，争取合适的争辩。

《专利审查指南》规定"说明书中给出了具体的技术方案，但未给出实验证据，而该方案又必须依赖实验结果加以证实才能成立属于说明书不能实现的情况"。在化学领域，这是目前非常常见的一条审查意见，对此审查意见，大多数人都认为是无法克服的。因为大多数人在遇到这样的审查意见的时候，第一反应就是从如何补充实验数据入手。但是，《专利审查指南》所列举的不允许的增加的情况明确规定补入实验数据以说明发明的有益效果，和/或补入实施方式和实施例以说明在权利要求请求保护的范围内发明能够实施是不被允许的。因此，就只能用现有技术来证明其在申请日之前即为已知技术信息，但是，这样证明之后的专利申请也就不具备创造性了。

对此类审查意见并不是一概没有反驳的余地。只要你注意到此规定中的"又必须"三个字，即未给出实验证据，只有在技术方案又必须依赖实验结果的情况下，才能认定发明创造不能实现的情况。所以，完全可以从该专利申请是否是"必须依赖实验结果加以证实才能成立"的角度来争辩。例如，专利申请要求保护一种杀虫剂，就不一定必须有实验数据，只要在说明书中定性地描述了该杀虫剂能起到将虫杀死的效果就完全可以满足"能够实现"的要求。

(9)"权利要求书未以说明书为依据"的处理及意见陈述

当审查意见通知书指出权利要求书未以说明书为依据这一实质性缺陷时，应该首先弄清得出该结论的具体原因是什么，是指权利要求的保护范围相对于说明书公开的内容限定得过宽还是权利要求的技术方案没有记载在说明书中，然后有针对性地修改专利申请文件和作出恰当的意见陈述。针对审查意见通知书指出权利要求书未以说明书为依据这一实质性缺陷，一般处理方式是根据说明书实际公开的内容，如果权利要求的范围过宽，修改权利要求，对权利要求的范围进行适当的限定，合理确定权利要求的保护范围，并陈述修改后权利要求得到支持的理由。如果权利要求由并列技术方案构成，删除得不到支持的技术方案。

① 权利要求的保护范围过宽的处理思路和方法。当确定审查意见是涉及权利要求限定的范围过宽时，需要进行具体分析。权利要求限定的范围过宽通常具有三种情况。

第一种功能性限定，是说明书中仅给出一两种具体实施方式，而权利要求包括以这一两种具体实施方式为基础概括得到的功能性技术特征。在这种功能性限定的情况下，主要研究现有技术中是否还有多种对本领域技术人员来说是公知的且能实现该功能的其他实施方式，如果还能列举出多种现有技术中的其他实施方式，并且本发明的改进之处主要在于该功能性的技术特征与其他技术特征之间的关系，就可以此为证据向审查员说明，争取一个较宽的保护范围。如果不能举出或者找到现有技术中还存在能实现同样功能的其他实施方式，特别是说明书就给出了一种实施方式的情况下，或者该技术特征能实现的功能就是本发明实际要解决的技术问题，即权利要求是纯功能限定的方式，则应当对该功能性技术特征作进一步限定，使得该技术特征与说明书中的具体实施方式相应，从而克服该实质性缺陷。

第二种上位概念，是权利要求中对某一技术特征采用了上位概念，或者在一组相当多数量的化合物、组合物、材料中作出选择，而在说明书中仅给出少数几个下位概念的实施例或其中少数几种化合物、组合物、材料的实施例，从而认为权利要求概括的保护范围过宽。在这种情况下应当考虑本发明在解决技术问题时是否利用了这些下位概念的共性或者所列出的所有化合物、组合物、材料的共性。只有在利用共性的情况下，才可以不修改权利要求，而在陈述意见时向审查员具体说明本发明是如何利用该共性来解决技术问题的。否则就应当修改权利要求，将那些不具有解决该技术问题所需性质的下位概念或化合物、组合物、材料等排除在该权利要求的保护范围之外。

第三种宽的数值范围，是权利要求中将某一技术特征限定在一个宽的数值范围，而说明书中并未给出足够的与该数值范围相适应的数值点。通常对于一个较宽的数值范围，应当在说明书中给出该数值范围两端值附近和中间部分的数值点。当说明书中仅给出一两个数值点时，就必须要能说明对本领域技术人员来说该技术特征的数值范围是一个较窄的数值范围。只有在意见陈述书中所作出的陈述能使审查员接受时，才可以不修改该权利要求，否则应当按照说明书中给出的数值点来重新限定权利要求的保护范围。

② 权利要求技术方案在说明书中未记载的处理思路和方法。权利要求的技术方案在说明书中未记载的情况，应判断是实质上不支持还是仅是表述不一致。在一般情况下，主要判断该权利要求所限定的技术方案本身是否清楚、完整。如果是清楚、完整的，就可以将其补充到说明书发明内容部分的技术方案中或者说明书的具体实施方式中。例如，说明书中说明某材料为导电的材料，并且给出了一个材料为铜的实施方式。在从属权利要求中将材料限定为铝，由于该从属权利要求以铝作为优选的技术方案本身就是一个清楚、完整的技术方案，所以可以将该从属权利要求的内容直接补入说明书中，这样就能消除权利要求书未以说明书为依据的缺陷。

但是如果将权利要求记载的内容补入说明书中，为了支持该权利要求还需要补入其他在原说明书中未记载的内容，那么简单地将该权利要求的文字补入说明书中仍不能克服这一缺陷，最好将该从属权利要求删除。例如，原说明书中给出某一技术特征为氯、溴、碘的三个实施例，此时独立权利要求将该技术特征限定为卤族元素通常是允许的，若此时一项从属权利要求进一步将该技术特征限定为氟，则此优选技术方案由于未记载在说明书中而未以说明书为依据。在这种情况下，通常在说明书中补充了以氟代替氯后，实施例中的一些具体参数也会发生变化，而这些在原说明书中未记载。因而此时最好将此从属权利要求的技术方案删除，或者改写成以氯、溴或碘为优选的技术方案。

专利审查实践中，对于《专利法》第26条第4款的适用，不少审查员经常要求专利申请人将权利要求保护的范围仅仅限定在实施方式部分公开的范围上，而这一做法是否适当需要根据个案来具体分析对待，不能一概而论。在判断权利要求是否得到说明书的支持时，应考虑说明书的全部内容，而不是仅限于具体实施方式部分的内容。具体而言，如果说明书的其他部分也记载了有关具体实施方式或实施例的内容，从说明书的全部内容来看，能说明权利要求概括是适当的，则应当认为权利要求得到了说明书的支持。

（10）"修改超出原说明书和权利要求书记载的范围"的处理及意见陈述

从一件专利申请的递交到授权，申请人往往会收到审查意见通知书。在很多时候，为了克服审查意见通知书中指出的缺陷，申请人需要修改申请文件，同时在意见陈述书中详细论述对申请文件的修改符合《专利法》第33条的规定，即没有超出原始公开范围的理由。那么，如何正确论述上述理由并且使审查员接受对申请文件的修改是非常重要的。

① 对修改超范围的意见处理方式。对于专利申请文件修改超范围这个实质性缺陷来说，

首先，应该判断审查员的意见是否无懈可击。如果审查员的意见没有问题，即修改后的内容确实与原始记载的信息不一致，而且又不能从原始记载的信息中直接地、毫无疑义地得出，那么只能按照通知书的要求，重新修改，同时注意使修改后的内容不仅符合《专利法》第33条的规定，而且克服之前的审查意见中指出的缺陷。如果审查员没有真正理解发明的实质，或者没有仔细研究原始申请文件，实际上根据原申请文件的记载能直接导出修改后的内容。也就是说，审查员没有仔细研究原文内容，将本应允许的修改内容认定超出原始公开范围，这种情况则应当分析一下为什么会造成审查员认为修改超范围，从而有针对性地进行分析，说明修改或增加的内容可以从原说明书和权利要求书中记载的内容直接地、毫无疑义地确定。

② 论述"对申请文件的修改没有超范围"的思路和方法

a. 修改的内容在原始申请文件中确有记载，但是分散在不同位置。对这种情况，审查员常常由于修改后的内容没有完整记载在说明书或权利要求书中的某一处而作出武断的判断。此时，申请人不仅需要指出分散特征的每一处位置，而且要指出在原始申请文件中明确提及了这些分散在不同位置的特征之间的关联，即说明这些特征的组合并没有超出原始申请文件记载的范围。这样，申请人才能有力地说服审查员。

b. 修改的内容在原始申请文件中确有记载，但是没有完全对应的技术特征描述，而是在具体实施例中以具体结构特征说明的。这种情况往往出现在修改后的权利要求用上位概念概括了一个较宽的保护范围，而原始申请文件中虽然记载了这些上位概念，但是没有明确记载用上位概念限定的这些特征，而是在具体实施例中用具体结构来进行描述的。

c. 由于从独立权利要求中删除特征而导致修改后的内容在原始申请文件中没有明确记载的。如果删除某些特征后的独立权利要求在原始公开文件中没有明确记载，审查员自然会给出修改超范围的审查意见。这种情况下，最有力的争辩意见应该是论述该删除的特征在原说明书中始终没有被认定为发明的必要技术特征，而删除了该特征显然仍可以实现本发明的发明目的；或者删除的内容并非是与本发明的技术方案有关的技术术语或者说明书中明确认定的关于具体应用范围的技术特征。

例如，原权利要求书是"用于泵的密封件……"，而修改后的权利要求是"密封件"，原说明书中也没有描述该密封件可以用于任何装置，那么这种修改是不允许的。但是如果原始说明书中描述了该密封件不仅可以用于泵，而且可以用于任何需要密封的装置，那么就可以基于此公开信息而争辩。

d. 所作的修改仅是"澄清性修改"。"澄清性"修改是一种特殊情况的修改，即申请人提交申请文件后，发现原提交的文本中存在诸如打字或笔误等错误，重新提交申请文件，对错误进行修改的情况。

对这种澄清修改是否符合《专利法》第33条的规定，判断时应当考虑两个方面：一是申请人提出的要修改的内容是否是"明显错误"，即，原申请文件是否存在"明显错误"；二是申请人的"澄清性修改"是否能够"唯一地"确定，即，在肯定原申请文件有错误的情况下，判断申请人要求修改的内容是否能唯一正确地确定出来，如果是，则允许修改，如果存在疑问或疑义，则不允许修改。

③ 答复审查意见通知书修改超范围应该注意的几个方面

a. 首先要注意权利要求书是否得到说明书的支持并不是判断对权利要求书的修改是否超出原始公开范围的标准。在论述对权利要求书的修改没有超出原始公开的范围时，有一些申请人和代理人经常会论述到"权利要求得到了说明书的支持，因而对权利要求书的修改没有超出原始公开范围"。其实这样的逻辑是不正确的，混淆了"支持"和"超范围"这两个概念。"权利要求书应当得到说明书的支持"是指权利要求书和说明书之间的关系，也就是说，申请人在撰写申请文件时可以对说明书进行适当概括，从而在权利要求书中利用概括得到的上位概念以期得到比较宽的保护范围。而衡量"对申请文件的修改是否超出原始公开的范围"是以在提交申请之后申请人对申请文件又进行了修改的情况下判断对申请文件的修改是否超出"文字记载的内容"及"根据文字记载的内容和说明书附图能够直接地、毫无疑义地确定的内容"为标准的。

由此可知，权利要求得到了说明书的支持并不能得出修改未超出原始公开范围的结论，因而在论述对权利要求书的修改没有超出原始公开的范围时，申请人和代理人应当将修改后的技术内容与原始说明书和权利要求书记载的技术内容进行比较，准确论述修改未超出原始公开范围的理由。

b. 应当从修改后权利要求的整个技术方案出发来论述对权利要求的修改没有超出原始公开的范围。在论述对权利要求书的修改没有超出原始公开的范围时，也有一些人论述到："在权利要求 X 中新增加的或修改的 X 个技术特征记载于原说明书第 X 页第 X 行，因而对权利要求 X 的修改没有超出原始公开的范围"。这样的论述是不正确的，因为没有以该修改后的权利要求的整个技术方案记载的技术内容为出发点来进行论述。每个权利要求记载的技术内容应该是一个完整的技术方案，不应当因为该修改后权利要求中所增加或修改的单独某个或某几个技术特征出现在原始公开的说明书中，就认为该修改后的权利要求的整个技术方案记载于原始公开的说明书中，从而推断对该权利要求的修改没有超出原始公开的范围。

c. 修改是否超范围不应忽视说明书附图的作用。审查员还可能忽视了附图的作用。附图是说明书的一部分，附图公开的内容属于原始公开的范围，申请人应充分利用附图。尤其是对于各个特征之间的关系，包括空间关系、时间关系、作用关系等，往往在附图中有明确的显示。一旦修改后的内容在说明书中没有明确的文字记载，申请人一定要到附图中寻求支持。如果附图中给出了表示，即使在说明书中找到了有关内容的记载，也要在陈述意见中指出附图所显示的内容。

(11)"权利要求之间缺乏单一性"的处理及意见陈述

对于通知书中指出独立权利要求之间缺乏单一性的缺陷，应当分析两权利要求之间是否具有相同或相应的特定技术特征。

如果多项独立权利要求之间确实没有相同或相应的特定技术特征，将其中一项独立权利要求或几项彼此间具有相同或相应特定技术特征的独立权利要求保留下来，删除不满足单一性要求的其他独立权利要求。

如果独立权利要求之间具有相同或相应的特定技术特征，则可以不修改权利要求书，在意见陈述书中具体论述这些独立权利要求具有相同或相应的特定技术特征，尤其在具有相应特定技术特征时要具体说明它们之间为什么相应。对于同类独立权利要求而言，可以指出这些技术特征分别在它们的独立权利要求中对其解决的技术问题来说起到相同或相近的作用，而对不同类独立权利要求，可以指出后一项独立权利要求中相对于现有技术作出贡献的技术特征正是针对前一项独立权利要求中对现有技术作出贡献的技术特征所采取的相应技术措施，由此说明这些技术特征是相应的特定技术特征。

对于审查意见通知书中指出独立权利要求缺乏新颖性或创造性的同时，又指出并列的独立权利要求之间无单一性的情况，如果审查员的意见成立，应当考虑从属权利要求之间单一性问题。将起到核心作用的从属权利要求改写成独立权利要求，而将其余从属权利要求改写成新独立权利要求的从属权利要求。如果从属权利要求之间是并列的技术方案而不存在依从关系，或者原从属权利要求的技术方案都同等重要，可以考虑分案申请。

（12）"不属于授权主题或不符合保护客体"的处理及意见陈述

《专利法》第 5 条、第 25 条规定不能被授予专利权的主题，如果审查员的具体理由是，权利要求的技术方案属于智力活动规则与方法，或者属于疾病的诊断或治疗方法，则需要考虑是否有可能将权利要求改写为装置或用途的权利要求。在发明创造主题并不属于或主要不属于智力活动的规则和方法等不能授予专利权的客体，只是由于描述方式或权利要求所涵盖的范围包括了不能授予专利权的客体，使得权利要求限定的内容不符合《专利法》和《专利审查指南》的有关规定的情况下，可以修改权利要求的描述方式，或删除关于不授予专利权客体的内容。如果权利要求涉及数学公式、计算机程序等特殊问题，则申请人应当根据具体情况修改权利要求，或陈述意见表明权利要求符合《专利法》的规定。

8.1.3　意见陈述的期限、形式及注意事项

（1）答复期限

应当在审查意见通知书指定的答复期限内答复审查意见通知书。发明专利申请的实质审查程序中，申请人答复第一次审查意见通知书的期限为 4 个月。

如果申请人或代理人认为在通知书指定的期限内答复有困难，则可以在答复期限届满日之前书面提出延长期限请求，并在上述届满日之前缴纳延长期限请求费，请求延长指定的答复期限。申请人无正当理由逾期不答复审查意见通知书，其申请将被视为撤回。

（2）答复的形式

对于审查意见通知书，申请人应当采用规定的意见陈述书或补正书的方式，在指定的期限内作出答复。申请人提交的无具体答复内容的意见陈述书或补正书，也是申请人的正式答复，对此审查员可理解为申请人未对审查意见通知书中的审查意见提出具体反对意见，也未克服审查意见通知书所指出的申请文件中存在的缺陷。

申请人的答复应当提交给受理部门。直接提交给审查员的答复文件或征询意见的信件不视为正式答复，不具备法律效力。

（3）答复的签署

申请人未委托专利代理机构的，其提交的意见陈述书或者补正书，应当有申请人的签字或者盖章；申请人是单位的，应当加盖公章；申请人有两个以上的，可以由其代表人签字或者盖章。

申请人委托了专利代理机构的，其答复应当由其所委托的专利代理机构盖章，并由委托书中指定的专利代理人签字或者盖章。专利代理人变更之后，由变更后的专利代理人签字或者盖章。

（4）撰写意见陈述书的注意事项

① 逐条对通知书指出的问题进行答复，避免遗漏。

② 在意见陈述中进行争辩时应有理有节，用词应当有分寸，避免使用偏激语言。

③ 在意见陈述时，所论述的理由应当层次分明，条理清楚。一般首先说明按照审查意见通知书的意见对申请文件作了哪些修改，然后再对不同看法的意见进行争辩。

④ 在撰写意见陈述书时，应当全面考虑，不要出现克服了其中一个缺陷的同时又带来新的缺陷。

⑤ 对说明书的修改不仅应当克服通知书中指出的缺陷，还应当结合权利要求书的修改作出适应性修改。

修改专利申请文件或撰写意见陈述书时，应当满足《专利法》《专利法实施细则》以及《专利审查指南》对答复审查意见通知书的修改所规定的要求。

8.1.4　如何撰写意见陈述书

（1）意见陈述书一般格式

① 起始部分。

② 修改说明部分，简要说明按照通知书要求所进行的修改。

③ 评述部分，该部分是意见陈述书的重点内容，对审查意见通知书的内容进行意见陈述。

④ 结尾部分，简单地说明希望和要求。

（2）意见陈述书各部分的撰写

① 起始格式句。意见陈述书一般可用下述语句作为起始格式句：

"本意见陈述书是针对专利局于×××年××月××日的第×次审查意见通知书作出的，随此意见陈述书附上修改的申请文件（权利要求书，说明书，摘要……）替换页，以及表明修改处的参考页。申请人仔细地研究了您对本案的审查意见，针对该审查意见所指出的何题，申请人对申请文件作出了修改并陈述意见如下："

② 修改说明。在起始格式句后，首先在意见陈述书中说明同意接受审查意见通知书中的哪几条意见，为此在申请文件哪些地方作了修改，并指出这些修改（尤其是权利要求书的修改）在原说明书和权利要求书中的出处。必要时还要论述这样的修改怎样消除原专利申请文件存在的缺陷以及本专利申请能取得专利权的理由。对于次要的修改，如不涉及权利要求保护范围的修改，如说明书相应权利要求书所作适应性修改也可放在意见陈述书的最后加以说明。例如：

a. 修改了独立权利要求 1，在其特征部分加入了以下技术特征：……以使该独立权利要求 1 符合《专利法》第 22 条第 2 款和第 3 款有关新颖性和创造性的规定。该修改的依据来自于说明书第二个实施例和第三个实施例，说明书最后一段以及图 3。

b. 修改了从属权利要求 4 的主题名称，使其与所引用权利要求的主题名称相一致。

③ 评述部分。该部分对审查意见通知书的内容逐项进行意见陈述，重点分析和论述与审查意见不一致之处。若同意或部分同意通知书中的意见，如原独立权利要求不具备新颖性和创造性，则应当考虑修改独立权利要求，例如，将通知书中未作评价的从属权利要求上升为独立权利要求，或将说明书中的一些可使申请具有实质性特点的技术特征补充到独立权利要求中去以对其保护范围进一步限定。如果对申请文件进行了修改，则应在该部分重点分析论述修改后的权利要求书和说明书如何克服了通知书中指出的缺陷。常见的审查意见通知书中所指出的几类主要实质性缺陷有：

a. 专利申请缺乏新颖性或/和创造性。

b. 独立权利要求缺少必要技术特征。

c. 权利要求未清楚限定保护范围。

d. 说明书未充分公开发明创造。

e. 权利要求得不到说明书支持。

f. 专利申请文件的修改超出原说明书和权利要求书记载的范围。

g. 权利要求之间缺乏单一性。

h. 发明创造属于不授予专利权主题。

i. 同样的发明创造只能被授予一项专利。

具体如何论述几类主要实质性缺陷，本书另起篇章进行重点论述。

④ 结尾部分。最后可简单地说明希望和要求，尤其对于不同意或部分同意通知书中的

意见而对陈述意见没有把握时可以提出会晤请求，或表示愿意积极配合修改申请文件，请审查员在不同意目前修改申请文件时再给予一次修改文件和答复机会。

例如，申请人修改了申请文件，克服了存在的缺陷，请审查员先生/女士在以上的基础上继续对本申请进行审查，申请人希望，上述说明能够有助于澄清审查员所提出的问题。如有不妥或欠周之处，敬请指正。申请人愿意以最大的诚意积极配合审查员工作，以加快审查进程。审查员也可直接与代理人联系（代理人联系电话：025-×××××刘××），以便申请人能够及时答复。

最后，申请人对审查员认真细致的工作再次表示由衷的感谢。

8.2　对申请文件的修改

8.2.1　对申请文件和权利要求书修改的要求

（1）专利法中对申请文件修改的要求

不论申请人对申请文件的修改属于主动修改还是针对通知书指出的缺陷进行的修改，都不得超出原说明书和权利要求书记载的范围。原说明书和权利要求书记载的范围包括原说明书和权利要求书文字记载的内容和根据原说明书和权利要求书文字记载的内容以及说明书附图能直接地、毫无疑义地确定的内容。申请人在申请日提交的原说明书和权利要求书记载的范围，是判断审查上述修改是否符合《专利法》第 33 条规定的依据，申请人提交的申请文件的外文文本和优先权文件的内容，不能作为判断申请文件的修改是否符合《专利法》第 33 条规定的依据。需要指出的是，公知常识或惯用技术在判断过程中起到供"直接地、毫无疑义地确定的内容"辅助判断的作用，并不是意味着可以将公知常识或惯用技术补入申请文件中。

（2）对申请文件允许的修改

这里所说的"允许的修改"，主要指符合《专利法》第 33 条规定的修改。对于答复审查意见通知书时所作的修改，审查员要判断修改后的权利要求书是否已克服了审查意见通知书所指出的缺陷，这样的修改是否造成了新出现的其他缺陷；对于申请人所作出的主动修改，审查员应当判断该修改后的权利要求书是否存在不符合《专利法》及其实施细则规定的其他缺陷。

（3）对权利要求书允许的修改

对权利要求书的修改主要包括：通过增加或变更独立权利要求的技术特征，或者通过变更独立权利要求的主题类型或主题名称以及其相应的技术特征，来改变该独立权利要求请求保护的范围；增加或者删除一项或多项权利要求；修改独立权利要求，使其相对于最接近的现有技术重新划界；修改从属权利要求的引用部分，改正其引用关系，或者修改从属权利要求的限定部分，以清楚地限定该从属权利要求请求保护的范围。对于上述修改，只要经修改后的权利要求的技术方案已清楚地记载在原说明书和权利要求书中，就应该允许。允许的对权利要求书的修改，包括下述各种情形：

① 在独立权利要求中增加技术特征，对独立权利要求作进一步的限定，以克服原独立权利要求无新颖性或创造性、缺少解决技术问题的必要技术特征、未以说明书为依据或者未清楚地限定要求专利保护的范围等缺陷。只要增加了技术特征的独立权利要求所述的技术方案未超出原说明书和权利要求书记载的范围，这样的修改就应当被允许。

② 变更独立权利要求中的技术特征，以克服原独立权利要求未以说明书为依据、未清

楚地限定要求专利保护的范围或者无新颖性或创造性等缺陷。只要变更了技术特征的独立权利要求所述的技术方案未超出原说明书和权利要求书记载的范围，这种修改就应当被允许。对于含有数值范围技术特征的权利要求中数值范围的修改，只有在修改后数值范围的两个端值在原说明书和/或权利要求书中已确实记载且修改后的数值范围在原数值范围之内的前提下，才是允许的。

③ 变更独立权利要求的类型、主题名称及相应的技术特征，以克服原独立权利要求类型错误或者缺乏新颖性或创造性等缺陷。只要变更后的独立权利要求所述的技术方案未超出原说明书和权利要求书记载的范围，就可允许这种修改。

④ 删除一项或多项权利要求，以克服原第一独立权利要求和并列的独立权利要求之间缺乏单一性，或者两项权利要求具有相同的保护范围而使权利要求书不简要，或者权利要求未以说明书为依据等缺陷，这样的修改不会超出原权利要求书和说明书记载的范围，因此是允许的。将独立权利要求相对于最接近的现有技术正确划界。这样的修改不会超出原权利要求书和说明书记载的范围，因此是允许的。修改从属权利要求的引用部分，改正引用关系上的错误，使其准确地反映原说明书中所记载的实施方式或实施例。这样的修改不会超出原权利要求书和说明书记载的范围，因此是允许的。

⑤ 修改从属权利要求的限定部分，清楚地限定该从属权利要求的保护范围，使其准确地反映原说明书中所记载的实施方式或实施例，这样的修改不会超出原说明书和权利要求书记载的范围，因此是允许的。

8.2.2　对说明书及其摘要的修改

对于说明书的修改，主要有两种情况：一种是针对说明书中本身存在的不符合《专利法》及其实施细则规定的缺陷作出的修改；另一种是根据修改后的权利要求书作出的适应性修改。上述两种修改只要不超出原说明书和权利要求书记载的范围，则都是允许的。

允许的说明书及其摘要的修改包括下述各种情形：

① 修改发明名称，使其准确、简要地反映要求保护的主题的名称。如果独立权利要求的类型包括产品、方法和用途，则这些请求保护的主题都应当在发明名称中反映出来。发明名称应当尽可能简短，一般不得超过 25 个字，特殊情况下，例如，化学领域的某些专利申请，可以允许最多到 40 个字。

② 修改发明所属技术领域。该技术领域是指该发明在国际专利分类表中的分类位置所反映的技术领域。为便于公众和审查员清楚地理解发明和其相应的现有技术，应当允许修改发明所属技术领域，使其与国际专利分类表中最低分类位置涉及的领域相关。

③ 修改背景技术部分，使其与要求保护的主题相适应。独立权利要求按照《专利法实施细则》第 21 条的规定撰写的，说明书背景技术部分应当记载与该独立权利要求前序部分所述的现有技术相关的内容，并引证反映这些背景技术的文件。如果审查员通过检索发现了比申请人在原说明书中引用的现有技术更接近所要求保护的主题的对比文件，则应当允许申请人修改说明书，将该文件的内容补入这部分，并引证该文件，同时删除描述不相关的现有技术的内容。应当指出，这种修改实际上使说明书增加了原申请的权利要求书和说明书未曾记载的内容，但由于修改仅涉及背景技术而不涉及发明本身，且增加的内容是申请日前已经公知的现有技术，因此是允许的。

④ 修改发明内容部分中与该发明所解决的技术问题有关的内容，使其与要求保护的主题相适应，即反映该发明的技术方案相对于最接近的现有技术所解决的技术问题。当然，修改后的内容不应超出原说明书和权利要求书记载的范围。

⑤ 修改发明内容部分中与该发明技术方案有关的内容，使其与独立权利要求请求保护的主题相适应。如果独立权利要求进行了符合《专利法》及其实施细则规定的修改，则允许该部分作相应的修改；如果独立权利要求未作修改，则允许在不改变原技术方案的基础上，对该部分进行理顺文字、改正不规范用词、统一技术术语等修改。

⑥ 修改发明内容部分中与该发明的有益效果有关的内容。只有在某（些）技术特征在原始申请文件中已清楚地记载，而其有益效果没有被清楚地提及，但所属技术领域的技术人员可以直接地、毫无疑义地从原始申请文件中推断出这种效果的情况下，才允许对发明的有益效果作合适的修改。

⑦ 修改附图说明。申请文件中有附图，但缺少附图说明的，允许补充所缺的附图说明；附图说明不清楚的，允许根据上下文作出合适的修改。

⑧ 修改最佳实施方式或者实施例。这种修改中允许增加的内容一般限于补入原实施方式或者实施例中具体内容的出处以及已记载的反映发明的有益效果数据的标准测量方法（包括所使用的标准设备、器具）。如果由检索结果得知原申请要求保护的部分主题已成为现有技术的一部分，则申请人应当将反映这部分主题的内容删除，或者明确写明其为现有技术。

⑨ 修改附图。删除附图中不必要的词语和注释，可将其补入说明书文字部分之中；修改附图中的标记使之与说明书文字部分相一致；在文字说明清楚的情况下，为使局部结构清楚起见，允许增加局部放大图；修改附图的阿拉伯数字编号，使每幅图使用一个编号。

【案例 8-2】 将说明书附图中的反应容器壁标记由 "2" 修改为 "6"，使之与原说明书文字部分使用的对应附图标记相一致。这种修改是允许的。

⑩ 修改摘要。通过修改使摘要写明发明的名称和所属技术领域，清楚地反映所要解决的技术问题、解决该问题的技术方案的要点以及主要用途；删除商业性宣传语；更换摘要附图，使其最能反映发明技术方案的主要技术特征。

⑪ 修改由所属技术领域的技术人员能够识别出的明显错误，即语法错误、文字错误和打印错误。对这些错误的修改必须是所属技术领域的技术人员能从说明书的整体及上下文看出的唯一的正确答案。

8.2.3　不允许的修改

作为一个原则，凡是对说明书（及其附图）和权利要求书作出不符合《专利法》第 33 条规定的修改，均是不允许的。具体地说，如果申请的内容通过增加、改变和/或删除其中的一部分，致使所属技术领域的技术人员看到的信息与原申请记载的信息不同，而且又不能从原申请记载的信息中直接地、毫无疑义地确定，那么，这种修改就是不允许的。这里所说的申请内容，是指原说明书（及其附图）和权利要求书记载的内容，不包括任何优先权文件的内容。

（1）不允许的增加

不能允许的增加内容的修改，包括下述几种：

① 将某些不能从原说明书（包括附图）和/或权利要求书中直接明确认定的技术特征写入权利要求和/或说明书。

【案例 8-3】 混凝土空心砌块

一种长方体的混凝土空心砌块，其特征在于砌块内包含了四方孔和长方孔。如果申请人在修改说明书时，加入技术特征，孔的底部是封闭的。如果从原始说明书和/或权利要求书中找不到可以支持该特征的明确记载，这种修改是不允许的。如果从原始说明书或权利要求书中能够找到该技术特征的支持，例如，从说明书的某幅附图中能够看出混凝土空心砌块的底部是封闭的，即使说明书中未作专门的文字性说明，这种补充也是允许的。

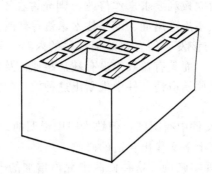

② 为使公开的发明清楚或者使权利要求完整而补入不能从原说明书（包括附图）和/或权利要求书中直接地、毫无疑义地确定的信息。

③ 增加的内容是通过测量附图得出的尺寸参数技术特征。

④ 引入原申请文件中未提及的附加组分，导致出现原申请没有的特殊效果。

⑤ 补入了所属技术领域的技术人员不能直接从原始申请中导出的有益效果。

⑥ 补入实验数据以说明发明的有益效果，和/或补入实施方式和实施例以说明在权利要求请求保护的范围内发明能够实施。

⑦ 增补原说明书中未提及的附图，一般是不允许的；如果增补背景技术的附图，或者将原附图中的公知技术附图更换为最接近现有技术的附图，则应当允许。

（2）不允许的改变

不能允许的改变内容的修改，包括下述几种：

① 改变权利要求中的技术特征，超出了原权利要求书和说明书记载的范围。例如，用不能从原申请文件中直接得出的"功能性术语＋装置"的方式，来代替具有具体结构特征的零件或者部件。这种修改超出了原权利要求书和说明书记载的范围。

② 由不明确的内容改成明确具体的内容而引入原申请文件中没有的新的内容。

③ 将原申请文件中的几个分离的特征，改变成一种新的组合，而原申请文件没有明确提及这些分离的特征彼此间的关联。

④ 改变说明书中的某些特征，使得改变后反映的技术内容不同于原申请文件记载的内容，超出了原说明书和权利要求书记载的范围。

（3）不允许的删除

不能允许删除某些内容的修改，包括下述几种：

① 从独立权利要求中删除在原申请中明确认定为发明的必要技术特征的那些技术特征，即删除在原说明书中始终作为发明的必要技术特征加以描述的那些技术特征；或者从权利要求中删除一个与说明书记载的技术方案有关的技术术语；或者从权利要求中删除在说明书中明确认定的关于具体应用范围的技术特征。例如，将"有肋条的侧壁"改成"侧壁"。又如，原权利要求是"用于泵的旋转轴密封……"，修改后的权利要求是"旋转轴密封"。上述修改都是不允许的，因为在原说明书中找不到依据。

② 从说明书中删除某些内容而导致修改后的说明书超出了原说明书和权利要求书记载的范围。

③ 如果在原说明书和权利要求书中没有记载某特征的原数值范围的其他中间数值，而鉴于对比文件公开的内容影响发明的新颖性和创造性，或者鉴于当该特征取原数值范围的某

部分时发明不可能实施，申请人采用具体"放弃"的方式，从上述原数值范围中排除该部分，使得要求保护的技术方案中的数值范围从整体上看来明显不包括该部分。由于这样的修改超出了原说明书和权利要求书记载的范围，因此除非申请人能够根据申请原始记载的内容证明该特征取被"放弃"的数值时，本发明不可能实施，或者该特征取经"放弃"后的数值时，本发明具有新颖性和创造性，否则这样的修改不能被允许。

8.2.4　答复审查意见通知书时的修改要求

根据《专利法实施细则》第 51 条第 3 款的规定，在答复审查意见通知书时，对申请文件进行修改的，应当针对通知书指出的缺陷进行修改，如果修改的方式不符合《专利法实施细则》第 51 条第 3 款的规定，则这样的修改文本一般不予接受。然而，对于虽然修改的方式不符合《专利法实施细则》第 51 条第 3 款的规定，但其内容与范围满足《专利法》第 33 条要求的修改，只要经修改的文件消除了原申请文件存在的缺陷，并且具有被授权的前景，这种修改就可以被视为是针对通知书指出的缺陷进行的修改，因而经此修改的申请文件可以接受。这样处理有利于节约审查程序。但是，当出现下列情况时，即使修改的内容没有超出原说明书和权利要求书记载的范围，也不能被视为是针对通知书指出的缺陷进行的修改，因而不予接受。

① 主动删除独立权利要求中的技术特征，扩大了该权利要求请求保护的范围。

例如，申请人从独立权利要求中主动删除技术特征，或者主动删除一个相关的技术术语，或者主动删除限定具体应用范围的技术特征，即使该主动修改的内容没有超出原说明书和权利要求书记载的范围，只要修改导致权利要求请求保护的范围扩大，则这种修改不予接受。

② 主动改变独立权利要求中的技术特征，导致扩大了请求保护的范围。

③ 主动将仅在说明书中记载的与原来要求保护的主题缺乏单一性的技术内容作为修改后权利要求的主题。

④ 主动增加新的独立权利要求，该独立权利要求限定的技术方案在原权利要求书中未出现过。

⑤ 主动增加新的从属权利要求，该从属权利要求限定的技术方案在原权利要求书中未出现过。

8.2.5　修改的具体形式

根据《专利法实施细则》第 52 条的规定，发明或者实用新型专利申请的说明书或者权利要求书的修改部分，除个别文字修改或者增删外，应当按照规定格式提交替换页。替换页的提交有两种方式。

① 提交重新打印的替换页和修改对照表。这种方式适用于修改内容较多的说明书、权利要求书以及所有作了修改的附图。申请人在提交替换页的同时，要提交一份修改前后的对照明细表。

② 提交重新打印的替换页和在原文复制件上作出修改的对照页。这种方式适用于修改内容较少的说明书和权利要求书。申请人在提交重新打印的替换页的同时提交直接在原文复制件上修改的对照页，使审查员更容易察觉修改的内容。

（1）对申请文件修改的时机

根据《专利法实施细则》第 51 条第 1 款的规定，发明专利申请人在提出实质审查请求时以及在收到专利局发出的发明专利申请进入实质审查阶段通知书之日起的 3 个月内，可以对发明专利申请主动提出修改。

根据《专利法实施细则》第 51 条第 2 款的规定，实用新型或者外观设计专利申请人自申请日起 2 个月内，可以对实用新型或者外观设计专利申请主动提出修改。

根据《专利法实施细则》第 51 条第 3 款的规定，申请人在收到专利局发出的审查意见通知书后修改专利申请文件，应当针对通知书指出的缺陷进行修改。

（2）关于对申请文件的修改还需要考虑的几点

① 对于通知书中指出的实质性缺陷确实存在时，在修改专利申请文件时既要克服通知书中所指出的缺陷，又应当争取更充分的保护。

② 对于审查意见通知书中所指出的形式缺陷，在修改申请文件中应当予以克服。

③ 在专利申请文件符合《专利法》及其实施细则有关规定的前提下，争取获得尽可能宽的保护范围。

④ 对权利要求书进行修改时，除了必须遵循《专利法》第 33 条规定的修改不得超出原说明书和权利要求书记载的范围这一基本原则之外，自然还应当符合权利要求书撰写的各项要求。

⑤ 修改后的独立权利要求所请求保护的技术方案应当具备《专利法》第 22 条第 2 款和第 3 款规定的新颖性和创造性；修改后的独立权利要求应当记载解决技术问题的必要技术特征，清楚并简要地表述请求保护的范围；在保证修改后的独立权利要求具有新颖性和创造性的同时，应当避免将非必要技术特征写入独立权利要求导致权利要求保护范围过窄。

⑥ 要注意克服原有从属权利要求所存在的形式缺陷。

8.3 审查意见、陈述和补正实录

【案例 8-4】 一种可竖直行驶和水平行驶直线电机驱动电梯（申请号 201410413112. X）

本案例中审查员下达的第一次审查意见通知书中，包括："权利要求 1 中出现'导靴'及'可旋转导靴'，可旋转导靴属于导靴的下位概念，导致该权利要求所要求保护范围出现两个不同的保护范围，造成其保护范围不清楚。因此权利要求 1 不符合《专利法》第 26 条第 4 款的规定。建议申请人将其改成'第一导靴'及'可旋转的第二导靴'，其中相应部分也应作适应性修改。""说明书第 [0008] 段出现'4. 挂钩 1 驱动电机'，说明书第 [0009] 段出现'驱动电机 4'，说明书第 [0010] 段出现'驱动轿厢挂钩电机 4'，申请文件中表示同一组成部分的表述应当一致，不符合《专利法实施细则》第 18 条第 2 款的规定。出现上述同一问题的还有说明书第 [0009] 段出现'安全抱闸 6'，说明书第 [0009] 段出现'安全抱闸钳 6'；说明书第 [0009] 段出现'可旋转导靴 19'，说明书第 [0010] 段出现'可旋转安全阀 19'，申请人应一并修改。"

在本案例的回复中，针对以上问题提交了意见陈述书和补正书，以及对权利要求书、说明书和说明书摘要的修改文件。

（1）一审意见陈述书和补正书

① 一审意见陈述书。尊敬的审查员老师，您好！关于专利局第一次审查意见及建议，本申请做修改如下：

a. 关于第一次审查意见中："权利要求 1 中出现'导靴'及'可旋转导靴'，可旋转导靴属于导靴的下位概念，导致该权利要求所要求保护范围出现两个不同的保护范围，造成其保护范围不清楚。因此权利要求 1 不符合《专利法》第 26 条第 4 款的规定。建议申请人将其改成'第一导靴'及'可旋转的第二导靴',其中相应部分也应作适应性修改。"本申请依据建议已经将权利要求 1 作了修改,将权利要求 1 中"导靴""可旋转导靴驱动电机"及"可旋转导靴"改成"第一导靴""可旋转第二导靴驱动电机"及"可旋转第二导靴",其他相应的说明书及说明书摘要全部都做了修改补正。

b. 关于第一次审查意见中:"说明书第 [0008] 段出现'4. 挂钩 1 驱动电机',说明书第 [0009] 段出现'驱动电机 4',说明书第 [0010] 段出现'驱动轿厢挂钩电机 4',申请文件中表示同一组成部分的表述应当一致,不符合《专利法实施细则》第 18 条第 2 款的规定。出现上述同一问题的还有说明书第 [0009] 段出现'安全抱闸 6',说明书第 [0009] 段出现'安全抱闸钳 6';说明书第 [0009] 段出现'可旋转导靴 19',说明书第 [0010] 段出现'可旋转安全阀 19',申请人应一并修改。"本申请依据审查意见对相应说明书及说明书摘要做修改补正,"挂钩驱动电机 4""可旋转第二导靴""安全抱闸"名称全部统一成相同的名称,见修改后提交的说明书及说明书摘要。

综上所述,本申请对权利要求 1 及说明书、说明书摘要依据审查建议做了相应修改,见提交的权利要求、补正书及说明书,并且未超出原说明书和权利要求书记载的范围,符合《专利法》第 33 条的规定。请审查员予以授权。

② 补正书。通过国家知识产权局给出的一审意见通知书以及回复的一审意见陈述书,提交了补正书,如表 8-1 所示。

表 8-1　补正书

补正内容			
文件名称	文件中的位置	补正前	补正后
权利要求	权利要求第一段	导靴、托盘、安全抱闸、驱动轿厢挂钩、挂钩驱动电机、可移动轿厢、移动轿厢挂钩、可旋转导靴、可旋转导靴驱动电机	第一导靴、托盘、安全抱闸、驱动轿厢挂钩、挂钩驱动电机、可移动轿厢、移动轿厢挂钩、可旋转第二导靴、可旋转第二导靴驱动电机
权利要求	权利要求第一段	驱动轿厢下部固定的托盘位于轿井侧壁的导靴上,驱动轿厢上部装有安全抱闸钳	驱动轿厢下部固定的托盘位于轿井侧壁的第一导靴上,驱动轿厢上部装有安全抱闸
权利要求	权利要求第一段	顶部装有可旋转导靴驱动电机,可旋转导靴贴在次级金属立柱上,电梯外壳底部装有缓冲装置	顶部装有可旋转第二导靴驱动电机,可旋转第二导靴贴在次级金属立柱上,电梯外壳底部装有缓冲装置
说明书	说明书发明内容第二段	导靴、托盘、安全抱闸、驱动轿厢挂钩、挂钩驱动电机、可移动轿厢、移动轿厢挂钩、可旋转导靴、可旋转导靴驱动电机	第一导靴、托盘、安全抱闸、驱动轿厢挂钩、挂钩驱动电机、可移动轿厢、移动轿厢挂钩、可旋转第二导靴、可旋转第二导靴驱动电机
说明书	说明书发明内容第二段	驱动轿厢下部固定的托盘位于轿井侧壁的导靴上,驱动轿厢上部装有安全抱闸钳	驱动轿厢下部固定的托盘位于轿井侧壁的第一导靴上,驱动轿厢上部装有安全抱闸
说明书	说明书发明内容第二段	顶部装有可旋转导靴驱动电机,可旋转导靴贴在次级金属立柱上,电梯外壳底部装有缓冲装置	顶部装有可旋转第二导靴驱动电机,可旋转第二导靴贴在次级金属立柱上,电梯外壳底部装有缓冲装置
说明书	附图说明第二段	4. 挂钩 1 驱动电机	4. 挂钩驱动电机
说明书	附图说明第二段	9. 导靴	9. 第一导靴
说明书	附图说明第二段	18. 可旋转导靴驱动电机,19. 可旋转导靴	18. 可旋转第二导靴驱动电机,19. 可旋转第二导靴

文件名称	文件中的位置	补正前	补正后
说明书	具体实施方式第一段	导靴 9、托盘 10、安全抱闸 6、驱动轿厢挂钩 5、驱动电机 4、可移动轿厢 17、移动轿厢挂钩 13、可旋转安全抱闸 19、可旋转安全抱闸驱动电机 18	第一导靴 9、托盘 10、安全抱闸 6、驱动轿厢挂钩 5、挂钩驱动电机 4、可移动轿厢 17、移动轿厢挂钩 13、可旋转第二导靴 19、可旋转第二导靴驱动电机 18
说明书	具体实施方式第一段	驱动轿厢 7 下部固定的托盘 10 位于轿井 2 侧壁的导靴 9 上,驱动轿厢 7 上部装有安全抱闸钳 6,顶部装有驱动轿厢挂钩 5,驱动轿厢挂钩 5 由驱动轿厢挂钩电机 4 驱动旋转	驱动轿厢 7 下部固定的托盘 10 位于轿井 2 侧壁的第一导靴 9 上,驱动轿厢 7 上部装有安全抱闸 6,顶部装有驱动轿厢挂钩 5,驱动轿厢挂钩 5 由轿厢挂钩驱动电机 4 驱动旋转
说明书	具体实施方式第一段	顶部装有可旋转导靴驱动电机 18,可旋转导靴 19 贴合在次级金属立柱 3 上	顶部装有可旋转第二导靴驱动电机 18,可旋转第二导靴 19 贴合在次级金属立柱 3 上
说明书	具体实施方式第二段	驱动轿厢 7 下部固定的托盘 10 位于轿井 2 侧壁的导靴 9 上,驱动轿厢 7 通过导靴 9 的支撑平稳行驶,驱动可旋转安全阀 19 贴合在次级金属立柱 3 上使可移动轿厢 17 行驶平稳	驱动轿厢 7 下部固定的托盘 10 位于轿井 2 侧壁的第一导靴 9 上,驱动轿厢 7 通过第一导靴 9 的支撑平稳行驶,驱动可旋转第二导靴 19 贴合在次级金属立柱 3 上使可移动轿厢 17 行驶平稳
说明书	具体实施方式第二段	驱动轿厢挂钩电机 4 驱动驱动轿厢挂钩 5 旋转,使驱动轿厢 7 与可移动轿厢 17 分离,同时,可旋转导靴驱动电机 18 驱动旋转导靴 19 旋转	轿厢挂钩驱动电机 4 驱动驱动轿厢挂钩 5 旋转,使驱动轿厢 7 与可移动轿厢 17 分离,同时,可旋转第二导靴驱动电机 18 驱动可旋转第二导靴 19 旋转
说明书摘要	说明书摘要第一段	导靴、托盘、安全抱闸、驱动轿厢挂钩、挂钩驱动电机、可移动轿厢、移动轿厢挂钩、可旋转导靴、可旋转导靴驱动电机	第一导靴、托盘、安全抱闸、驱动轿厢挂钩、挂钩驱动电机、可移动轿厢、移动轿厢挂钩、可旋转第二导靴、可旋转第二导靴驱动电机
说明书摘要	说明书摘要第一段	驱动轿厢下部固定的托盘位于轿井侧壁的导靴上,驱动轿厢上部装有安全抱闸钳	驱动轿厢下部固定的托盘位于轿井侧壁的第一导靴上,驱动轿厢上部装有安全抱闸
说明书摘要	说明书摘要第一段	顶部装有可旋转导靴驱动电机,可旋转导靴贴合在次级金属立柱上,电梯外壳底部装有缓冲装置	顶部装有可旋转第二导靴驱动电机,可旋转第二导靴贴合在次级金属立柱上,电梯外壳底部装有缓冲装置

(2) 一审补正后的的权利要求书、说明书和说明书摘要

201410413112. X　　　　　　　　　　**权利要求书**　　　　　　　　　　**第 1/1 页**

　　一种可左右平移直线电机驱动电梯是由电梯外壳、轿井、驱动轿厢、次级金属立柱、直线电机初级、第一导靴、托盘、安全抱闸、驱动轿厢挂钩、挂钩驱动电机、可移动轿厢、移动轿厢挂钩、可旋转第二导靴、可旋转第二导靴驱动电机、水平驱动轮电机、接近传感器、水平驱动轮、水平移动导轨、缓冲装置组成的,其特征在于:所述的水平移动导轨分布在电梯支架的中间层,两根金属立柱作为次级、金属立柱上安装着直线电机初级,驱动轿厢下部固定的托盘位于轿井侧壁的第一导靴上,驱动轿厢上部装有安全抱闸,顶部装有驱动轿厢挂钩,驱动轿厢挂钩由挂钩电机驱动旋转,可移动轿厢位于驱动轿厢上面,可移动轿厢底部左侧装有接近传感器,可移动轿厢底部装有 4 个水平驱动轮和移动轿厢挂钩,水平驱动轮电机装在可移动轿厢下部,驱动可移动轿厢在水平导轨上

水平行驶，顶部装有可旋转第二导靴驱动电机，可旋转第二导靴贴合在次级金属立柱上，电梯外壳底部装有缓冲装置。

| 201410413112.X | 说明书 | （作者注：公告文件/为4页） |

一种可竖直行驶和水平行驶直线电机驱动电梯

技术领域

[0001] 本发明涉及一种可竖直行驶和水平行驶直线电机驱动电梯，具体地说是利用直线电机来驱动电梯的上下，可移动轿厢实现左右行驶，属于机械行业。

背景技术

[0002] 现在电梯的种类和用途越来越多，传统电梯机械故障高，维护费用高，运动噪声较大，制造成本较高，用直线电机驱动电梯可以简化电梯的结构，同时，轿厢的水平行驶可丰富电梯的功能，因此需要一种可竖直行驶和水平行驶直线电机驱动电梯，但现在市场上没有。

发明内容

[0003] 针对上述的不足，本发明提供了一种可竖直行驶和水平行驶直线电机驱动电梯。

本发明是通过以下技术方案实现的：一种可左右平移直线电机驱动电梯是由电梯外壳、轿井、驱动轿厢、次级金属立柱、直线电机初级、第一导靴、托盘、安全抱闸、驱动轿厢挂钩、挂钩驱动电机、可移动轿厢、移动轿厢挂钩、可旋转第二导靴、可旋转第二导靴驱动电机、水平驱动轮电机、接近传感器、水平驱动轮、水平移动导轨、缓冲装置组成的，其特征在于：所述的水平移动导轨分布在电梯支架的中间层，两根金属立柱作为次级、金属立柱上安装着直线电机初级，驱动轿厢下部固定的托盘位于轿井侧壁的第一导靴上，驱动轿厢上部装有安全抱闸，顶部装有驱动轿厢挂钩，驱动轿厢挂钩由挂钩电机驱动旋转，可移动轿厢位于驱动轿厢上面，可移动轿厢底部左侧装有接近传感器，可移动轿厢底部装有4个水平驱动轮和移动轿厢挂钩，水平驱动轮电机装在可移动轿厢下部，驱动可移动轿厢在水平导轨上水平行驶，顶部装有可旋转第二导靴驱动电机，可旋转第二导靴贴合在次级金属立柱上，电梯外壳底部装有缓冲装置。

该发明的有益之处是：采用双轿厢的设计分工明确，左右行驶实现简单；采用直线电机驱动，结构简单，占用面积小，可灵活的实现电梯的水平行驶和竖直行驶功能。

附图说明

附图1为一种可竖直行驶和水平行驶直线电机驱动电梯主视图；

附图2为一种可竖直行驶和水平行驶直线电机驱动电梯俯视图。

附图1中，1—电梯外壳；2—轿井；3—次级金属立柱；4—挂钩驱动电机；5—驱动轿厢挂钩；6—安全抱闸；7—驱动轿厢；8—直线电机初级；9—第一导靴；10—托盘；11—水平移动导轨；12—缓冲装置；13—移动轿厢挂钩；14—水平驱动轮；15—接近传感器；16—水平驱动轮电机；17—可移动轿厢；18—可旋转第二导靴驱动电机；19—可旋转第二导靴。

具体实施方式

一种可左右平移直线电机驱动电梯是由电梯外壳1、轿井2、驱动轿厢7、次级金属立柱3、直线电机初级8、第一导靴9、托盘10、安全抱闸6、驱动轿厢挂钩5、挂钩驱动电机4、可移动轿厢17、移动轿厢挂钩13、可旋转第二导靴19、可旋转第二导靴驱动电机18、水平驱动轮电机16、接近传感器15、水平驱动轮14、水平移动导轨11、缓冲装置12组成的，其特征在于：所述的水平移动导轨11分布在电梯外壳1的中间层，两根金属立柱作为次级金属立柱3、次级金属立柱3上安装着直线电机初级8，驱动轿厢7下部固定的托盘10

位于轿井 2 侧壁的第一导靴 9 上，驱动轿厢 7 上部装有安全抱闸 6，顶部装有驱动轿厢挂钩 5，驱动轿厢挂钩 5 由轿厢挂钩驱动电机 4 驱动旋转，可移动轿厢 17 位于驱动轿厢 7 上面，可移动轿厢 17 底部左侧装有接近传感器 15，可移动轿厢 17 底部装有 4 个水平驱动轮 14 和移动轿厢挂钩 13，水平驱动轮电机 16 装在可移动轿厢 17 下部，驱动可移动轿厢 17 在水平移动导轨 11 上水平行驶，顶部装有可旋转第二导靴驱动电机 18，可旋转第二导靴 19 贴合在次级金属立柱 3 上，电梯外壳 1 底部装有缓冲装置 12。

电梯竖直行驶时，驱动轿厢 7 通过直线电机初级 8 的转动沿着次级金属立柱 3 竖直行驶，驱动轿厢 7 通过驱动轿厢挂钩 5 带动可移动轿厢 17 移动到达指定位置，驱动轿厢 7 下部固定的托盘 10 位于轿井 2 侧壁的第一导靴 9 上，驱动轿厢 7 通过第一导靴 9 的支撑平稳行驶，驱动可旋转第二导靴 19 贴合在次级金属立柱 3 上使可移动轿厢 17 行驶平稳；当电梯水平行驶时，驱动轿厢 7 到达指定位置，轿厢挂钩驱动电机 4 驱动驱动轿厢挂钩 5 旋转，使驱动轿厢 7 与可移动轿厢 17 分离，同时，可旋转第二导靴驱动电机 18 驱动可旋转第二导靴 19 旋转，通过水平驱动轮电机 16 驱动水平驱动轮 14 沿着水平移动导轨 11 行驶，当快到达另一个轿井 2 时，通过接触传感器 15 的感应使可移动轿厢 17 平稳停车，同时使驱动轿厢挂钩 5 与移动轿厢挂钩 13 连接，从而达到电梯的竖直行驶与水平行驶的功能。

201410413112. X　　　　　　　　**说明书摘要**　　　　　　　　**第 1/1 页**

一种可左右平移直线电机驱动电梯是由电梯外壳、轿井、驱动轿厢、次级金属立柱、直线电机初级、第一导靴、托盘、安全抱闸、驱动轿厢挂钩、挂钩驱动电机、可移动轿厢、移动轿厢挂钩、可旋转第二导靴、可旋转第二导靴驱动电机、水平驱动轮电机、接近传感器、水平驱动轮、水平移动导轨、缓冲装置组成的，其特征在于：所述的水平移动导轨分布在电梯支架的中间层，两根金属立柱作为次级、金属立柱上安装着直线电机初级，驱动轿厢下部固定的托盘位于轿井侧壁的第一导靴上，驱动轿厢上部装有安全抱闸，顶部装有驱动轿厢挂钩，驱动轿厢挂钩由挂钩电机驱动旋转，可移动轿厢位于驱动轿厢上面，可移动轿厢底部左侧装有接近传感器，可移动轿厢底部装有 4 个水平驱动轮和移动轿厢挂钩，水平驱动轮电机装在可移动轿厢下部，驱动可移动轿厢在水平导轨上水平行驶，顶部装有可旋转第二导靴驱动电机，可旋转第二导靴贴合在次级金属立柱上，电梯外壳底部装有缓冲装置。有益之处在于采用双轿厢的设计分工明确，左右行驶实现简单；采用直线电机驱动，结构简单，占用面积小，可灵活的实现电梯的水平行驶和竖直行驶功能。

【案例 8-5】　一种双轿厢直线电机驱动电梯（申请号 201410413111.5）

本案例中，审查员给出一个对比文件，对本发明提出无创造性的审查意见。

在本案例的回复中，针对以上问题提交了意见陈述书，以及对权利要求书、说明书和说明书摘要的修改文件。

（1）意见陈述书

尊敬的审查员老师，您好！

本申请根据说明书内容增加修改具有创新性部分的权利要求 1 如下：

一种双轿厢直线电机驱动电梯是由井道、轿厢、次级金属立柱、直线电机初级、导靴、导靴直线导轨、托盘、安全抱闸、接近传感器、缓冲装置、召唤按钮组成的，其特征在于：两个轿厢位于同一个井道中，上下之间隔有一定的距离，所述的两根金属立柱作为直线电机次级、金属立柱上安装着两对直线电机初级，两个轿厢都通过下部的托盘固定在位于井道两侧壁的导靴上，导靴沿着导靴直线导轨上下行驶，位于上面的轿厢底部装有接近传感器，两个轿厢上部装都有安全抱闸钳，电梯井道底部装有缓冲装置，召唤按钮位于电梯外面每层的电梯门侧边，采用一个智能化的控制系统来控制两个轿厢的运动。

以上为新修改权利要求 1 部分，具有了召唤按钮及控制系统，是本申请最具有创新性技术特征。

关于专利局第一次审查意见："1. 权利要求 1 不具备专利法第 22 条第 3 款规定的创造性。"有不同意见陈述如下：

① 关于第一次审查意见中："对比文件 1（CN2545174Y），公开了一种圆筒型直线电机驱动的电梯，并具体公开了以下技术特征（参见说明书具体实施例及附图 1、附图 2）：是由轿井 1（相当于本申请的井道）、轿厢 4、次级金属立柱、直线电机初级 3、导靴 8、导靴直线导轨、托盘、安全抱闸钳 5、减震器 10（相当于本申请的缓冲装置）组成的，所述的两根金属立柱 2 作为直线电机次级、金属立柱上安装着两对圆筒型直线电机驱动初级，轿厢 4 通过下部的托盘固定在位于井道两侧壁的导靴 8 上，导靴沿着导靴直线导轨上下行驶，轿厢底部装有重量感应器 9，轿厢上部装都有安全抱闸钳 5，电梯轿井 1 底部装有减震器 10。"不同陈述意见为：对比文件 1 是一种圆筒直线电机驱动的电梯，对比文件 1 包括轿井、次级金属半立柱、直线电机初级、导靴、减震器等基本结构与有本申请基本的组成部件相同，但本申请具有创新不同的结构部件，包括有双轿厢而对比文件 1 单轿厢、分别有双轿厢的双直线电机驱动初级及安全抱闸钳，还有本申请有接近传感器和召唤按钮，这些是本申请主要不同的技术结构零件，提高了本申请双轿厢的直线电机驱动电梯运载效率，并且双轿厢电梯接近传感器的控制系统使双轿厢在同一个井道中运行，而传统多采用增加多的井道来增加轿厢数量，本申请相对造价比较低，成本价格低，比单轿厢效率高，本申请中单井道中的双轿厢及控制系统结构零件是对比文件 1 所没有的，作用用途也是完全不同的，这些正是本申请技术结构部件具有创新性的技术特征。

② 关于第一次审查意见中："该权利要求所要求保护的技术方案与对比文件 1 公开了内容相比：本申请保护的是双轿厢电梯，两个轿厢位于同一个井道中，上下之间隔有一定的距离，还包括接近传感器，位于上面的轿厢底部装有接近传感器。基于上述区别，本申请实际要解决的技术问题是：如何提高电梯运行效率。为了提高电梯运行效率，采用双轿厢结构，并将两个轿厢位于同一个井道中，上下之间隔有一定的距离，是本领域技术人员的常规设置，为了防止两个轿厢在井道内发生碰撞，而设置接近传感器，并将其设置于上面的轿厢底部，是本领域技术人员的常规技术手段。"以上的区别特征正是本申请最重要的创新性技术特征。不同陈述意见是：a. 本申请为提高运载效率，是一种双轿厢电梯，而对比文件 1 只是一种圆筒型直线电机，是实现单井道单轿厢运行，所以本申请的双轿厢结构的运载效率远高于对比文件 1 的单轿厢，并且本申请在同一个井道中运行，目前在市场上没有，因为本身双轿厢运行存在一定的技术难度，电梯运行安全平稳性及相关技术控制组织部件，都不是本领域技术人员的常规设计，这也是本申请解决的创新处所在；b. 本申请为提高效率采用双轿厢运行，所以在两个轿厢之间会有一定距离以防止碰撞，并且安装有接近传感器以控制两个轿厢保持相对安全的间隔距离，这是对比文件 1 所没有的，作用用途是完全不同的，本申请有两对安全抱闸及两对直线电机初级可以保证双轿厢平稳运行及安全制动，所以有安全控制的部分与对比文件 1 的工作原理和目的，用途是完全不一样的。而对比文件 1 根本不必使用过多的设施零部件来保证双轿厢电梯运行的平稳、高效及更好的安全性；本申请要用更精准的接近传感器的智能自动化系统控制双轿厢运行，这样本申请双轿厢电梯的稳定可靠性有更好的保障，是本申请的创新之处。

③ 关于一审意见中指出对比文件 2 中"将两个轿厢位于同一个井道中，上下之间隔有一定的距离，是本领域技术人员的常规设置，为了防止两个轿厢在井道内发生碰撞，而设置

接近传感器，并将其设置于上面的轿厢底部，是本领域技术人员的常规技术手段。"不同陈述意见是：a. 所述对比文件 1 与本申请轿厢数量不同，对比文件 1 是传统的单轿厢，而本申请为提高效率采用的是双轿厢，作用效率、用途完全不同；b. 双轿厢同时在一个井道里运行，从控制系统的承载重量、运载速度、平衡电梯停运是由本申请双轿厢直线感应电机驱动的电梯控制系统来控制，通过双轿厢之间的接近传感器控制两个轿厢的安全距离，是对比文件 1 中所设计的单轿厢直线电机电梯不需要更多的考虑，本申请的控制系统远比对比文件中的单轿厢的控制系统更复杂，本申请为了电梯运行更平稳安全，需要控制件系统更多的零部件（包括接近传感器）的控制安全措施系统；c. 本申请权利要求 1 中有采用一个智能化的控制系统来控制两个轿厢的运动，本说明书中记载轿厢 3 通过直线电机初级 4 的转动沿着次级金属立柱 1 竖直行驶，轿厢 3 通过导靴 7 的支撑平稳行驶，位于上面轿厢 3 底部的接近传感器 6 可有效地防止两个轿厢 3 碰到一起，通过智能化的控制系统控制，一般情况时，本申请中的召唤按钮可以应用在当召梯人在偶数层时，位于上面的轿厢 3 来接，当召梯人在奇数层时，下面的轿厢 3 来接；智能控制系统可以准确快速的分析数据，并判断哪个轿厢 3 能使乘客最快的到达目的楼层，这也最大限度地避免电梯空厢运行或超载，而在人流高峰时段协调客流，这大大节省了乘客的等待时间。这是本申请具有召唤按钮和智能化控制系统是目前传统单轿厢如对比文件 1 所不具有的，是本申请根据说明书内容新增的权利要求 1 部分，不管是从效率及成本上都是最佳的技术方案，不是本领域技术人员常规的技术手段所能解决。以上是本申请最具有创新性的重要特征。

综上所述，本申请一种双轿厢直线电机驱动电梯的修改新增的权利要求 1 能满足运载效率远高于是传统单轿厢单井道，并且本申请的结构功能包括接近传感器、安全抱闸钳、召唤按钮及控制双轿厢直线驱动电机电梯运行平稳安全的控制系统技术方案，使双轿厢都在单井道里运行，节约了传统增加井道来增加轿厢的建造成本造价，本申请同时都能达到使双轿厢单井道运行，接近传感器等智能化控制系统控制电梯更能平稳安全运行，运载效率提高，具备突出的实质性特点和显著的进步，具备创造性。请审查员予以授权。

(2) 修改后的权利要求书

201410413111.5	权利要求书	第 1/1 页

一种双轿厢直线电机驱动电梯是由井道、轿厢、次级金属立柱、直线电机初级、导靴、导靴直线导轨、托盘、安全抱闸、接近传感器、缓冲装置、召唤按钮组成的，其特征在于：两个轿厢位于同一个井道中，上下之间隔有一定的距离，所述的两根金属立柱作为直线电机次级、金属立柱上安装着两对直线电机初级，两个轿厢都通过下部的托盘固定在位于井道两侧壁的导靴上，导靴沿着导靴直线导轨上下行驶，位于上面的轿厢底部装有接近传感器，两个轿厢上部都装有安全抱闸钳，电梯井道底部装有缓冲装置，召唤按钮位于电梯外面每层的电梯门侧边，采用一个智能化的控制系统来控制两个轿厢的运动。

【案例 8-6】 一种散热器辅助打眼装置（申请号 2013105287126）

本案例中审查员下达的第一次审查意见通知书中，包括："由于撰写时笔误，原申请的权利要求 1 不符合《专利法实施细则》第 26 条第 4 款的规定""权利要求 1 中出现了'新型'导致该权利要求不简要，不符合《专利法》第 26 条第 4 款的规定""权利要求 1 中出现了'漏斗式传送管固定于运输装置上，振动带与两个运输装置相连'，由于前面指出漏斗式传送管固定于运输装置上，但在后面又指出有两个运输装置，致使本领域技术人员无法确定漏斗式传送管固定于哪一个运输装置上，因而导致该权利要求不清楚，不符合《专利法》第 26 条第 4 款的规定""权利要求 1 中出现的'滑梯与漏斗式传送管和传送带相连'使本领域技术人员不能确定是'滑梯与漏斗式传送管'和'传送带'相连，还是'滑梯'与'漏斗式传送管和传送带'相连，导致该权利要求不清楚，不符合《专利法实施细则》第 26 条第 4 款的规定"。

在本案例的回复中，针对以上问题提交了意见陈述书，以及对说明书摘要、权利要求书、说明书和说明书附图的修改文件。

（1）意见陈述书

尊敬的国家知识产权局：

首先感谢您对本申请的仔细审查和认真指导。

由于撰写时笔误，原申请的权利要求 1 不符合《专利法实施细则》第 26 条第 4 款的规定，特做如下修改，将权利要求更改为以下：

"1. 一种散热器辅助打眼装置，由滑梯、散热器固定装置、传送带、电机、曲柄连杆固定装置、电机支撑架、曲柄连杆机构、运输装置、振动带、挡板和漏斗式传送管组成的，其特征在于：所述的散热器固定装置按一定间距固定于传送带上，电机固定于电机支撑架，曲柄连杆机构固定于电机上，漏斗式传送管固定于运输装置上，振动带与运输装置相连，挡板固定于振动带上，滑梯分别与漏斗式传送管和传送带相连。"

以上为新修改后的权利要求内容。

① 对于一审的审查意见中"权利要求 1 中出现了'新型'导致该权利要求不简要，不符合《专利法》第 26 条第 4 款的规定"，本申请针对以上情况去掉了"新型"两个字，做出了修改。

② 对于一审意见中"权利要求 1 中出现了'漏斗式传送管固定于运输装置上，振动带与两个运输装置相连'，由于前面指出漏斗式传送管固定于运输装置上，但在后面又指出有两个运输装置，致使本领域技术人员无法确定漏斗式传送管固定于哪一个运输装置上，因而导致该权利要求不清楚，不符合《专利法》第 26 条第 4 款的规定"，本申请将权利要求、说明书及说明书摘要里的"两个运输装置"改成为"运输装置"，本申请中的运输装置 8 指所有运输装置，说明书标识 8 重新标识了位置。请参阅相关部分。

③ 对于一审意见中"权利要求 1 中出现的'滑梯与漏斗式传送管和传送带相连'使本领域技术人员不能确定是'滑梯与漏斗式传送管'和'传送带'相连，还是'滑梯'与'漏斗式传送管和传送带'相连，导致该权利要求不清楚，不符合《专利法实施细则》第 26 条第 4 款的规定。"由此，本申请对权利要求 1 进行修改，把权利要求 1 中"滑梯与漏斗式传送管和传送带相连"改成"滑梯分别与漏斗式传送管和传送带相连"，这样修改后位置很清楚，本申请中的权利要求 1 修改后符合《专利法实施细则》第 26 条第 4 款的规定。

本申请权利要求所做修改完全基于原说明书所记载的范围，未超出原记载范围。

综上所述，本申请权利要求符合《专利法实施细则》第 26 条第 4 款及《专利法》第 32 条的规定，请审查员老师审查并予以授权为感。

（2）修改后的说明书摘要、权利要求书、说明书和说明书附图

2013105287126	说明书摘要	第 1/1 页

一种散热器辅助打眼装置，它是由滑梯、散热器固定装置、传送带、电机、曲柄连杆固定装置、电机支撑架、曲柄连杆机构、运输装置、振动带、挡板和漏斗式传送管组成的，所述的散热器固定装置按一定间距固定于传送带上，电机固定于电机支撑架，曲柄连杆机构固定于电机上，漏斗式传送管固定于运输装置上，振动带与运输装置相连，挡板固定于振动带

上，滑梯分别与漏斗式传送管和传送带相连。本发明的有益之处在于它能够轻松地实现散热器的运输、准确打眼功能。

一种散热器辅助打眼装置，由滑梯、散热器固定装置、传送带、电机、曲柄连杆固定装置、电机支撑架、曲柄连杆机构、运输装置、振动带、挡板和漏斗式传送管组成的，其特征在于：所述的散热器固定装置按一定间距固定于传送带上，电机固定于电机支撑架，曲柄连杆机构固定于电机上，漏斗式传送管固定于运输装置上，振动带与运输装置相连，挡板固定于振动带上，滑梯分别与漏斗式传送管和传送带相连。

一种散热器辅助打眼装置

技术领域

本发明涉及一种散热器辅助打眼装置，具体地说是由传送带、振动带、曲柄连杆机构及滑梯等组成的，来实现散热器运输的功能，属于工业自动化技术。

背景技术

目前市场上的散热器的打眼加工工序基本上都由人工操作来完成，劳动强度大、效率低、危险系数大，因此需要一种散热器辅助打眼装置来满足打眼加工工作的要求，而这种散热器辅助打眼装置目前是没有的。

发明内容

针对上述的不足，本发明提供了一种散热器辅助打眼装置，通过传送带、振动带、曲柄连杆机构及滑梯等能够解决散热器加工不便的问题。

本发明是通过以下技术方案实现的：一种散热器辅助打眼装置，它是由滑梯、散热器固定装置、传送带、电机、曲柄连杆固定装置、电机支撑架、曲柄连杆机构、运输装置、振动带、挡板和漏斗式传送管组成的，所述的散热器固定装置按一定间距固定于传送带上，电机固定于电机支撑架，曲柄连杆机构固定于电机上，漏斗式传送管固定于运输装置上，振动带与运输装置相连，挡板固定于振动带上，滑梯分别与漏斗式传送管和传送带相连。

本发明的有益之处在于它能够轻松地实现散热器的运输、准确打眼功能。

附图说明

附图 1 为一种散热器辅助打眼装置外形图。

附图中：1—滑梯；2—散热器固定装置；3—传送带；4—电机；5—曲柄连杆固定装置；6—电机支撑架；7—曲柄连杆机构；8—运输装置；9—振动带；10—挡板；11—漏斗式传送管。

具体实施方式

一种散热器辅助打眼装置，它是由滑梯 1、散热器固定装置 2、传送带 3、电机 4、曲柄连杆固定装置 5、电机支撑架 6、曲柄连杆机构 7、运输装置 8、振动带 9、挡板 10 和漏斗式传送管 11 组成的，所述的散热器固定装置 2 按一定间距固定于传送带 3 上，电机 4 固定于电机支撑架 6，曲柄连杆机构 7 固定于电机 4 上，漏斗式传送管 11 固定于运输装置 8 上，振动带 9 与运输装置 8 相连，挡板 10 固定于振动带 9 上，滑梯 1 分别与漏斗式传送管 11 和传送带 3 相连。

散热器由运输装置 8 运送至振动带 9 上，通过振动带 9 的振动使散热器震平，通过限高挡板 10 阻止未放平的散热器的通过，震平的散热器经过运输装置 8 的另一端和漏斗式传送管 11 传至滑梯 1 底部，通过电机 4 带动曲柄连杆机构 7 运动使散热器准确打入散热器固定装置 2 中，通过传送带 3 的运输使打眼装置准确打眼。

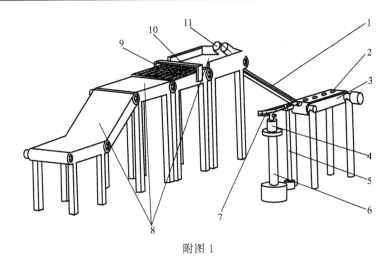

附图 1

【案例 8-7】　一种垃圾桶的垃圾清理机器人（申请号 201410413113.4）

本案例中审查员下达 2 次审查意见书，在第 1 次审查意见中指出"权利要求 1 不符合《专利法》第 22 条第 3 款规定的创造性""对比文件 2（CN103696393A）公开了一种滩涂垃圾清理机器人，并具体公开了以下技术特征：传送带组件 13 用于将机械臂 12 拾取的垃圾传送至自卸垃圾斗 14 中，可见部分区别技术特征已经被对比文件 2 公开，且其在对比文件 2 中所起的作用与其在本申请相同，都是用于利用传送带将垃圾收集到垃圾盛放装置内，即该对比文件 2 给出了将上述技术特征应用于对比文件 1 以解决其技术问题的启示；至于为避免来回搬运垃圾桶，本领域技术人员容易想到原地将垃圾桶中的垃圾收集走，至于是采取夹取的方式还是将垃圾桶推倒的方式，这都属于本领域的常规技术手段；至于车轮采用万向轮以及用直流电机作为动力源、用 PVC 板作为车体板材、用光电开关用作路况识别，这都属于本领域的常规技术手段。因此，在对比文件 1 的基础上结合对比文件 2 以及相关常规技术手段以获得该权利要求所要求保护的技术方案，对所属技术领域的技术人员来说是显而易见的，因此该权利要求所要求保护的技术不具备突出的实质性特点"。

在第 2 次审查意见中指出"权利要求 1 不符合《专利法》第 26 条第 4 款的规定。权利要求 1 中出现了'通过中央控制系统来实现垃圾清理等相应动作'，其中'等'导致权利要求 1 请求保护的范围边界不清楚，本领域技术人员不清楚中央控制系统除了实现垃圾清理的相应动作以外还实现哪些动作。建议申请人'通过中央控制系统来实现垃圾清理等相应动作'改为'通过中央控制系统来实现垃圾清理相应动作'以克服上述缺陷"。

在本案例的回复中，针对以上问题提交了意见陈述书，以及对权利要求书的修改文件。

（1）一审意见陈述书

尊敬的审查员，你好！

关于一审审查意见："权利要求 1 不符合《专利法》第 22 条第 3 款规定的创造性。"同陈述意见如下：

① 关于第一次审查中所述对比文件 1（CN10767701A）公开了一种环卫机器，并具体公开了以下技术特征（参见说明书第 9 段，第 13 段，附图 1）："由驱动装置、垃圾桶盛放

装置、垃圾桶收集装置、路况识别装置组成的,驱动装置由车轮和动力源组成,固连在板上作为机器人的底盘及驱动装置,垃圾盛放装置放置在驱动装置上方,通过板材分隔出来的空间,垃圾收集装置为机械手臂 5,路况识别装置为在车身前安装的用来检测路况的红外探头 3 以及检测垃圾位置的探头 4。由此可见,权利要求 1 所请求保护的技术方案与对比文件 1 公开的技术相比,区别技术特征为:本申请请求保护的机器人用于清理垃圾桶内的垃圾,驱动装置为四个万向轮和直流电机,车体板材为 PVC 板,垃圾收集装置分为上下两部分,下部分为电机带动齿轮从而带动齿条来推翻箱式垃圾桶,上部分为传送带装置,用于将垃圾运送到垃圾盛放装置内,路况识别装置为光电开关。基于上述区别特征,该权利要求实际要解决的技术问题是:提供一种代替人力清理垃圾桶内垃圾的机器人。"以上所述区别技术特征正是本申请最重要的具有创造性的特征。具体陈述创新性技术特征意见为以下:a. 本申请为驱动装置由四个万向轮和直流电机,四个万向轮是可以任意调整垃圾清理机器人的运动方向,以便灵活的前后左右移动提供全方位的便捷,而对比文件 1 只有普通车轮和动力源,本申请在运动方向灵活转向方面是具备创新性的;b. 本申请有采用电机带动齿轮带动齿条来推翻箱式垃圾桶和利用传送带装置运送垃圾到垃圾盛放装置的垃圾处理装运过程与对比文件的运动原理及运动方式和垃圾处理效果是完全不同的,而对比文件 1 没有齿轮齿条装置推翻垃圾桶,只是用机器手臂抓取垃圾,有些垃圾容易散落不易清理,并且一次性抓取垃圾量受到限制,速度效率也相对比本申请低,而本申请利用传送带装置来输运垃圾,在输送原理运动方式与对比文件 1 都不同,效率更高,速度更快,清理得更为干净,使人更容易操作,实现自动化清理垃圾桶内垃圾的过程,替代人为繁重的体力运动,这正是本申请最重要的创新性特征;c. 在路况识别装置方面,对比文件 1 只用的光电开关来检测路况及垃圾桶位置,虽然对比文件 1 采用了红外探头 3 及垃圾位置的探头 4,但是本申请只是清理垃圾桶的全部垃圾,只需要识别垃圾桶的位置及清理垃圾桶机器人的运动过程中的路况,即垃圾清理机器人运动过程中所要的路况、垃圾桶所在的位置、不需要对垃圾进行红外探头区分垃圾种类,所以本申请的检测路况及垃圾桶位置更为合理化,适合应用,节约成本并且使用更为大众化垃圾桶垃圾清理的机器人普及应用操作,并且本申请通过中央控制系统控制机器人垃圾清理的相应动作,这些都是与对比文件 1 完全不同的自动化结构及专用用途,更为人性化及自动高效化,这也正是本申请所具备的创造性特征。

② 关于第一次审查意见所述:"对比文件 2(CN103696393A)公开了一种滩涂垃圾清理机器人,并具体公开了以下技术特征(参见说明书第 28 段,附图 1):传送带组件 13 用于将机械臂 12 拾取的垃圾传送至自卸垃圾斗 14 中,可见部分区别特征已经被对比文件 2 公开,且其在对比文件 2 中所起的作用与其在本申请相同,都是用于利用传送带将垃圾收集到垃圾盛放装置内,即该对比文件 2 给出了将上述技术特征应用于对比文件 1 以解决其技术问题的启示;至于为避免来回搬运垃圾桶,本领域技术人员容易想到原地将垃圾桶中的垃圾收集走,至于是采取夹取的方式还是将垃圾桶推倒的方式,这都属于本领域的常规技术手段;至于车轮采用万向轮以及用直流电机作为动力源、用 PVC 板作为车体板材、用光电开关用作路况识别,这都属于本领域的常规技术手段。因此,在对比文件 1 的基础上结合对比文件 2 以及相关常规技术手段以获得该权利要求所要求保护的技术方案,对所属技术领域的技术人员来说是显而易见的,因此该权利要求所要求保护的技术不具备突出的实质性特点。"不同陈述意见为:a. 对比文件 2 主要是针对滩涂垃圾的清理,可以水陆两用,而本申请是对陆地上的垃圾桶垃圾的清理,所作用与用途是不同的,所以本申请应用只是简单的光电开关检测路况及垃圾桶位置便可,不需要过多进行其他无用的检测;b. 清理垃圾的途径及运动原理也是完全不同的,对比文件 2 同样是利用机器臂来拾取垃圾,正常劳动工作量不能和

本申请的机器人相比，本申请是用齿轮机构带动齿条推倒垃圾桶进行垃圾桶垃圾的全部倾倒，再用传送带进行运输垃圾到垃圾盛放装置，所以整个的运动途径及垃圾量的拾取方面比对比文件 2 量大、速度快、效率高，所以垃圾清理的效率及效果是完全不同的，本申请针对垃圾桶内垃圾的拾取及运送过程是合理化的，也是本申请的重要创新性技术特征。c. 运动原理及运动过程不同，对比文件 2 采用更为适合滩涂垃圾清理的运动方式，本申请在存在有垃圾桶的路况来驱动万向轮的方向灵活转动，是更合理的运动原理方式，用 PVC 板材及直流电机都是本申请最为适合的应用材料及组成部件，是与对比文件 2 完全不同的应用，更适合垃圾桶垃圾的清理机器，适合代替垃圾桶劳动强度大的人工清理，效率更高，速度更快，能更为便捷干净的清理垃圾桶内垃圾，更不可能是在对比文件 1 的基础上结合对比文件 2 及常规技术手段能达到的，本申请合理化清理垃圾桶内垃圾能达到的高效率及清理垃圾桶垃圾的效果是不可比的。本申请符合垃圾桶内垃圾处理的合理性，高效速度的垃圾清理机器人也正是本申请具有创造性的技术特征。

本申请对权利要求 1 进行了适当的修改以便更符合专利权利要求申请保护内容，请见附件。

通过以上不同意见陈述，本申请将垃圾桶垃圾清理机器人领域中，最新的齿轮运动推翻垃圾桶，以及传送带输送垃圾清理的机器人，还有万向轮灵活运动的特征及合理材料应用相结合，针对垃圾桶垃圾清理时提出具有创新性、新颖性、高效率，快速清理垃圾的方案，并节约成本，而且本方案符合垃圾桶垃圾清理的合理劳动工作量的分配，解决了垃圾桶垃圾清理的麻烦和操作人力的浪费，减轻了环卫工人的繁重体力劳动，实现了自动化垃圾桶垃圾清理，充分说明本申请的独到的创新性具备《专利法》第 20 条第 3 款规定的创造性，请审查员予以授权。

（2）一审修改后的权利要求书

201410413113.4　　　　　　　　权利要求书　　　　　　　　第 1/1 页

一种垃圾桶的垃圾清理机器人，由驱动装置、垃圾盛放装置、垃圾收集装置和路况识别装置组成的，其特征在于：驱动装置由万向轮及四个直流电机组成，固连在 PVC 板上作为机器人的底盘及驱动装置，垃圾盛放装置在驱动装置上方，小车后方，通过 PVC 板分隔出来的空间，垃圾收集装置分为两部分，下部分在驱动装置上方，机器人前半部分，具体机械结构为电机带动齿轮从而带动齿条来推翻箱式垃圾桶，垃圾倒出后通过上部分的传送带装置将垃圾运送到垃圾盛放装置内，路况识别装置，即在机器人前部安放四个光电开关，用来检测路况及垃圾桶位置，通过中央控制系统来实现垃圾清理等相应动作。

（3）二审意见陈述书

尊敬的审查员，你好！

关于二审审查意见："权利要求 1 不符合《专利法》第 26 条第 4 款的规定。权利要求 1 中出现了'通过中央控制系统来实现垃圾清理等相应动作'，其中'等'导致权利要求 1 请求保护的范围边界不清楚，本领域技术人员不清楚中央控制系统除了实现垃圾清理的相应动作以外还实现哪些动作。建议申请人'通过中央控制系统来实现垃圾清理等相应动作'改为'通过中央控制系统来实现垃圾清理相应动作'以克服上述缺陷。"根据上述二审意见，本申请已经将权利要求 1 修改成为"通过中央控制系统来实现垃圾清理相应动作"，见提交的权利要求 1，符合《专利法》第 26 条第 4 款的规定。

通过以上权利要求 1 的修改，本申请克服了所存在的缺陷，也符合《专利法》第 33 条的规定，没有超出原说明书和权利要求书记载的范围，同时也符合《专利法》第 26 条第 4 款的规定。请审查员予以授权为感。

(4)二审修改后的权利要求书

一种垃圾桶的垃圾清理机器人，由驱动装置、垃圾盛放装置、垃圾收集装置和路况识别装置组成的，其特征在于：驱动装置由万向轮及四个直流电机组成，固连在PVC板上作为机器人的底盘及驱动装置，垃圾盛放装置在驱动装置上方，小车后方，通过PVC板分隔出来的空间，垃圾收集装置分为两部分，下部分在驱动装置上方，机器人前半部分，具体机械结构为电机带动齿轮从而带动齿条来推翻箱式垃圾桶，垃圾倒出后通过上部分的传送带装置将垃圾运送到垃圾盛放装置内，路况识别装置，即在机器人前部安放四个光电开关，用来检测路况及垃圾桶位置，通过中央控制系统来实现垃圾清理相应动作。

【案例 8-8】　一种新型自动糊药盒装置（申请号 201310525891.8）

本案例中审查员下达 2 次审查意见书，在第 1 次审查意见中指出"权利要求 1 不具备《专利法》第 22 条第 3 款规定的创造性"。

在第 2 次审查意见中指出"权利要求 1 不具备《专利法》第 22 条第 3 款规定的创造性。""权利要求 1 的主题名称'新型自动糊药盒装置'中的'新型'的使用，将导致权利要求 1 不清楚。""权利要求 1 第四行中的'轴承支架'与在先的'轴承架'是相同的技术特征，但使用了不同的技术术语，将导致权利要求 1 不清楚，不符合《专利法》第 26 条第 4 款的规定"。

在本案例的回复中，针对以上问题提交了意见陈述书，以及对说明书摘要、权利要求书和说明书的修改文件。

(1)一审意见陈述书

尊敬的审查员老师，您好！

关于专利局第一次审查意见："1. 权利要求 1 不具备《专利法》第 22 条第 3 款规定的创造性。"首先关于审查员的答复意见主要有不同意见陈述如下：

① 关于一审意见中"权利要求 1 请求保护一种新型自动糊药盒装置，对比文件 1（CN202846950U）公开了一种纸盒成型机，其中（其中说明书【0018】～【0020】、附图 1～附图 6）披露了以下技术特征：一种纸盒成型机（一种自动糊纸盒装置），由输出机构 2（相当于盛纸盒）、载纸台、支架、喷胶头 6 和内折板 19（相当于折纸杆）组成的，载纸台与盛纸盒 2 连接，喷胶头 6 通过支架固定在载纸台上。"不同陈述意见为：a. 本申请中盛纸盒不能相当于输出机构 2，因为本申请中的取纸轴、取纸轮有针对性地针对药盒纸张，取纸轴与取纸轮的转动可以让纸一张输送到载纸台，并且可以推动另一张已经糊好的药盒离开载纸台，完成一道成品糊好的药盒动力输送，既是输出纸的机构又是推动糊好药盒的动力装置，而且结构原理完全不同，并不是对比文件 1 中繁琐的气缸装置及传输装置，麻烦且不稳定；b. 本申请中的喷胶头只有一个，随着纸在载纸台上的平缓输送均匀喷涂在纸的表面上，并不是对比文件 1 中有很多个喷胶头，本申请充分利用纸张直线输出运动轨迹直线喷涂胶均匀，节约能源设备，所以本申请的喷胶头实际用途比对比文件 1 中的喷胶头分布合理，节能；c. 本申请的折纸杆与对比文件 1 中的内折板 19 的运动原理和结构完全不同，本申请是利用同步轮带动折纸杆来回将纸折叠粘合，方便快速，而对比文件 1 是用气缸笨重的气动原理折叠，运动不稳定。以上正是本申请具有创新性的技术特征。

② 关于一审意见中"权利要求 1 与对比文件 1 的区别为：自动糊盒装置是糊药盒装置，还包括：取纸轴、取纸轮、压纸板、电机架、电机、带轮、同步带和轴承架；取纸轮安装在取纸轴上，取纸轴安装在盛纸盒上，压纸板固定在盛纸盒上，电机通过电机架固定在载纸台

上，带轮安装在电机轴承支架上，同步带安装在带轮上，折纸杆固定同步带上。"以上正是本申请具有创新性的重要特征，本申请整个糊药盒过程简单高效，实现稳定快速运行，本申请所用的取纸轴、取纸轮既是输出药盒纸的转轴装置又是推动糊成药盒的动力装置，结构合理，而对比文件 1 利用烦琐的气缸动力装置，作用与用途也完全不同，本申请转轴与电机转动同步带带动折纸杆来回运动粘合纸的运动原理与对比文件 1 气缸带动纸横向纵向运动和结构原理完全不一样，本申请更简单快速，运动合理，生产更高效，这些正是本申请最重要的创新性特征。

③ 关于一审意见中"对于本领域的技术人员来说'自动糊盒装置是糊药盒装置'是本领域技术人员对自动糊盒装置所糊纸盒的具体类型的一种常规选择；还包括：取纸轴、取纸轮、压纸板、电机架、电机、带轮、同步带和轴承架；取纸轮安装在取纸轴上，取纸轴安装在盛纸盒上，压纸板固定在盛纸盒上，电机通过电机架固定在载纸台上，带轮安装在电机和轴承支架上，同步带安装在带轮上，折纸杆固定在同步带上'是本领域技术人员对自动糊药盒装置中具体的取纸方式以及折纸的具体驱动方式的一种常规选择，是本领域中的常用技术手段。也就是说，在对比文件 1 的基础上结合本领域的公知常识得出权利要求 1 请求保护的技术方案，对本领域的技术人员来说是显而易见的，因此，权利要求 1 不具有突出的实质性特点和显著进步，不具备创造性"。不同陈述意见为：本申请取纸轴与取纸轮既是转动输出机构又同时是药盒推动动力机构，精确输出一张纸，再推出糊好的药盒，转轴转动结构简单合理，另外本申请的电机驱动同步带带动折纸杆运动实现药盒纸的压粘合，这些运动原理与结构结合，与对比文件 1 完全不同，对比文件 1 是用气缸运动驱动方式，并且一个运动工作流程繁琐冗长，输出纸张也是很随意不需要推动输出纸盒的功能，与本申请的药盒纸单张输出与推动动力完全不同，本申请也不可能在对比文件 1 的基础上及公知常识得出的技术方案，这些正是本申请实现自动化生产简单高效糊药盒的创新特点，不是常规的技术选择。

④ 关于一审意见中"自动糊盒是糊药盒装置"，本申请重要一点，糊药盒与对比文件纸盒概念和要求是不同的，药盒毕竟不是纸盒那样折叠成四方横向和纵向糊，所以本申请只要求糊药盒，不需要对比文件 1 那样繁琐，如果用对比文件 1 冗长的工序来糊药盒那真是浪费人工、浪费能源，本申请实现针对性糊药盒的简单高效率自动化生产的创新设备。本申请是用机械取纸轮传动原理与同步带传动原理的自动化结合起来的高效运用，具备自动化生产的突出实质性的创新性，具备专利法第 22 条第 3 款规定的创造性。

（2）二审意见陈述书

尊敬的审查员老师，您好！

关于专利局第二次审查意见："1. 权利要求 1 不具备《专利法》第 22 条第 3 款规定的创造性。"首先关于审查员的答复意见主要有不同意见陈述如下：

① 关于二审意见中"权利要求 1 的主题名称'新型自动糊药盒装置'中的'新型'的使用，将导致权利要求 1 不清楚"，本申请将本发明专利名称"一种新型自动糊药盒装置"修改成"一种自动糊药盒装置"，包括权利要求书、说明书及说明书摘要所有专利名称已经做了修改，这样符合权利要求 1 清楚明白的要求，符合《专利法》第 26 条第 4 款的规定。

② 关于二审意见中"权利要求 1 第四行中的'轴承支架'与在先的'轴承架'是相同的技术特征，但使用了不同的技术术语，将导致权利要求 1 不清楚，不符合《专利法》第 26 条第 4 款的规定"。本申请将权利要求 1 的"轴承支架"与修改为"轴承架"与前面的"轴承架"保持相同的技术术语及技术特征，这样权利要求 1 已经很清楚，并且将本申请中

包括权利要求、说明书及说明书摘要做了相同的修订，符合《专利法》第 26 条第 4 款的规定。

综上所述，本申请的一种新型自动糊药盒装置，经过修改后权利要求 1 及所说明书、说明摘要清楚明白，符合《专利法》第 26 条第 4 款的规定，也符合《专利法》第 33 条的规定，没有超出原说明书和权利要求书记载的范围。请审查员予以授权为感。

（3）修改后的说明书摘要、权利要求书和说明书

| 201310525891.8 | 说明书摘要 | 第 1/1 页 |

一种自动糊药盒装置，它是由盛纸盒、取纸轴、取纸轮、压纸板、载纸台、支架、喷胶头、电机架、电机、带轮、同步带、轴承架、折纸杆组成的，其特征在于：取纸轮安装在取纸轴上，取纸轴安装在盛纸盒上，压纸板固定在盛纸盒上，载纸台与盛纸盒连接，喷胶头通过支架固定在载纸台上，电机通过电机架固定在载纸台上，带轮安装在电机和轴承架上，同步带安装在带轮上，折纸杆固定在同步带上。

| 201310525891.8 | 权利要求书 | 第 1/1 页 |

一种自动糊药盒装置，它是由盛纸盒、取纸轴、取纸轮、压纸板、载纸台、支架、喷胶头、电机架、电机、带轮、同步带、轴承架、折纸杆组成的，其特征在于：取纸轮安装在取纸轴上，取纸轴安装在盛纸盒上，压纸板固定在盛纸盒上，载纸台与盛纸盒连接，喷胶头通过支架固定在载纸台上，电机通过电机架固定在载纸台上，带轮安装在电机和轴承架上，同步带安装在带轮上，折纸杆固定在同步带上。

| 201310525891.8 | 说明书 | 第 1/1 页 |

一种自动糊药盒装置

技术领域

本发明涉及一种自动糊药盒装置，具体地说是由电机、滚轮、喷胶头及同步带等组成的，来实现涂胶、折叠药盒的功能，属于轻工业技术。

背景技术

目前市场上的药盒的糊制加工工序基本上都由人工操作来完成，劳动强度大、效率低，因此需要一种自动糊药盒装置来满足糊药盒工作的要求，而这种自动糊药盒装置目前是没有的。

发明内容

针对上述的不足，本发明提供了一种自动糊药盒装置，通过电机、滚轮、喷胶头及同步带等能够解决糊制药盒不便的问题。

本发明是通过以下技术方案实现的：一种自动糊药盒装置，它是由盛纸盒、取纸轴、取纸轮、压纸板、载纸台、支架、喷胶头、电机架、电机、带轮、同步带、轴承架、折纸杆组成的，其特征在于：取纸轮安装在取纸轴上，取纸轴安装在盛纸盒上，压纸板固定在盛纸盒上，载纸台与盛纸盒连接，喷胶头通过支架固定在载纸台上，电机通过电机架固定在载纸台上，带轮安装在电机和轴承架上，同步带安装在带轮上，折纸杆固定在同步带上。

本发明的有益之处在于它能够轻松地实现药盒的涂胶、折叠功能。

附图说明

附图 1 为一种自动糊药盒装置外形图。

附图中：1—盛纸盒；2—取纸轴；3—取纸轮；4—压纸板；5—载纸台；6—支架；7—

喷胶头；8—电机架；9—电机；10—带轮；11—同步带；12—轴承架；13—折纸杆。

具体实施方式

一种自动糊药盒装置，它是由盛纸盒 1、取纸轴 2、取纸轮 3、压纸板 4、载纸台 5、支架 6、喷胶头 7、电机架 8、电机 9、带轮 10、同步带 11、轴承架 12、折纸杆 13 组成的，其特征在于：取纸轮 3 安装在取纸轴 2 上，取纸轴安装在盛纸盒 1 上，压纸板 4 固定在盛纸盒 1 上，载纸台 5 与盛纸盒 1 连接，喷胶头 7 通过支架 6 固定在载纸台 5 上，电机 9 通过电机架 8 固定在载纸台 5 上，带轮 10 安装在电机 9 和轴承架 12 上，同步带 11 安装在带轮 10 上，折纸杆 13 固定在同步带 11 上。

印刷好的药盒纸放在盛纸盒 1 中，取纸轮 3 转动，将单张药盒纸从盛纸盒 1 中取出，放置在压纸板 4 与载纸台 5 之间，药盒纸通过喷胶头 7 下方，喷胶头 7 会在药盒纸上喷上胶水，电机 9 通过同步带 11 带动折纸杆 13 将喷涂完胶水的药盒纸对折并粘合，取纸轮 3 继续转动将下一张药盒纸送入压纸板 4 与载纸台 5 之间，同时糊制完的药盒会被推出，从而完成药盒的糊制。

参 考 文 献

［1］ 陈继文，杨红娟. 知识工程与机械创新设计［M］. 北京：化学工业出版社，2016.

［2］ 王树才，吴晓. 机械创新设计［M］. 武汉：华中科技大学出版社，2014.

［3］ 邹慧君，颜鸿森. 机械创新设计理论与方法［M］. 北京：高等教育出版社，2007.

［4］ 张春林. 机械创新设计［M］. 北京：机械工业出版社，2007.

［5］ 潘承怡，姜金刚，张简一，等. TRIZ 理论与创新设计方法［M］. 北京：清华大学出版社，2015.

［6］ 徐起贺. 机械创新设计［M］. 北京：机械工业出版社，2010.

［7］ 李梅芳，赵永翔. TRIZ 创新思维与方法：理论及应用［M］. 北京：机械工业出版社，2016.

［8］ 曹义怀. 专利文件撰写实务与案例［M］. 北京：知识产权出版社，2011.

［9］ 张荣彦. 机械领域专利申请文件的撰写与审查［M］. 北京：知识产权出版社，2015.

［10］ 张明勤，张士军，陈继文. TRIZ 应用综合例析——轴颈磨损防护与修复. 北京：机械工业出版社，2012.

［11］ 孟俊娥，周胜生. 专利检索策略及应用［M］. 北京：知识产权出版社，2014.

［12］ 郑全逸，郑可为，刘淑华. 专利撰写技能揽要及实审函件实录［M］. 哈尔滨：哈尔滨工程大学出版社，2014.

［13］ 黄敏. 发明专利申请文件的审查与撰写要点［M］. 北京：知识产权出版社，2015.

［14］ 杨铁军. 专利分析实务手册［M］. 北京：知识产权出版社，2015.

［15］ 刘科高，石磊，范小红. 专利申请与案例分析［M］. 北京：化学工业出版社，2014.

［16］ 陈燕，黄迎燕，方建国. 专利信息采集与分析［M］. 北京：清华大学出版社，2006.

［17］ 沈孝芹，师彦斌，于复生，等. TRIZ 工程题解及专利申请实战［M］. 北京：化学工业出版社，2016.

［18］ 于复生，沈孝芹，师彦斌. TRIZ 工程题解与专利撰写及创造性争辩［M］. 北京：知识产权出版社，2016.